Adsorption Technology by Activated Carbon & Its Applications in Environmental Engineering

活性炭吸附技术
及其在环境工程中的应用

郭坤敏　谢自立　叶振华　侯立安　编著

化学工业出版社

·北京·

本书系统地论述了活性炭及其吸附技术有关的理论、工程问题以及在环境工程等领域的实际应用。主要内容包括：活性炭及新产品制备和基础性质；活性炭表面结构、化学性质和表面改性以及活性炭多孔结构测试技术；吸附理论及进展；气体吸附系统固定床模拟和设计；分子模拟（计算机模拟）；活性炭在环境工程中的应用。

本书可供化工、环保等相关领域的科技工作者及研究人员阅读参考，也可供高等学校和科研单位环境工程专业师生学习参考。

图书在版编目（CIP）数据

活性炭吸附技术及其在环境工程中的应用/郭坤敏
等编著. —北京：化学工业出版社，2016.1
ISBN 978-7-122-25480-1

Ⅰ. ①活… Ⅱ. ①郭… Ⅲ. ①活性炭-炭吸附-应用-
环境工程-研究 Ⅳ.①TQ424.1②X5

中国版本图书馆 CIP 数据核字（2015）第 253266 号

责任编辑：董　琳　　　　　　　　　　　　　　文字编辑：林　媛
责任校对：吴　静　　　　　　　　　　　　　　装帧设计：王晓宇

出版发行：化学工业出版社（北京市东城区青年湖南街 13 号　邮政编码 100011）
印　　装：北京虎彩文化传播有限公司
787mm×1092mm　1/16　印张 17　字数 417 千字　2016 年 2 月北京第 1 版第 1 次印刷

购书咨询：010-64518888　　　　　　　　　售后服务：010-64518899
网　　址：http://www.cip.com.cn
凡购买本书，如有缺损质量问题，本社销售中心负责调换。

定　　价：98.00 元

前 言 FOREWORD

当前，环境的污染与破坏是人类面临的最大挑战之一，环境问题已成为举世瞩目的重大问题。防止和治理大气污染、水污染是当前环境保护的重要任务。

吸附技术应用范围非常广泛，发展前景十分广阔。目前它已应用到国民经济、国防建设和人民生活的各个领域。活性炭吸附技术在环境保护中起着极为重要的作用，工业上已将活性炭处理技术纳入生产工艺过程。

本书旨在结合环境保护和吸附分离在环境工程中的应用，以活性炭吸附有关的理论、工程问题为主线，讲述活性炭（含不同形态及浸渍炭）和吸附（吸着）工程。书中就吸附法在环境保护中对气、水的深度净化作用做了评述并以实例作了说明，涉及的案例具有典型性和新颖性。本书内容涉及在吸附工艺设计中的吸附剂吸附平衡与动力学、床层动力学、流体力学，以及毒物在床层内部分布等；书中还反映现代物理手段的介入，以及电子计算机运用于吸附工程，帮助人们进一步认识吸附过程，从而强化了吸附理论的准确性和预见性。

本书作者长期从事吸附领域的研究，在国家自然科学基金支持下先后较系统地开展了 8 项前沿课题，还从事"军事环境工程"和"化工吸附分离"两个方向的硕士生和博士生培养。同时，由于国防特殊的要求，不论在技术上，还是在理论上都要作独特的研究（高毒性和极低的允许透过浓度，也是高科技洁净室的要求）。

本书除了归纳、分析大量有关资料，还包括本书作者相关的一些理论解释和阐述，以及在科研、教学和工程实践中所获得的成果。本书共分 9 章：活性炭制备和基础性质（郭坤敏编著）；活性炭表面结构、化学性质和表面改性（谢自立、叶振华编著）；吸附理论（谢自立、叶振华编著）；固体颗粒相中的扩散系数（叶振华编著）；气体吸附系统固定床模拟和设计（郭坤敏、叶振华编著）；分子模拟（奚红霞、叶振华编著）；活性炭应用（郭坤敏、谢自立编著）；活性炭性能的研究方法（郭坤敏编著）；活性炭纤维制备及其应用（侯立安、李明编著）。

目前，人们心目中"脏、乱、差"的活性炭厂，通过技术改造，有的已建成花园式的工厂。作者希望本书能为我国的生态环境建设做出微薄的贡献。

本书是在北京理工大学原校长朱鹤荪教授、大连理工大学化工学院原院长袁一教授和防化研究院原副院长商燮尔教授的鼓励下开篇的。袁存乔副研究员给予了全力帮助，朱春野博士、吴菊芳博士、张丽丹副教授、张建臣博士、高鑫博士、王永杰博士给予了协助，作者在此一并表示衷心感谢。本书受到环保公益性行业科研专项项目"室内空气颗粒物污染和健康风险评价及控制对策研究"（201409080）的资助。

由于作者水平有限，书中不足之处在所难免，恳请广大读者和同仁批评指正。

编著者

2015 年 8 月于北京

目 录 CONTENTS

第六章 分子模拟 ･････････････････････････････････ 175

第七章 活性炭应用 ································· 208

第一章

活性炭制备和基础性质

  活性炭是用能发展其吸附性能的方法制成的含碳物质的总称，通常用含碳物质经过炭化和活化处理制备而成。它是由以石墨微晶为基础的无定形结构碳和少量灰分构成的微孔发达的多孔炭吸附剂。活性炭与石墨同属于石墨结构类物质，它是由许多碳六角环组成的微晶构成。活性炭微晶学常见尺寸是高 $9\sim12\text{Å}$ 宽 $20\sim23\text{Å}$❶，该微晶为二维有序结构，其中一维可能是不规则的交联碳六角形空间晶格，这种结构导致活性炭拥有很大的比表面积和细孔结构，从而具有物理吸附功能。活性炭微晶平面层边缘原子或外露晶格缺陷、移位和断层处都是活泼点，具有富集较高不成对电子，倾向于在一定条件下起化学吸附作用。

  1900 年由奥司脱里杰（Ostrejko）首次发表两个制造活性炭方法的专利，它奠定和开拓了活性炭工业的生产技术基础。一般说，许多含碳材料都可以制造活性炭。活性炭的制造，其一就是让含碳物质中碳原子生成无序的石墨微晶，产生孔隙结构从而具备优良吸附性能；其二是使碳原子生成有序的石墨晶体结构，产生紧密结构以达到高的力学性能。活性炭化学组成的主要元素以碳为主，常含有 O、H、N、S、P 等非碳元素，它对活性炭酸碱性、润湿性、吸附选择性、催化性及导电性都有影响。活性炭按其外观可分为粉状活性炭和颗粒状活性炭两大类。颗粒状活性炭又分为定形和不定形两类。定形活性炭制法有两种：一是将原料粉碎并加黏结剂拌匀后，通过成型设备制成一定形状的颗粒，如圆柱形、球形、蜂窝状的活性炭；二是将原料粉碎成粉状并加入活化剂药品，使原料受热塑化，经捏合混合均匀，通过成型设备制成一定形状的颗粒。然后，经炭化（在高温下排除大部分非碳元素，获释元素碳原子组合成相互排列不规则微晶，从而留有空隙）、活化（利用气体或化学药品进行碳的氧化反应，使炭化物细孔更加发达的过程）制得。它的形状是有规则的圆柱形，其直径一般在 $1.0\sim4.0\text{mm}$ 或 6.0mm（专用炭有 0.75mm）。球形颗粒传统采用盘式造球机，一般直径 $1.5\sim5\text{mm}$ 不等。国外还有高压悬浮分散、喷射造粒等，有 0.4mm 球炭产品，国内有乳化法、高压射流成球。粉状活性炭细度在 $0.0071\sim0.04\text{mm}$（大于 0.04mm 称为不定形颗粒活性炭）。目前，生产活性炭的原料主要有两大类，植物类和矿物类。植物类主要有木材、锯屑、果壳、果核等；矿物类主要有不同煤化度的煤，不同的石油加工产品。另外，还有用糖和合成树脂制备活性炭。活性炭的应用追溯到 3600 年前古埃及将炭用于医疗目的和

---

❶ $1\text{Å}=10^{-10}\text{m}$。

2200年前中国马王堆汉墓用炭作防腐剂。活性炭是最古老又是目前日益引人注目的吸附剂和载体。应用范围包括：环境保护；化学工业；食品工业；医药工业；矿业；原子能工业；农业；催化剂及其载体。近年，美国、俄罗斯、日本研制成功并批量生产纤维活性炭，它对制备高纯、超纯物质和防止大气污染有重要意义。由石油沥青、煤沥青研制的高比表面活性炭（称 $3500\sim5000m^2/g$）也已出现，各种专用活性炭、浸渍炭、军用防毒炭层出不穷。

第一节
活性炭制备

一、 原材料

活性炭的多种主要性质取决于所用原材料的类型和性质。制备活性炭的原材料，主要可分为两大类：植物类和矿物类。植物类有木材、锯屑、椰壳、核桃壳、杏核。利用植物类原材料的天然结构，可制得微孔发达、比表面积很高的活性炭，并且具有较高的机械强度。矿物类有不同煤化度的煤，如泥煤、褐煤、烟煤、无烟煤；不同石油加工产品，如石油焦、石油沥青等，以及合成树脂等。在欧洲所用主要原材料是木材（锯末）、炭、泥煤、泥煤焦炭、某些形式硬褐煤和半焦褐煤，其中，椰壳炭具有高的吸附容量和大的微孔容积。美国活性炭生产原料主要是褐煤、石油产物、木材、椰壳等。其他还有从污水来的含碳残渣、灰、废轮胎、聚氯乙烯和其他可聚合废料等。目前用于制备活性炭的煤种主要是某些烟煤、优质无烟煤、褐煤等。无烟煤内部含有分子大小的孔隙，是制备微孔炭的合适原料。我国有丰富的煤炭资源，成为煤质活性炭的生产大国，常用的是无烟煤、不黏煤和弱黏煤。因此，以煤为主要原料用常规生产方法获得高比表面积、高吸附量的活性炭具有重大意义。

在原材料中，煤炭资源是最丰富的，中国煤炭分类最终确定的分类有褐煤 2 小类、烟煤 12 小类、无烟煤 3 小类，如表 1-1 所示。

表 1-1　中国煤炭分类简表（GB 5751—2009）

类别	代号	编码	分类指标					
			$V_{daf}/\%$	G	Y/mm	$b/\%$	$P_M/\%$[②]	$Q_{gr,maf}$[③]$/$(MJ/kg)
无烟煤	WY	01, 02, 03	≤10.0					
贫煤	PM	11	>10.0～20.0	≤5				
贫瘦煤	PS	12	>10.0～20.0	>5～20				
瘦煤	SM	13, 14	>10.0～20.0	>20～65				
焦煤	JM	24 15, 25	>20.0～28.0 >10.0～28.0	>50.0～65[①] >65[①]	≤25.0	≤150		

类别	代号	编码	分类指标					
			$V_{daf}/\%$	G	Y/mm	$b/\%$	$P_M/\%$②	$Q_{gr,maf}$③/(MJ/kg)
肥煤	FM	16、26、36	>10.0~37.0	(>85)①	>25.0			
1/3焦煤	1/3JM	35	>28.0~37.0	>65①	≤25.0	≤220		
气肥煤	QF	46	>37.0	(>85)①	>25.0	>220		
气煤	QM	34 43、44、45	>28.0~37.0 >37.0	>50~65 >35	≤25.0	≤220		
1/2 中黏煤	1/2ZN	23、33	>20.0~37.0	>30~50				
弱黏煤	RN	22、32	>20.0~37.0	>5~30				
不黏煤	BN	21、31	>20.0~37.0	≤5				
长焰煤	CY	41、42	>37.0	≤35			>50	
褐煤	HM	51 52	>37.0 >37.0				≤30 >30~50	≤24

① 在 $G>85$ 的情况下，用 Y 值或 b 值来区分肥煤、气肥煤与其他煤类，当 $Y>25.00mm$ 时，根据 V_{daf} 的大小可划分为肥煤或气肥煤；当 $Y≤25.00mm$ 时，则根据 V_{daf} 的大小可划分为焦煤、1/3 焦煤或气煤。

按 b 值划分类别时，当 $V_{daf}≤28.0\%$ 时，$b>150\%$ 的为肥煤；当 $V_{daf}>28.0\%$ 时，$b>220\%$ 的为肥煤或气肥煤。

如按 b 值和 Y 值划分的类别有矛盾时，以 Y 值划分的类别为准。

② 对 $V_{daf}>37.0\%$，$G≤5$ 的煤，再以透光率 P_M 来区分其为长焰煤或褐煤。

③ 对 $V_{daf}>37.0\%$，$P_M>30\%~50\%$ 的煤，再测 $Q_{gr,maf}$，如其值大于 $24MJ/kg$，应划分为长焰煤，否则为褐煤。

在活性炭生产中，煤是制造具有高机械强度和发达微孔结构颗粒活性炭的便宜原料。煤本身具有初始的多孔结构，并且随着变质程度（元素碳含量）增加，碳材料孔隙度下降。但是，煤不能直接作为常用吸附剂，因为它们具有大多数吸附质分子进不去的很小的孔。不同的煤，从褐煤到无烟煤都可用于制造炭吸附剂。活性炭的最终性能受原料特性和制备过程的共同影响，制造工艺、价格、最终活性炭性质和用途都与所使用最初原材料密切相关。

用内部孔隙较小的硬质材料如无烟煤、烟煤、果壳等制成的活性炭，其孔隙特点是孔开口处较小，孔隙内部较长，有较大的吸附势，适于对小分子的吸附，适用于作气相吸附用炭。而用原始内部孔隙较大的硬质材料如泥煤、褐煤、木屑、木炭等制成的活性炭，孔隙开口较大，孔隙内部粗而短，适合作为液相吸附用炭。

1. 煤类

用于制造颗粒（挤压）和细粒活性炭。从气煤到高级烟煤到焦性煤都可用于制造活性炭。不同程度变质的煤炭化颗粒表现出活化过程不同的活性。从气煤获得最活泼颗粒而从焦性煤获得最低活性。

制造活性炭的煤原材料的选择应考虑到所要求最终产品的性质。煤的微孔随变质而增加，于是，具有高度变质的煤对于蒸气和气体吸附的活性炭生产是好的原料。具有低度变质和高挥发分含量的原料用于生产具有孔体积随其半径宽广分布的活性炭。

如上，中国煤炭分类最终确定的分类有褐煤 2 小类、烟煤 12 小类、无烟煤 3 小类。

无烟煤（WY）是煤化程度最高的一类煤。挥发分低，V_{daf} 不大于 10%，含碳量最高，有较强光泽，硬度高且密度大，燃点高，无黏结性，燃烧时无烟，是较好的民用燃料和工业原料。按挥发分产率 V_{daf} 和氢含量 H_{daf}，无烟煤分有三小类：V_{daf} 小于 3.5% 的为无烟煤一号，多数用作碳素材料等高碳材料；V_{daf} 大于 3.5%～6.5% 的为无烟煤二号，是国内生产合成煤气的主要原料；V_{daf} 大于 6.5% 的为无烟煤三号，可作为高炉喷吹燃料。灰分较低的无烟煤是生产煤基吸附材料的好原料。

各国都根据本国情况采用不同的指标和分类方法。在分类方案中对各类煤的划分都结合各国的煤炭资源特点，煤炭分类既有大体的一致性，也有各国的特殊性，如表 1-2。

表 1-2 一些国家煤炭分类指标及类别对照简表

国家	分类指标	主要类别名称	类数
英国	挥发分，格金焦型	无烟煤，低挥发分煤，中挥发分煤，高挥发分煤	4 大类 24 小类
德国	挥发分，坩埚焦特征	无烟煤，贫煤，瘦煤，肥煤，气煤，气焰煤，长焰煤	7 类
法国	挥发分，坩埚膨胀系数	无烟煤，贫煤，1/4 肥煤，1/2 肥煤，短焰肥煤，肥煤，肥焰煤，干焰煤	8 类
波兰	挥发分，罗加指数，胶质层指数，发热量	无烟煤，无烟质煤，贫煤，半焦煤，副焦煤，正焦煤，气焦煤，气煤，长焰气煤，长焰煤	10 大类 13 小类
前苏联 （顿巴斯）	挥发分，胶质层指数	无烟煤，贫煤，黏结瘦煤，焦煤，肥煤，气肥煤，气煤，长焰煤	8 大类 13 小类
美国	固定碳，挥发分，发热量	无烟煤，烟煤，次烟煤，褐煤	4 大类 13 小类
日本 （煤田探查审议会）	发热量，燃料比	无烟煤，沥青煤，亚沥青煤，褐煤	4 大类 7 小类

对于煤的分类有许多国家标准和国际标准。表 1-3 列出煤按国际公认的 ASTM D388—2005 标准分类，它考虑到煤从褐煤（lignite）到无烟煤（authracite）变化的变质过程。

表 1-3 美国煤炭分类

大类	小类	FC_{dmmf}/%	V_{dmmf}/%	$Q_{gt,m,mmf}$/（Btu/lb）[①]	黏结特性
I 无烟煤	1. 超无烟煤	≥98	>0～≤2		不黏结
	2. 无烟煤	≥92～<98	>2～≤8		不黏结
	3. 半无烟煤[①]	≥86～<92	>8～≤14		不黏结
II 烟煤	1. 低挥发分烟煤	≥78～<86	≥14～<22		
	2. 中等挥发分烟煤	≥69～<78	≥22～<31	≥14000[②]	
	3. 高挥发分 A 烟煤	<69	>31	≥13000[②]～<14000	通常是黏结的[③]
	4. 高挥发分 B 烟煤			≥11500～<13000	
	5. 高挥发分 C 烟煤			≥10500～<11500	黏结

活性炭吸附技术及其在环境工程中的应用

大类	小类	FC_{dmmf}/%	V_{dmmf}/%	$Q_{gt,m,mmf}$/ (Btu/lb)[④]	黏结特性
Ⅲ 次烟煤	1. A 次烟煤 2. B 次烟煤 3. C 次烟煤			≥10500～＜11500 ≥9500～＜10500 ≥8300～＜9500	不黏结 不黏结 不黏结
Ⅳ 褐煤	褐煤 A 褐煤 B			≥6300～＜8300 ＜6300	不黏结 不黏结

① 如黏结，则划为低挥发分烟煤。
② 干燥无矿物质基固定碳大于或等于 69%，不采用高位发热量。
③ 高挥发分 C 烟煤中除注明黏结的以外，这组烟煤中有些可能是不黏结的。
④ 1lb＝0.4534kg。

各种煤的主要组分与特性如表 1-4。

表 1-4　各种煤的主要组分与特性

煤种		水分/%	挥发分/%	碳/%	氢/%	氧/%	胶质层最大厚度/mm	黏结性	膨胀性	着火点/℃	焦油产率/%	备注
泥煤			50～75	50～60	5～6	30～40	0	无	不膨胀			
褐煤		10～30	40～60	60～77	8～6.5	15～30	0	无	不膨胀	260～290	5～18	
长焰煤		5～15	＞37～55	74～80	5～5.5	9～16	0～5	无或稍有	不膨胀			
不黏结煤		3～	＞20～37	78～85	3.5～5.0	10～14	0	无	弱膨胀			
烟煤	弱黏结煤	0.5～5	＞20～37	84～89	4.5～5.6	9.8～11.5	0～9	弱	膨胀			
	气煤	1～6	＞30～45	78～85	5～6.4	8～12	～25	中等至较好	强烈膨胀			
	肥煤	0.3～2.0	26～40	80～89	5～6	3.7～7	＞25～50	很好	强烈膨胀			
	焦煤	0.3～1.5	＞18～30	87～90	4.8～5.5	3～5.4	＞8～25	好	膨胀			
	瘦煤	0.4～1.8	＞14～20	87～91	4.4～5.0	3.1～4.7	0～12	弱至中等	微膨胀			
	贫煤	0.5～25	10～20	88～92.7	4～4.6	1～2.5	0	无	微膨胀			
无烟煤		0.6～9	1.5～10	90～98	0.8～4	1.7～3.7	0	无	不膨胀			

　　目前用于制备活性炭的煤种主要是某些烟煤、优质无烟煤、褐煤等。无烟煤内部含有分子大小的孔隙，是制备微孔炭的合适原料，且其产品还具备分子筛特性。从无烟煤制造活性炭的过程，揭示了它甚至在未处理状态就有足够的吸附性能和高的机械强度。无烟煤和由它获得的焦炭具有发展的微孔结构而缺乏大孔。在某些情况下，无烟煤在活化之前先氧化，用空气中的氧在低温下氧化，可增加材料的反应性。

　　低度炭化原材料中，褐煤、泥煤、木质材料和塑料是有大量生产价值的。褐煤是煤化程度最低的一类煤。褐煤具有从微孔至大孔的大的孔容的特性，具有足够的过渡孔。对于净化废水，可用由烟煤（从烟煤获得的活性炭具有吸附小分子的高比例微孔）或从褐煤（从褐煤获得的活性炭具有大量的过渡孔，吸附较大分子）制备的颗粒活性炭。

由褐煤制得的半焦炭和焦炭，由于它们发达的孔结构可用作吸附剂。过渡孔使吸附质分子易于接近炭表面，包括从溶液吸附的大分子。可用作便宜的粒状炭作为一次性处理废水。活化褐煤，由于它们高反应性和发达的过渡孔结构，可获得均匀活化的窄孔吸附剂。褐煤用气体在转炉中活化，在美国已工业规模生产。在德国以褐煤生产活性炭，用气体活化不需任何预处理[6]。

2. 植物类

木炭通常用来生产脱色活性炭，主要为粉末形态。我国对木炭的使用有悠久的历史，1972 年在长沙马王堆出土的汉墓中，在木椁四周及上部都填满了木炭，其尸体和陪葬物保存 2100 多年都比较完好。这说明我们祖先在公元前已认识和利用了木炭的吸附功能。现在还有农林副产物和某些食品工业废弃物包括废木材、竹子、油茶壳、树枝、核桃壳、果核、棉壳、糠醛渣等。其中椰子壳和核桃壳所得到的活性炭具有较高的强度和发达的微孔炭。树皮炭化，紧接着用气体活化可得到便宜的用于工业废水脱色的廉价活性炭。

3. 塑料、 石油等原料

塑料原料包括：聚氯乙烯、聚丙烯、呋喃树脂、酚醛树脂、聚碳酸酯等。有机树脂（树脂前驱体如苯乙烯二乙烯苯共聚物，聚偏二氯乙烯，聚丙烯酯等）为原料制备的活性炭纯度高、机械强度优于普通煤质活性炭，并具有孔径分布可控的优点，广泛用于生物医学领域；粒状酚醛树脂是制造高性能活性炭的好原料，用它生产的活性炭具有独特的微细孔，经表面处理，可用于电池电极材料、净水器。

石油原料是指石油炼制过程中含碳产品及废料，如石油沥青、石油焦、石油油渣等。特别值得关注的是石油焦作为石油加工副产物量大、价廉，且含碳量高达 80％以上，杂质含量低。目前美国、日本拥有利用石油焦制备比表面积超过 $3000m^2/g$ 的超级活性炭的专利技术，并实现了产业化。国内学者也作了类似的研究。

全世界每年有 3.3 亿汽车轮胎报废被丢弃，严重污染环境，现已有将废轮胎处理，生产活性炭作为吸附剂使用的报道。

4. 制备活性炭的黏结材料

（1）制造活性炭的黏结剂

许多物质可以用作制造活性炭的黏结剂，例如煤焦油、木焦油、煤沥青、煤沥青加蒽油及防腐油以及各种高分子聚合物和工业废料，如聚乙烯醇、聚丙烯醇、聚苯乙烯、酚醛树脂、糠醛树脂、纸浆废液等，还有腐植酸盐、淀粉、黏土、木质磺酸钠，羧甲基纤维素以及黏结指数大的烟煤等。但是其中有的来源困难、价格高，制成的活性炭强度差。因此，真正用于活性炭生产的黏结剂为数不多，生产中用得最多，黏结性能最好的黏结剂仍是与煤结构近似的煤系高芳烃的煤焦油和煤沥青[7]。其次，阔叶类的木焦油也是良好的黏结剂。木焦油由于馏分温度低，炭化温度相应较低，炭化时间短，生产效率比用煤焦油时高，而煤焦油制造的炭强度好，煤焦油的成分非常复杂，有人估计它所含有的单独化合物可能在一万种以上，主要是芳香族化合物，它包括苯、甲苯、二甲苯以及萘、蒽及菲等。煤焦油组成中还含有：①含氧化合物——酚、甲酚及二甲酚；②含硫化合物——噻吩、苯丙噻吩；③含氮化合物——吡啶、喹啉、咔唑、吡咯，已被鉴定的约有 480 种。试验已表明，就煤焦油中沥青含量来说，只要大于 55％都可以用作制造粒状活性炭的黏结剂。其中，中分子组分（β组分）含量多少直接影响制品密度、强度等性能（沥青中起黏结桥作用的主要是中分子组分），其含量应达到 20％～30％才能制得质量合格的碳素制品。

（2）黏结剂的特性和作用

① 流变性和对基质材料的浸润性　黏结剂在一定温度范围内应有合适黏度，能够润湿、浸透细小含碳材料，黏结剂流动性好坏取决于相对较低分子量组分的含量。不同成型方法对黏结剂有不同要求，挤压成型要求混合料流动性大，通常用煤焦油沥青加蒽油、防腐油等；压模成型对混合料流动性要求低些，通常可采用软化点适中的沥青作黏结剂。

② 含碳量高，热解时析焦率高，最后构成活性炭的一部分，起骨架作用，黏结剂沥青在炭化过程中随温度的升高逐渐熔融并分解生成沥青焦，这种沥青焦会在细粒之间形成骨架，从而使分散度很高的煤粉细粒结合成为牢固的整体颗粒。

③ 黏结剂对活性炭内部初孔的形成起作用。以煤焦油作黏结剂时，在热处理时，一是煤焦油中挥发分逸出形成孔隙；二是焦油分解留下沥青，最后沥青又变成焦炭，在沥青成焦过程中体积缩小，因此增大了颗粒内部孔隙。

黏结剂的功能可概括为：将炭材料黏结在一起成团以达到适合进一步加工的机械强度；使颗粒炭化后抗碎和抗磨；在物理－化学活化过程中粒间的孔隙易于发展成特殊的形状和尺寸。

二、 活性炭的形状与改形

1. 造粒

不定形颗粒活性炭为破碎颗粒，不需成型，而成型颗粒煤质活性炭必须采用原料煤粉加黏结剂、增强剂、水分等，经充分混合、捏合、碾压、塑化、挤压成型、干燥（可能表面氧化）造粒。最普通的制备圆柱形颗粒系由通过一喷嘴挤出可塑性糊状物（包括煤黏合剂），获得所要求尺寸的圆柱形颗粒。国内一般以生产圆柱状颗粒活性炭为多。成型压力为 15～30MPa（150～300kgf/cm²），挤压机压力有 100t、300t、500t 等，颗粒直径在 1.5～8mm 之间。对于挤压机油缸往复距不大，不能连续加料只能是间歇式作业。成型造粒的性能取决于物料的细度、充分的捏合、碾压和塑化，另外也决定于挤压强度、模头的开孔率和孔径，一般开孔率在 12％以下。圆盘滚动造粒机也使用，分为实心造粒和空心造粒两种，都采用料芯浸黏结剂滚积物料雨成球粒，后者料芯采用挥发性化学品热分解成中空球状活性炭，但其活性炭的强度差，一般由圆盘的转速和倾角度来定粒度的大小，又依浸渍料的次数而定，压块法成型可分为有黏结剂压块成型法和高强度无黏结剂法两种，一般后者所用压强更大。

然而，对于前者，特别重要的是煤和黏合剂的物理化学性质，这些组分的类似性愈大，它们结合愈牢。鉴于此，对于褐煤来说煤沥青是最合适的黏结剂，它可获得高机械强度。但是颗粒的机械强度不是唯一的特性，它们的化学反应性以促使在活化阶段产生发达的微孔结构也是重要的。于是，以低反应性为特色的煤沥青的使用，也有些问题。对此，木沥青用作黏结剂既保证足够机械强度也有高的颗粒反应性。

烧结煤作为制造颗粒吸附剂原料正变得渐渐重要，因它排除昂贵的黏结剂并且同时简化技术过程。烧结煤的重要特性是在加热至给定温度，它们呈现较大的或较小的流动性。而且，加热由于缩聚作用导致整体固化。如果确保煤颗粒充分接触，就能得到高机械强度的密聚体。煤转变成可塑状态表明它本身排出挥发产物，出现整块膨胀，硬化后保持多孔结构。

2. 活性炭的其他成型

活性炭的改形（包括成型化）是目前活性炭研究的热点之一。活性炭的形状可在活性炭制备过程中控制或对成品活性炭后加工（改形）。活性炭成型物是将粉末状活性炭用胶黏剂胶接在一些多孔质基材（如无纺布、纤维毡等）上，加工成毡状、管状、蜂巢状等炭制品，以便在各种应用领域中使用[8]。如将粉状活性炭用黏结剂固定在聚氨酯泡沫基板上，或将活性炭压制成各种形状，如圆形、方形等。目前研究较多的是将活性炭进行蜂巢化，其方法主要有挤压成型法和波纹加工法两大类。特别，现在已发展许多生产球形活性炭的方法，这种颗粒比圆柱状或不规则形状颗粒具有很多优点，后者特别易于弄碎和或磨损。球形颗粒展示高的机械强度，不易于磨损。而且，球形颗粒装填保证最有序，球形颗粒之间的通道具有规则的形状。所以，这种颗粒床层与圆柱形或不规则形颗粒比较具有较低的阻力。如是，我们假定球形颗粒床层通过介质（气体或液体）的阻力是1，那么，圆柱形或不规则形分别是2.5和3.3。在美国已开发一种在转筒造粒机获取球形活性炭的方法。在日本和前苏联，用圆盘制粒机的方法已发展了使煤成粒的方法。这些装置的效率仅次于转鼓造粒器，而所获得的颗粒具有规则的球形并且由于这些造粒器的分级作用，可以得到很宽尺寸分布的颗粒。通过适当改变圆盘转速，凸沿高度，水平倾斜，可获得所要求尺寸。在前苏联已发展基于烧结煤生产球形活性炭的方法。在前苏联已有在1.5m直径圆盘造粒机上，一步法不添加黏结剂制造球形活性炭的报道。在日本直径1～7mm球形颗粒已由混合挤出煤和水以及黏结剂的可塑体在1m圆盘直径的圆盘造粒机中造出。

国内生产柱状炭的经验表明：当生产粒径≥1.5mm的柱状炭条料时，可用符合细度要求的煤粉（单一或多种）与符合沥青含量和温度要求的高温煤焦油和水的质量份数比控制在100:(25～45):(5～20)，随粒径的增大，焦油的加入量降低，水的加入量可小幅度减少；当生产粒径≤1.2mm的柱状条料时，上述三种原料的质量份数比应控制在100:(50～80):(1～5)，且随粒径的减少，焦油用量大幅增加，水的加入量适当减少。当然，当采用的煤种及配比不同时，上述原料的最佳混合比还是由试验来最终确定。

三、 炭化

1. 炭化及其特性

炭化是含碳有机物在高温条件下排除大部分非碳元素——氢和氧，发生脱氢、环化、缩聚和交联等化学反应，而获释的元素碳原子则组合成通称为基本石墨微晶的有序结晶生成物。微晶的相互排列是不规则的，从而微晶之间留有空隙。就煤而言，煤在隔绝空气加热时，其中的有机物质在不同温度下发生一系列变化，结果形成了数量和组分不同的气态、液态和固态产物——称为煤的热分解或干馏（在活性炭领域称为炭化）。煤热分解时气体挥发物析出的反应动力学可借助热重量法研究，它可说明煤中有机质在加热过程各阶段的变化。

炭化是生产活性炭过程最重要的步骤之一，因为在炭化过程中形成初始孔结构。活化仅仅在同一方向进一步发展孔隙结构。炭化过程主要产生>100nm的孔隙，即使有细微孔，其半径也不超过0.25nm。炭化结果得到适宜于活化的初始孔隙和具有一定机械强度的炭化料。

炭化温度的确定要考虑原材料的性质、成型颗粒直径大小等因素，它影响炭化料及成品的质量。炭化温度过高时，颗粒变实、空隙度减小、反应能力降低，不利于活化反应的进行；炭化温度过低，焦油物质逸出至炭表面形成油颗粒，炭化不彻底，水容量低，给活化带来困难，物料在炉内或出炉时易着火。以较慢的速度升温到炭化温度，挥发组分及反应气体缓慢逸出，有利于初始孔隙的形成；升温速度过快，使颗粒密度减小。在炭化温度下保持足够的时间，使原材料颗粒得到充分炭化，可避免原材料内部炭化不足。在活化前对炭材料进行适当的氧化处理，还可以提高活性炭的产率和比表面积。

低温长时间炭化有利于颗粒中挥发分的徐徐逸出，从而炭颗粒收缩均匀，形成均匀的初始孔隙结构，有利于炭颗粒的强度。

木质原料的炭化有所不同，可分四阶段：①在 150～200℃，蒸发水分，木质主要成分不变，其中比较不稳定的组分（如半纤维素）分解为二氧化碳和醋酸；②预炭化阶段，在 200～275℃，木材开始分解，不稳定部分如半纤维素开始分解产生二氧化碳、一氧化碳及少量醋酸；③炭化阶段，275～400℃（450℃）；④放热分解阶段。干燥时冒白烟，炭化时冒黄烟，冒青烟时热解基本结束，处于煅烧阶段。

2. 炭化工艺

由粉状煤和沥青黏结材料形成的颗粒，首先在 200℃左右干燥以去除过量的黏结剂和较低沸点组成，给予颗粒在进一步操作中所需要的机械强度。干燥过的颗粒在 800℃（通常 600℃）温度下炭化，有的在 380～550℃炭化。

颗粒预先氧化对于它们的性质具有特殊的效应。在炭化之前轻微氧化可增强炭化颗粒的机械强度和密度，这是由于降低氧化煤的烘烤导致降低颗粒膨胀。以蒸气活化制造活性炭的含碳材料必须符合以下要求：①低的挥发物含量；②高的元素碳含量；③一定的孔隙度；④足够磨损强度。炭化所要求的性质是通过适当调节沥青煤（烟煤）裂解条件获得。这些有关的参数是：①达到的最终温度及炭化时间；②升温速率；③裂解时的气氛。最重要参数是该过程的温度。为了使较弱化学键断开以及使原材料热分解挥发性物质能迁移到颗粒外部，它需提供大分子煤足够能量。本质上，具有更有序化学结构的材料，例如较高等级煤，随炭化温度升高而收缩，于是，在炭化初始阶段形成的最细孔隙总体积降低十分明显。当炭化温度提高，材料收缩加剧孔体积降低，所得颗粒材料强度变大，在随后活化过程中颗粒反应性降低，见表 1-5。在这种情况下，微孔尺寸如此之小以至于苯分子不能进入。

表 1-5　炭化最终温度对颗粒性质影响

最终炭化温度/℃	机械强度/%	颗粒密度/（g/cm³）	在820℃用CO$_2$氧化速率/[g/(L·min)]	颗粒活化能/（kJ/mol）
400	不稳定	0.62	—	—
500	72.7	0.60	—	—
600	93.8	0.61	0.00194	212
700	98.0	0.65	0.00156	237
800	98.4	0.69	0.00134	256

炭化过程主要目的是在颗粒和细粒内产生所要求的孔隙度和形成炭材料堆积结构。这两者对于炭化物在它与气体活化剂的反应具有决定性效应。

通常颗粒炭化在下述三装置中之一进行：通过壁式进行热交换的立式炉，具有内部和外部加热的转炉和流态化床。立式炉中进行的炭化过程，在壁附近和中心部之间存在温度梯度，由此，所获得的炭化物质量上是不均匀的。内部加热转炉结构简单，十分便宜。但是，用于作为加热介质的燃烧气含有氧气，易于烧失而引起炭化料损失较大，颗粒机械强度也大为降低。因此，最普通的炭化过程是用外热式转炉于中性气氛中进行。如果加热速率低，得到的颗粒机械强度较高。炉子适当旋转有利于材料的均一炭化。目前国内煤质活性炭生产普遍采用回转炉炭化。它分为内热式和外热式。内热式的特点是热气流与物料直接接触炭化，外热式特点是通过热辐射加热物料。物料在炉内停留时间很短，一般为 30～40min。有关的工艺学基础和设备可见吴新华的介绍。

对于在流化床（沸腾炉）中颗粒的炭化，由于流化床强化传热传质，具有高产率。为了降低能量消耗，挥发性产物的燃烧热可利用于加热流化床（沸腾炉）。

3. 铸型炭化

近年，已发展了铸型炭化法，将有机聚合物引入无机模板中很小空间（纳米级）并使之炭化，去除模板后即可得到与无机物模板空间结构相似的多孔炭材料。铸型炭化的优点是可以通过改变模板的方法控制活性炭孔径的分布，但该方法制备工艺复杂，需用酸去除模板，导致成本提高。

4. 聚合物炭化

由两种或两种以上聚合物以物理或化学方法混合而成的聚合物如果有相分离的结构，热处理时不稳定的聚合物将分解并在稳定的聚合物中留下孔洞。

四、 活化

1. 物理活化和超临界水活化

（1）物理活化

物理活化法是指用气体活化剂活化经炭化的半成品炭化料制备活性炭的方法。一般用水蒸气、二氧化碳、空气、烟道气等作活化剂，在 600～1200℃下对炭化物进行部分氧化，以产生多孔结构。在活化过程中，工艺参数的选择与控制对活性炭孔结构的影响很大。活化工艺参数包括温度、时间、活化气体组成（反应性、分子尺寸）和分压以及催化剂种类等。较低的活化温度可以得到孔径均匀的活性炭。活化时间对孔隙结构的发展影响很大。烧失率不高于 10% 情况下，空隙中的焦油物质和无序炭首先被除去，烧失率在 50% 以下时，得到以微孔为主的活性炭；烧失率在 75% 以上时，得到以大孔为主的活性炭；烧失率在 50%～75% 之间时，是大孔和微孔的混合结构。煤基颗粒活化基本方法采用氧化气体（蒸气，二氧化碳，氧气）在高温下进行。在活化过程，碳和氧化剂反应，所产生的二氧化碳从碳表面扩散，由于颗粒部分气化，在颗粒内部形成多孔结构。炭化产物结构系由类似于无环型键的石墨键的微晶系统组成的空间聚合物。相邻微晶之间空间构成炭的主要孔隙结构。炭化颗粒的孔通常由沥青分解产物填充并由无定形炭阻堵。这种无定形炭在初始氧化阶段，反应并打开闭孔，从而形成新孔。在进一步氧化过程，基本微晶炭被烧掉，产生扩孔，深度氧化，由于相邻孔壁烧穿导致微孔总体积降低，接着材料吸附和力学性能下降。碳氧化是个复杂的非均相过程，一般认为，由于二氧化碳分子的直径大于水分子的，其在炭颗粒孔道内的扩散比较困难，扩散速度慢，与微孔的接触受到限制，因而，在给定的活化温度下，水蒸气的活化反应速率高于二氧化碳。然而，Kuhl 在 900～1100℃ 温度下，对焦炭进行活化表明，水蒸气活化制得活性炭的 BET 比表面积比二氧化碳的高；Ryu 研究指出，与水蒸气活化相比，用二氧化碳活化炭纤维可得到较大的微孔体积和较小的微孔直径。氧化过程速率受到初始含碳材料对氧化剂反应性的限制，材料反应性愈大，过程的最适宜温度愈低。

当挥发分高时，活化得率正比于活化剂的反应性。但是，如果反应性太高，例如在黏结煤情况，活化程度可能降低。初始产物的反应性很大程度上和大孔的存在有关。

活化过程中，炭化料质量明显降低，孔隙率增加，此时，可通过测定装填密度，用重量法来估计炭孔隙度的增加。

在制备具有各种性质活性炭的过程中，可以通过控制原材料、活化工艺、活化时间和条件来实现。但是，活性炭的最终性能取决于很多因素。孔的总体积和孔体积分布主要取决于所使用原料的性质和活化过程参数。

在各种氧化剂中，氧表现为最大的反应性而 CO_2 为最小反应性。炭和氧的反应同时得到碳氧化物和二氧化碳，其化学计量方程：

$$C + O_2 \longrightarrow CO_2 \qquad \Delta H = -387kJ/mol \tag{1-1}$$

$$2C + O_2 \longrightarrow 2CO \qquad \Delta H = -226kJ/mol \tag{1-2}$$

即两个反应均为放热反应。然而，反应机理尚未充分了解：炭可能直接氧化成二氧化碳，也可能先氧化成一氧化碳，再进一步氧化成二氧化碳，而二氧化碳又能与炭反应生成一氧化碳。现行观点是两种氧化物同时存在，并且 CO/CO_2 比率随温度提高而增大。用大气氧活化的炭表面上含有许多含氧功能团。然而，大气氧较少用作活化剂，一是因为氧的侵蚀性强，二是因为反应放热，不容易保持炉温在所要求的范围内。

水蒸气和炭的基本反应是吸热反应，化学计量方程如下：

$$C + H_2O \longrightarrow H_2 + CO - 129.7kJ/mol \tag{1-3}$$

这表明炭和水蒸气反应受到氢的阻碍，而一氧化碳的影响实际上就不明显了。炭和水蒸气作用的气化速率由下式给出：

$$V = \frac{K_1 p_{H_2O}}{1 + K_2 p_{H_2O} + K_3 p_{H_2}} \tag{1-4}$$

式中，p_{H_2O} 和 p_{H_2} 分别是水和氢的分压；K_1，K_2，K_3 是实验测定的速率常数。炭和水蒸气的反应的机理可表示为：

$$C + H_2O \Longrightarrow C(H_2O) \tag{1-5}$$

$$C(H_2O) \longrightarrow H_2 + C(O) \tag{1-6}$$

$$C(O) \longrightarrow CO \tag{1-7}$$

由于氢的阻碍效应，可认为是由于它的吸附，阻塞活性中心：

$$C + H_2 \Longrightarrow C(H_2) \tag{1-8}$$

根据 Long 和 Sykes，在反应第一步骤，吸附水分子离解：

$$2C + H_2O \longrightarrow C(H) + C(OH) \tag{1-9}$$

二氧化碳存在和炭的催化表面反应，按如下反应：

$$CO + C(O) \Longrightarrow CO_2 + C \tag{1-10}$$

炭和 CO_2 的气化速率由类似与水蒸气反应的气化速率表示：

$$V = \frac{K_1 p_{CO_2}}{1 + K_2 p_{CO} + K_3 p_{CO_2}} \tag{1-11}$$

式中，p_{CO_2} 和 p_{CO} 是分压；而 K_1，K_2 和 K_3 是实验测定的速率常数。

$$C(H) + C(OH) \longrightarrow C(H_2) + C(O) \tag{1-12}$$

氢和氧被吸附在邻近的活性中心，它大约占 2% 表面积。

炭和水蒸气反应伴随着一氧化碳和水蒸气反应：

$$CO + H_2O \longrightarrow CO_2 + H_2 + 41.8kJ/mol \tag{1-13}$$

二氧化碳和碳表面之间反应以两个不同的机制如下：

$$C + CO_2 \longrightarrow C(O) + CO \tag{1-14}$$

$$C(O) \longrightarrow CO \tag{1-15}$$

$$CO + C \longrightarrow C(CO) \tag{1-16}$$

$$C + CO_2 \longrightarrow C(O) + CO \tag{1-17}$$

$$C(O) \longrightarrow CO \tag{1-18}$$

这两种机制之间的根本不同在于对一氧化碳抑制效应的不同解释。

碳和水蒸气及二氧化碳的反应具有吸附热，在给定温度下，碳和二氧化碳的反应速率是低于和水蒸气反应速率 30%。氧作为活化剂存在特殊困难，由于它和碳的放热反应，难于避免活化过程局部过热。鉴于高的速率，碳烧失过程主要在颗粒表面进行，结果造成材料大量损失。在许多过程中，氧的活化在十分低的温度下进行。

一般来说，在较高的活化温度下，水蒸气活化的速率较快，反应难以控制，很难制备出高比表面积的活性炭。因此，在研究过程中通常都采用二氧化碳为活化剂。二氧化碳活化可以制备出比表面积在 $3000m^2/g$ 左右的活性炭，但是活化时间长达上百小时。目前，尚处于实验室规模的探索之中。如何加快反应速率、缩短反应时间、降低反应能耗是开发物理法活化工艺的关键。Laine 以椰壳为原材料，用二氧化碳进行活化，实验表明，除 KCl 外，在炭化料中加入的其他钾盐均有明显的催化作用；磷酸钾有着双重作用，一方面防止过度烧失，避免比表面积的下降，另一方面又形成中孔；比表面积与 pH 值密切相关，较低的 pH 值会抑制活化反应的进行。

（2）超临界水活化

气体活化法中，往往孔隙的发展会导致高的活化烧蚀率，同时强度降低；化学活化法常用于制备高比表面积和微孔发达的活性炭，但其产品不净，且易腐蚀设备。催化活化法是制备中孔炭常用的方法，但在液相吸附时，金属离子可能会逸出到溶液造成污染。

西班牙的 F. Salvador 等用超临界状态的水（$T_c = 374℃$，$p = 22.1MPa$）作为活化剂取代气体状态的水来活化木炭、煤和各种果壳，发现超临界水是比水蒸气更有效的活化剂。康飞宇等采用超临界水（650℃，32MPa）活化和传统的水蒸气活化（800℃）来制备活性炭。研究结果表明：①超临界水活化有益于中孔的发展，而水蒸气活化有益于微孔的发展；②炭化程度较低的酚醛树脂基炭，在较低的活化烧蚀率时就能得到高比表面积和较高中孔率的活性炭。他们采用超临界水活化法，以酚醛树脂基炭为原料，得到了活化均匀、强度较高的球形活性炭。程乐明等以超临界水（SCW）活化褐煤制取活性炭为目的，在半连续 SCW 反应

活性炭吸附技术及其在环境工程中的应用

装置上，研究了活化温度压力（0.1～30MPa）和 KOH 添加量对褐煤所制活性炭吸附性能和孔结构的影响。结果表明：与相同温度下常压水蒸气活化相比，SCW 活化反应有利于活性炭的吸附性能和中孔比例的升高。650℃时活化压力由 0.1MPa 升至 25MPa，活性炭 BET 比表面增加 74%，中孔所占比例增加 38% 左右。

关于超临界水活化制备活性炭的研究尚处于起步阶段。

（3）活化炉

炭的活化在不同结构炉型进行，如竖式、转炉和流态化床。

① 竖式炉　炭材料从顶部一层一层地装填，蒸气从底部向上引入以活化。竖直方向三部分分别地可区分为炭化、活化和冷却段，炭化材料的停留时间是 2.5～3.0t/d。

图 1-1 表示一个具有侧壁炉和引导反应气通道的多层炉。这种炉的普及是由于它们能量自给，它仅在开始时必须加热，后续的加热依靠炭化气体产物的燃烧。这种炉的缺点是成本高，效率低且活化不易均匀。

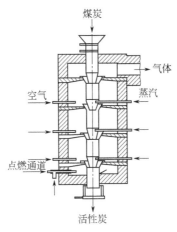

图 1-1　多层炉示意图

② 转炉　转炉可使活化气体和活性材料有好的接触以及在炭层中得到较均一温度分布。这种炉用于活化细的多孔颗粒或挤出炭材料。活化时间取决于炉子的倾斜角，也取决于是否有导向板，被活化的材料和气体可以以并流或逆流形式引入。炉子设计分为：内热式和外热式。转炉可以生产具有不同孔尺寸的活性炭。内热式转炉示意图示于图 1-2，转炉优点是成本低，缺点是不停转动炭化料会磨损，工艺控制要求较高。

③ 流化床（沸腾炉）　20 世纪 70 代后在国外流化床（沸腾炉）已变得十分普遍，简单结构的流化床反应器由在底部具有多孔板（引入反应气）的密封圆筒或立方体室所构成。该过程可以间断或连续进行。流化床炉用于活化炭细颗粒挤出物料的处理，如图 1-3。

流化床的过程涉及流化质量的研究，因为流化床中由于气泡的形成和崩裂，使床内有高度的湍动，但同时也导致床层中气固相接触的不均匀性。因此，工业生产中必须力求达到均匀流态化而避免腾涌、沟流和气泡的形成。

加热问题可以通过使用蒸气活化炭化料所产生的一氧化碳和氢燃烧所获得热量直接加热。然而，要防止颗粒过多地烧失表面和最终产品烧失。另外一个增加得率的方法是外热式反应器，如图 1-3，外加热部分和流化床分开，使有可能在流化床中独立控制加热和气流流速。这种类型炉子的优点是其紧凑结构和均匀活化。流化床（炉）的缺点是大的气体消耗，

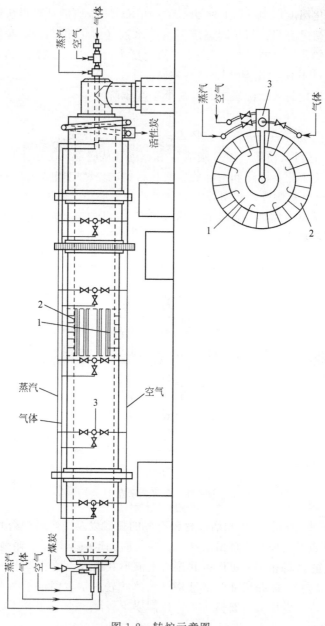

图 1-2 转炉示意图
1—可移动变向叶片；2—顶部砖衬里；3—燃烧器

活化物料的磨损以及处理颗粒尺寸组成的严格要求和含炭材料的聚集。

固体流态化技术（或称沸腾床技术）由于流态化过程增强了传热和传质，简化颗粒输送，从而使许多工业部门在工艺过程中有可能减少设备，降低投资，提高生产能力。前人对流态化技术进行了大量的研究，但是流态化过程十分复杂。李盘生、郭坤敏等开展流态化质量研究，利用压力感应元件和动态应变仪研究并关联了流态化质量和诸因素的关系，实验装置见图 1-4。郭坤敏与中科院化冶所庄一安先生研制的用于干湿炭-催化剂活化的沸腾炉（实验室流化床设备模型）见图 1-5。该设计对象是聚式流态化过程，而聚式流态化是一个复杂的流体力学问题。对于颗粒-气体系统，散式流态化理论和计算方法仍可近似地用于距临界

活性炭吸附技术及其在环境工程中的应用

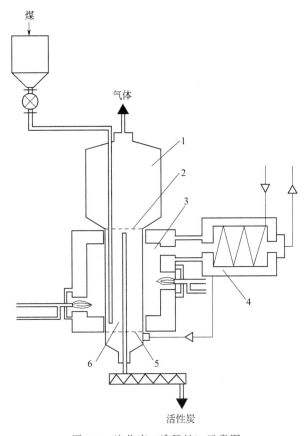

图 1-3　流化床（沸腾炉）示意图

1—流化床；2—分布板；3—外加热套；4—热交换器；5—多孔分离板；6—反应器

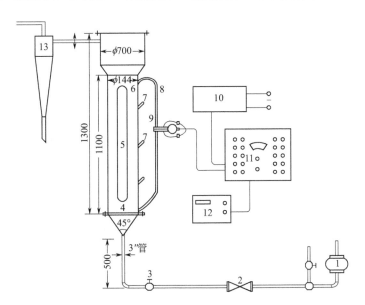

图 1-4　流态化实验装置流程图

1—罗氏鼓风机；2—流量计；3—球芯阀；4—泡罩式分布板；5—视孔；6—流化床；7—测压孔；8—连接管；
9—压力感应元件；10—电源及振荡；11—动态应变仪；12—高速记录器；13—旋风分离器

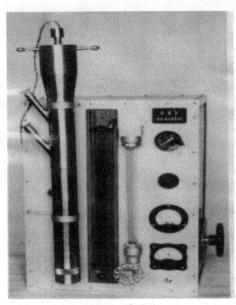

图 1-5　沸腾炉
（实验室流化床设备模型）

点不远的浓相流态化床和空隙度很高的稀相流态化床。本设计假定为垂直系统中均匀球体和流体的运动，从而采用有关资料计算图，排除了繁杂的计算。

干湿炭-催化剂活化的流化床（沸腾炉）用于制备 0111 炭-催化剂（表 1-6），其流态化速率和热量衡算，示例如下。

表 1-6　0111 炭-催化剂性能

名称	数值
真密度/（kg/m³）	2400
视密度/（kg/m³）	1010
堆密度/（kg/m³）	660
粒度分布/mm	
1.0～1.2	<2%
0.7～1.0	不计
0.5～0.7	不计
<0.5	不计
水分/%　≤	3
水容量/%　≥	80

a. 已知条件：用热空气干燥 0111 浸渍炭，其最高热处理温度为 180℃。
推演数据如下。

固定床的空隙度（即物料外空隙度）ε_0：

由 $660=1010\,(1-\varepsilon_0)$，得 $\varepsilon_0=0.35$

物料内孔隙度为 $\varepsilon_内$：

由 $1010=2400\,(1-\varepsilon_内)$，得 $\varepsilon_内=0.58$

饱和湿物料视密度 $\rho_湿$：

$$\rho_湿=2400\times(1-0.58)+1000\times0.58=1590\,(\text{kg/m}^3)$$

b. 求算流态化速率：

干物料的流态化速率，用空气流化干的炭-催化剂的重量阿基米德数：

$$A_{r\Delta\rho}=\frac{D_P^3\rho_f g\Delta\rho}{\mu^2},\quad A_{r\Delta\rho}^{1/3}=D_\rho\left[\frac{\rho_f g\Delta\rho}{\mu^2}\right]^{1/3} \tag{1-19}$$

$$=0.7\times10^{-3}\times\left[\frac{1.29\times9.81\times(1010-1.29)}{(2\times10^{-6})^2}\right]^{1/3}=103$$

又 $\varepsilon_0=0.35$ 由 $A_r^{1/3}\sim L_y^{1/3}$ 得 $L_y^{1/3}=1.17$

$$L_y^{1/3}=1.17=u\left[\frac{\rho_f^2}{g\Delta\rho\mu}\right]^{1/3}=u\left[\frac{1.29^2}{9.81\times1009\times2\times10^{-6}}\right]^{1/3}=4.4u$$

所以 $u=0.266\text{m/s}$

由 $A_{r\Delta\rho}^{1/3}=103$ 时，查得当 $\varepsilon=0.6$ 时，$L_y^{1/3}\varepsilon=0.6=4.8$

$$\frac{L_y^{1/3}\varepsilon=0.6}{L_y^{1/3}\varepsilon=0.35}=\frac{4.8}{1.17}=4.1$$

所以 $u_操作=4.1\times0.266=1.09$ （m/s）

湿物料的流态化速率：

按饱和湿物料的视密度 1590kg/m^3，同上计算

$$A_r^{1/3}=D_\rho\left[\frac{\rho_f g\Delta\rho}{\mu^2}\right]^{1/3}=0.7\times\left[\frac{1.29\times9.81\times1589}{(2\times10^{-6})^2}\right]^{1/3}\times10^{-3}=120$$

又 $\varepsilon_0=0.35$ 得 $L_y^{1/3}=1.32$

$$L_y^{1/3}=1.32=u\left[\frac{\rho_f^2}{g\Delta\rho\mu}\right]^{1/3}=3.8u$$

所以湿物料的流态化速率 $u=0.347$ （m/s）<1.09 （m/s）

c. 热量衡算：

按处理 80g 计算，需加热的液体量 $=0.08\times(80-3)\%=0.062$ （kg）

浸渍后在室温搁置，按 20℃ 加热至 180℃ 计算，得水液的焓变 $\Delta H=657.2$ （kcal/kg）

所以所需热量 $q=657.2\times0.062=40.7$ （kcal）

设 10min 加热完毕，所以所需功率 $=40.7/\,(1/6)=244$ （kcal/h）$=0.312$ （kW）

空气由 20℃ 加热至 180℃ 的焓变：

按空气流量 $6\text{m}^3/\text{h}$，所以加热空气所需热量 $6\times0.31\times160=298$ （kcal/h）$=0.347$ （kW）

总功率 $=0.347+0.312=0.659$ （kW），考虑热效率 70% 所以 $N=0.95\text{kW}$

选用 1kW 的电热棒。

结构尺寸及仪表：

按要求每次处理 0.08kg，则固定床体积 $=\dfrac{0.08}{660}=1.37\times10^{-4}\text{m}^3$，用 $\phi54\text{mm}\times65\text{mm}$ 的

圆筒收集样品，则 $V=0.785\times0.054^2\times0.065=148\times10^{-6}>137\times10^{-6}\text{m}^3$

按内加热考虑：

选加热棒外经 $\phi = 16 \times 10^{-3} m$，并用 $\phi 2mm \times 50mm$ 瓷圈作为引线绝缘。

试差推算：床径 $= \phi 54mm = 0.054m$

流化床高 $= 0.3m$

扩大段直径：$\phi = 0.082m$

由 $U_{操作} = 1.1m/s$，流量 $= 0.785 \times (0.054^2 - 0.016^2) \times 1.1 = 0.002 (m^3/s) = 132 (L/min)$，选用转子流量计上限 180L/min。

2. 化学活化

在含碳材料中添加化学药品以达到在较低温度下赋予活性的方法称为化学活化。活性炭制造包括两个阶段：含碳材料炭化和炭化物料的活化。在炭化过程中大部分非碳元素被排除，留下的碳原子基团本身成为凝缩的芳香环族的薄片，常呈弯曲状，且排列不规则，留下自由空隙，这些空隙可能由于焦油沉积和分解而被无定形炭充满或堵塞。为使这些炭气化，扩大孔隙，采取用水蒸气、CO_2、空气或这些气体的混合物进行活化，称为物理活化。而在含碳物质原料中加入可抑制焦油生成的物质（如 H_3PO_4、$ZnCl_2$、K_2S）之后，再进行活化的方法称化学活化。化学活化所添加的各种物质的共同特征，是影响热分解过程和抑制焦油生成的脱水剂。在高温下（通常低于 650℃），在脱水剂作用下（工业上主要利用磷酸、氯化锌和硫化钾）同时完成炭化和活化。脱水剂还可用具有脱水能力的化学物质（硫氰化钾、硫酸等）。另外下述物质也具有部分催化活化作用：金属钠、钾、氧化钠、氢氧化钠、氢氧化钾、碳酸钾、氧化钙、氢氧化钙、氨、高锰酸钾等。有机酸（例如多元酸）脱羧反应为基础的过程也都属化学活化过程。在炭化过程中脱水，导致炭骨架的炭化和芳构化，建立孔结构。最终活性炭的性质将由原料性质、化学药品、浸渍条件和活化温度决定。

一般认为，KOH 活化的机理为：

$$4KOH + CH_2 \longrightarrow K_2CO_3 + K_2O + 3H_2 \tag{1-20}$$

$$8KOH + 2CH \longrightarrow 2K_2CO_3 + 2K_2O + 5H_2 \tag{1-21}$$

$$K_2CO_3 + 2C \longrightarrow 2K + 3CO \tag{1-22}$$

$$K_2O + C \longrightarrow 2K + CO \tag{1-23}$$

活化过程中，由于化学品的脱水作用，原料里的 H 和 O 以水蒸气的形式释放，形成孔隙发达的活性炭。一方面通过生成 K_2CO_3 消耗炭使发展孔隙；另一方面，反应式（1-22）、式（1-23）生成金属钾，当活化温度超过金属钾沸点（762℃）时，钾蒸气会扩散入不同的炭层，形成新的孔结构，气态的金属钾在微晶的层片间穿行，撑开芳香层片使其发生扭曲或变形，创造出新的微孔。

化学活化法这类方法要求原料的含氧量≥25%，含氢量≥5%，适用于木质原料（氧含量约43%，氢含量约6%）和极少数的年轻褐煤（氧含量达20%）、褐煤及中低变质程度的烟煤（氢含量在4.5%左右）。在化学活化中，化学药品被引入基材，在这种情况下，它改变了热降解过程的物理和化学变化。相对于物理活化，化学活化有以下优点：化学活化需要的温度较低，活化时间相对短，活化产率高，可制得高比表面积活性炭。

化学方法中所用的化学试剂通常为含有碱和碱土金属的物质和一些酸，例如 KOH、K_2CO_3、NaOH、Na_2CO_3、$AlCl_3$、$ZnCl_2$、$MgCl_2$ 和 H_3PO_4。依活化剂不同分为 $ZnCl_2$ 法、

KOH 法和 H_3PO_4 法。$ZnCl_2$ 活化法在我国是最主要的生产活性炭的化学方法，主要以木屑为原料采用回转炉或平板法制备，氯化锌属于路易氏酸类的脱水剂，又是木质纤维的润涨剂。浸渍过氯化锌的木质原料，在隔绝空气的条件下炭化时，被热分解放出的主要是氢和氧分子，然后形成反应水排出，因此，最后形成活性炭的得率比用同样木质原料经过一般的炭化和水蒸气活化法等制得的收率将高出 4～5 倍。Molina－Sabio 用不同浓度 $ZnCl_2$ 溶液浸渍桃壳制备活性炭，图 1-6 表明：微孔容积、中孔容积和活化度的关系。就环境要求，现在氯化锌使用于活化过程已受到限制。以 KOH 为活化剂制取活性炭始于 20 世纪 70 年代。美国工业生产活性炭多采用 H_3PO_4 法，H_3PO_4 法活化所需的温度较低（一般在 300～350℃，生产成本低）。我国 H_3PO_4 活化法的研究还处于实验室阶段。有研究用磷酸活化制备活性炭，用于净化气体或饮用水。

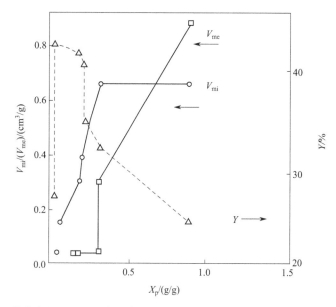

图 1-6　微孔容积（V_{mi}）、中孔容积（V_{me}）、得率（Y）和活化度（X_p）的关系

3. 物理和化学复合活化

物理活化和化学活化各有特点，近年，针对不同原料和要求，国内外学者将其结合起来，出现如 D. D. Do 等的物理和化学复合活化。D. D. Do 研究不同参数对化学活化的影响，与物理活化相比，用 KOH 和 $ZnCl_2$ 活化的活性炭具有很好发达的孔隙度，它在制备具有特定孔尺寸分布活性炭时更灵活。

ZhonghuaHu 用热解重量分析法（TGA）研究了 $ZnCl_2$-CO_2 物理化学活化椰壳的机理。发现 $ZnCl_2$-CO_2 活化的机理不同于 $ZnCl_2$ 化学活化的机理。在活化阶段由于存在 CO_2，相当量的 $ZnCl_2$ 从炭中释放出，因而在酸洗和水洗之前打开形成的孔隙。这样，孔壁上的炭就暴露于 CO_2 气氛中，而且它被 CO_2 氧化，引起孔隙扩大。结果制得的活性炭具有高达 62％～94％的中孔（中孔容积与总的孔容的比率）。

在物理活化前对前驱体进行化学改性，可以灵活调控活性炭的孔结构，甚至制备出仅含微孔或仅含中孔的活性炭。化学物理法可通过控制浸渍比和浸渍时间制得孔径分布合理的活性炭材料，并且所制得的活性炭既有高的比表面积又含有大量中孔，在活性炭材料表面获得特殊官能团。

五、 活性炭制备的孔修饰和功能化

为实际应用的需要，活性炭产品必须多样化。因而，对原料煤进行深度脱灰、预氧化和预炭化等，以改善原料煤质量及性能；产品后经酸洗脱灰等处理以及浸渍金属化合物催化活化等使产品具有特殊的功能和用途。

1. 特殊活性炭制备的孔修饰

对活性炭孔结构、微晶结构、吸附性能间的关系研究，可以确定活性炭具有各向同性、非石墨化、无定形炭含量多的结构特征；结合有机物炭化路径的研究，表明制备特定活性炭的根本途径在于控制原料的炭化过程，使炭化物成为各向同性、难石墨化、无定形炭结构为主的碳素前驱体。

在制备过程中调节活性炭的孔结构有时也有一定的局限性。在活化过程中孔隙的形成和孔径的扩展是同时进行的，如活化炭纤维，炭纤维基体微晶间隙中的活泼碳原子首先被刻蚀成孔，随着活化反应的进行，已有的孔隙继续被刻蚀，从而形成较大的孔，因此活化法很难达到定向控制孔径目的。陆安慧、郑经堂采用化学气相沉积法（CVD）以异丙醇为溶剂将催化剂 Ni（NO₃）₂·6H₂O 有效地分散在 PAN-ACF 较大的微孔上，使其成为积炭的活性位，从而将 ACF 的孔径调控在分子筛孔径效应范围内。通过选择合适的催化剂及溶剂，以化学气相沉积的方法基本实现了对 ACF 中较大微孔进行调控的目的。

活性炭的最终性能受原料特性和制备过程的共同影响，因而选用不同的原料或改变制备条件都可调节活性炭的性能，其中，原料特性的影响是第一位的。以煤为原料制备活性炭，煤岩成分、矿物质的种类、元素组成、变质程度等煤本身的特性，基本上决定了产物的微晶结构、孔结构，进而决定了活性炭的吸附性能。

张双全研究了一种制备窄分布微孔活性炭的新工艺，该工艺采用氧化性复合添加剂处理原料，添加剂的添加量为煤量的 7%～10%，将添加剂与煤粉和焦油混合挤成条，然后按常规工艺炭化和活化，制成的活性炭微孔发达，微孔孔容达到 0.44～0.64mL/g 以上，孔径分布集中，80%～90%的孔隙半径在 0.4～0.8nm 范围内。随着烧失率的提高，微孔孔容增加，且主要是在 0.4～0.8nm 范围内。在添加剂作用下，在复合添加剂的 3 种组分中，硝酸钾有利于微孔的比例增大。

对产品活性炭进行炭沉积技术处理可以在一定程度上改变孔结构。炭沉积的原理是将有机高分子化合物、烃类气体分子等物质与活性炭接触，然后在适当的温度下将其裂解析出游离炭并在大孔和中孔孔隙的入口处沉积，从而使孔径缩小、调孔。化学气相沉积是一种化学气相生长法，化学气相沉积法可分为常压 CVD 法、低压 CVD 法、等离子体增强 CVD 法、激光化学气相沉积法和金属有机化合物化学气相沉积法（MOCVD）等。

朱春野等应用常压 CVD 法制备了多壁碳纳米管束。多根碳纳米管可以形成松散排列的多壁碳纳米管束（loose-packed MWNT bundle）和紧密排列的多壁碳纳米管束（close-packed MWNT bundle）两种形态的束状结构，束内碳纳米管被无定形炭黏结。它的形成基本上分为两步：首先形成小直径多壁碳纳米管，同时被弱的范德华力相互吸引在一起，然后热解碳在其上沉积，形成多壁碳纳米管束。采用正己烷为碳源，实现了竹节状碳纳米管的连续生长，产物纯度高，直径控制在 20～40nm 之间，具有均匀的管壁厚度。采用正己烷为碳

活性炭吸附技术及其在环境工程中的应用

源制备了单壁碳纳米管，多根SWNTs以管束的形态存在，束内单壁碳纳米管的直径分布控制在0.55～1.00nm之间，生长的关键因素是生长温度大于1150℃、二茂铁挥发速度大于$1×10^{-6}$mol/s和适宜的氢气分压等。相对于苯，正己烷更加适合于SWNTs的生长。采用浮动催化法制备了两种结构特殊的热解碳纤维：二维树状分叉碳纤维和碳珠/纳米碳纤维。二维树状分叉碳纤维是结合了浮动催化法连续进料和负载催化法生长大直径热解碳纤维的特点在高温区得到的。生长的关键条件是在一定的催化剂和促进剂的基础上控制较高的生长温度。生长关键因素是较高的低温区温度和/或较低的催化剂和促进剂的浓度。他们提出了浮动催化法生长碳纳米管的均相形核生长机理。此机理认为：二茂铁和噻吩分解逐渐聚集形成一定尺寸的液态催化剂颗粒，热解碳溶解在其中形成被碳饱和的催化剂颗粒，催化剂颗粒表面张力不平衡时会发生石墨片的析出过程，即单壁碳纳米管形核，进一步轴向生长为单壁碳纳米管；如果轴向生长伴随着热解碳在SWNTs上继续沉积实现了径向生长，则生长为多壁碳纳米管。均相形核生长机理适合于浮动催化法中碳纳米管的生长过程。他们还通过对CNTs进行无机化学修饰，在CNTs管壁和开口的末端连接上羧基、羰基等，进而可以用有机官能团改性，生成含有硫醇基的富勒烯管、SWNTs上的酰氯与十八胺反应生成十八胺衍生物、SWNTs上的羧基与氨基反应生成十八烷基胺等。Lieber等人利用苄胺或乙二胺与切割CNTs上的羧基进行耦合反应，得到了有机功能化的CNTs。

2. 活性炭功能化

活性炭应用领域不断扩大，不同的应用途径对活性炭的性能也提出了新的、更高的要求，出现了对专用活性炭需求量越来越多的趋势。多年来的研究也表明，活性炭要得到进一步发展，必须使之功能化、专用化，提高其性能价格比。

早期对活性炭功能化的研究工作大部分以增强其吸附性能为主要目的。目前国内外主要是通过研究负载金属及其化合物的活性炭的催化反应，来探索活性炭功能化的发展方向。活性炭功能化的方法主要有浸渍、溶胶-凝胶、化学气相沉积、溶液沉淀等。由于活性物质和活性炭之间的相互作用，当在活性炭上负载金属及其化合物时，制得的活性炭基催化剂必然在结构、吸附性能、催化活性和选择性等方面发生一系列的变化。张建臣、郭坤敏等对TiO_2/AC复合制备和性能研究，认为功能化活性炭催化性能的变化，活性炭负载活性组分的结果，有效地改变其吸附性能；更主要的是使其具有某种特殊性质，以增加某些反应的催化活性和选择性。作为多孔炭材料，活性炭基催化剂的孔隙既是吸附空间也是反应空间，它是一般吸附剂或催化剂所不具备的一些特殊功能的根源所在。由于活性炭的吸附性强，可与活性组分一起产生"吸附富集-催化反应"的协同作用，并且边吸附边反应，活性炭还能够原位再生，所以负载活性物质的活性炭大幅度提高了其催化活性和催化反应的选择性。另：TiO_2/AC和载铂活性炭在各项性能上更具优势，最为符合环境治理用催化剂的要求，具有实际应用价值。

基于活性炭的特性和活性炭基催化剂的活性组分易于回收的特点，结合活性炭纳米级孔隙内具有很高的反应活性，可以发生许多必须在高温高压的苛刻体系中才能发生的化学反应；并且活性炭熔点高，可使金属或氧化物的聚集或表面的烧结降到最低限度，因此，以活性炭为载体研发催化剂是活性炭功能化发展的潜在方向。

第二节
代表性的活性炭制品

一、药用活性炭

药用活性炭指用于医药、医疗目的的活性炭。李时珍《本草纲目》中就有果核烧炭用于治疗腹泻和肠胃病的记载。在消化系统活性炭的主要作用是消除细菌毒素。活性炭将细菌或病毒聚集其孔隙内，这不仅是一种吸附现象，而且是一种机械和生物性质的过程。在所有中毒病例中，例如由蘑菇、变质食品、生物碱、各种金属（如汞、砷）、磷、酚等引起的中毒，活性炭是极有效的解毒药。特别当毒物性质还不知道时，它作为一种比较普遍有效的解毒剂是任何药品也不能替代的。对于解毒药用炭用量一次 0.5～5g，一日 2～20g。药用活性炭必须符合严格的要求。除用亚甲基蓝脱色方法测定炭的吸附能力以外，还要试验是否存在氰化物、硫化物、重金属（Fe、Al、Cu）的盐、氯化物和硝酸盐等，并测定焦油状物质的含量。药用活性炭有粉状的和片状的。在医疗方面的应用更广泛。活性炭绷带可治疗溃疡、化脓性或坏疽性创伤，以及其他有亚急性自分泌物的创伤，并有防腐和消毒作用。在内科治疗方面，它用于治疗肠道病，如治疗痢疾、霍乱、伤寒等传染病和食物中毒（吸附消化道壁上残留的农药、杀虫剂）。活性炭还可用作药物载体，使药物疗效慢慢地释放出来，保持比较适当的有效浓度，避免一些副作用。药用活性炭还用于抗生素、维生素、辅酶 A、解热药、磺胺药、抗结核病药、生物碱、激素注射液等药物的脱色和精制。吸附剂对某些化合物的吸附容量，见表 1-7。近年，由于活性炭制造技术和医学的发展，药用活性炭已用于人造肝和人造肾上。日本由石油沥青研制成功球形活性炭（高强度、无粉末）用于从血液中除去有害物质，起到肝功能作用。在人造肾上用于吸附透析液中的废物如尿酸、血尿素和肌酸酐，达到康复垂危病人的效果。

活性炭已广泛地用在医学领域，它的选择性取决于孔尺寸分布，吸附质分子量和活性炭吸附孔半径，如图 1-7。

表 1-7　吸附剂对某些化合物的吸附容量

吸附质	吸附剂								
	Adsorba 300C[①]			SKN-4M[②]			活性炭纤维		
	吸着时间/mm								
	5	30	60	5	30	60	5	30	60
巴比妥钠	1.50	9.45	18.30	14.42	25.45	25.65	29.60	29.80	29.90
肌酸酐	5.40	11.25	14.70	13.50	18.30	19.50	21.50	22.40	22.45
尿酸	9.75	20.85	40.95	41.85	69.30	73.25	74.72	34.90	74.95
维生素 B_{12}	0.12	0.70	0.78	1.37	3.96	4.53	4.54	4.88	4.95

活性炭吸附技术及其在环境工程中的应用

吸附质	吸附剂								
	Adsorba 300C①			SKN-4M②			活性炭纤维		
	吸着时间/mm								
	5	30	60	5	30	60	5	30	60
胰岛素	0.04	0.05	0.05	0.90	3.50	5.35	7.50	7.50	7.50
核糖核酸酶	—	—	—	—	—	—	4.49	4.50	4.50

① 瑞典产品；
② 前苏联产品。

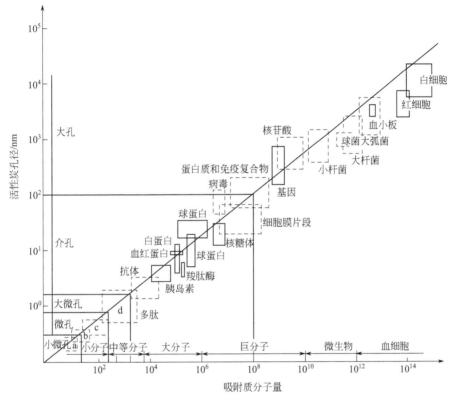

图 1-7 吸附质的分子量与其所适宜活性炭吸附的孔半径之间的关联
a—无机阳离子和阴离子；b—气体分子（氧气、氮气、二氧化碳、氨气等）；
c—药物制剂、酚类、氨基酸等；d—胆红素、激素、中等分子量的寡肽等

二、 防毒活性炭和浸渍活性炭

1. 惠特莱特浸渍活性炭

在第一次世界大战期间，J. C. Whetzel 和 E. W. Fuller 研究在活性炭上浸渍铜，其防氢氰酸（全身中毒性毒剂）能力比活性炭提高两倍以上，在第一次世界大战快结束时，1940年生产的防毒面具浸渍炭就以他们两人的名字命名为 A 型（浸铜）惠特莱特（Whetleriter）

炭。后来，随着小分子量、低沸点的毒剂 AsH₃（沸点：－62.5℃）、HCN（沸点：25.7℃）、CNCL（沸点：12.8℃）、光气（沸点：8.2℃）等的出现，防毒时间短成了突出的问题。第二次世界大战期间，发展了浸渍铜、银的 AS 型惠特莱特炭，浸渍铜、铬、银的 ASC 型惠特莱特炭，以及浸渍 Cu/Ni/Mn/V 等的惠特莱特炭，如：ASMT 型惠特莱特炭，ASM 型惠特莱特炭，ASV 型惠特莱特炭，ASVT 型惠特莱特炭。早年 ASM 型惠特莱特炭，由于研究初期基炭的问题而未入选。合适地选择浸渍剂对于制备吸着不同有毒物质的吸着剂是问题的关键，浸渍组分和工艺通常是试验秘密。美国在第二次世界大战期间，进行大量浸渍炭的一次浸渍和二次浸渍的研究，在美国 20 世纪 40 年代的 OSRD 报告中有大量的、多因素的原创性研究。虽然防毒面具对各种毒剂的吸附（吸着催化）机理仍在不断探索中，但继物理吸附之外发生的反应包括氧化、分解、络合、水解或还原。

近年，继浸渍铜、铬、银的 ASC 型等惠特莱特炭，又出现各种新的类似的浸渍炭（惠特莱特炭），用来装填军用防毒面具滤毒罐，它可对各种化学战剂进行防护。专用浸渍活性炭是根据其特殊的目的，在活性炭上浸渍不同的化合物制成，作为特殊防毒面具滤毒罐和固定安装的过滤设备及集体防护滤毒罐的装填材料，用在化工与核工业的防护及救援，火箭推进剂的防护，潜艇、宇航特殊舱室环境的防护，以及对放射性气体、各种酸性气体、汞蒸气、氨等各类有毒有害气体的防护。

防毒活性炭和浸渍活性炭的特性，在《军用活性炭和浸渍活性炭通用规范》中有详细的介绍。

（1）主题内容与适用范围

规范规定了用于军用和专用器材的浸渍活性炭及其未浸渍活性炭的技术要求，检验方法及验收规则。适用于防毒面具、大型滤毒罐和专用器材的浸渍活性炭及未浸渍活性炭的科研、生产验收和使用等领域。

（2）引用标准

GB 2890—2009　呼吸防护　自吸过滤式防毒面具

GBT 4314—2000　吸气剂术语

GB 7701.1—87　脱硫用煤质颗粒活性炭

GB/T 7702.1—1997　煤质颗粒活性炭试验方法　水分的测定

GB/T 7702.2—1997　煤质颗粒活性炭试验方法　粒度的测定

GB/T 7702.3—2008　煤质颗粒活性炭试验方法　强度的测定

GB/T 7702.4—1997　煤质颗粒活性炭试验方法　装填密度的测定

GB/T 7702.5—1997　煤质颗粒活性炭试验方法　水容量的测定

GB/T 7702.9—2008　煤质颗粒活性炭试验方法　着火点的测定

GB/T 7702.10—2008　煤质颗粒活性炭试验方法　苯蒸气　氯乙烷蒸气防护时间的测定

GB/T 7702.13—1997　煤质颗粒活性炭试验方法　四氯化碳吸附率的测定

GJB 188.1A—1994　防化术语　化学防护

（3）术语

① 水容量（water capacity）　活性炭全部孔隙内部充满水时的最大吸水量。在生产中可以用来估计活性炭的总孔容积。

② 强度（hardness）　活性炭及浸渍活性炭的颗粒机械强度，是反映它们在实际应用中的磨损程度指标。强度值是根据在专用球磨机中的磨损量来确定的。

③ 粒度（particle size） 物质颗粒大小的量度。

④ 粒度分布（particle distribution） 在颗粒系统中不同颗粒度等级的百分构成。

⑤ 气体吸附（gas adsorption） 作为吸附质的气体被固体吸附剂吸附的过程。可分为物理吸附和化学吸附两类。

⑥ 着火点（ignition temperature） 活性炭在空气中的着火温度。不同的试验方法有不同的着火温度。着火点温度在一定程度上取决于炭化和活化时的温度，并且与某些非碳成分也有关。

⑦ 陈化（ageing） 浸渍活性炭在存放和使用过程中吸着能力随时间变劣的过程。

⑧ 装填密度（packed density） 单位体积（包括孔隙体积与颗粒空隙体积）容器中装填吸附（着）剂的质量。

⑨ 水分（moisture content） 活性炭的含水率。

（4）分类及用途

① 活性炭 活性炭分为通用浸渍炭基炭和专用活性炭两类：通用浸渍炭基炭，用于制备各种通用浸渍炭的活性炭；专用活性炭，用于制备各种专用浸渍炭的活性炭。

② 浸渍活性炭 通用浸渍炭，用于装填普通军用防毒面具滤毒罐和集体防护滤毒罐；专用浸渍炭，用于特殊目的滤毒罐和固定安装的毒剂过滤设备及集体防护滤毒罐。如核工业救援，火箭推进剂防护，海军核潜艇、宇航的过滤设备等。

（5）技术要求

各类活性炭和浸渍活性炭应按所规定的方法进行试验。

① 活性炭

通用浸渍炭基炭：通用浸渍炭基炭的粒度分布应合理并应有明确的规定。强度、水分、水容量应符合表 1-8 的规定。对苯或四氯化碳和氯乙烷的防毒时间应有明确要求。

表 1-8　通用浸渍炭基炭特性

序号	项目	技术指标/%
1	强度	＞73
2	水分	＜3
3	装填密度	不规定，但要测定
4	水容量	＞80

专用活性炭：专用活性炭的技术指标应根据使用目的规定。

② 浸渍活性炭

通用浸渍炭：通用浸渍炭的强度、水分、水容量以及浸渍剂的含量应符合表 1-9 规定。

表 1-9　通用浸渍炭特性

序号	项目	技术指标/%
1	强度	＞73

序号	项目	技术指标/%
2	水分	<3
3	装填密度	不规定，但要测定
4	浸渍剂含量 铜 铬 银 氨	 9～13 2.5～4 >0.065 <0.9
5	水容量	>75

通用浸渍炭对氢氰酸、光气、氯化氰的吸着和对氯乙烷、沙林的防毒时间应有明确的要求。

根据需要，允许含有其他浸渍剂，但应对其含量有明确要求。

专用浸渍炭：专用浸渍炭的技术指标根据使用目的规定。

（6）试验方法

① 物理性能和浸渍剂含量　水分的测定，按 GB 7702.1—1997 方法；粒度的测定，按 GB 7702.2—1997 方法；装填密度的测定，按 GB 7702.4—1997 方法；强度的测定，按 GB 7702.3—2008 方法进行，其中钢筒内不加纵筋；浸渍剂含量的测定，允许用电解法测定浸渍剂的铜含量，用氧化还原法测定铬含量，用比浊法测定银含量，用酸碱滴定法测定氨含量。

② 防毒时间　对各种蒸气的防毒时间测定按 GB 7702.10—2008、GB 7702.13—1997 方法进行，试验条件按表 1-10 所规定。

表 1-10　防毒时间试验条件

试剂①	检验气体的 相对湿度/%	检验气体的 浓度/（mg/L）	炭的水分/%	试验室温度/℃	流速/（L/min）
苯	50±2	18±1	接收时最大值<3	20±3	
氯乙烷	50±2	5±0.5	接收时最大值<3	20±3	
四氯化碳	—	250±10	接收时最大值<3	20±3	
沙林②	50±2	4±0.4	接收时最大值<3	20±3	随活性炭或浸 渍炭的型号而定
氢氰酸	50±2	10±1	接收时最大值<3	20±3	
光气③	50±2	20±2	接收时最大值<3	20±3	
氯化氰④	80±2	4±0.4	在相对湿度 80%±3%增湿	20±3	

① 试验允许±10%的浓度偏差。因此，试验时得到的活性炭和浸渍炭的防毒时间应校正到表中浓度。
② 沙林透过浓度是 0.04mg/m³，用吸收瓶焦磷酸钠法比色分析浓度。
③ 光气试验用碘化钾-丙酮指示剂指示透过。
④ 氯化氰试验除按表 1-10 条件外，另需对浸渍炭在 85%±5%湿度下陈化后进行试验。

2. 惠特莱特浸渍活性炭的新产品——无铬浸渍炭和万能吸附剂（URC）

近年，美国 Chemviron Carbon 公司研制并投入使用两种无铬浸渍活性炭 ASZMT（Cooperite）和 URC 浸渍活性炭。ASZMT 浸渍活性炭由烟煤浸渍以铜、银、锌、钼和 TEDA 制成，用于个体防护和集体防护器材。它具有高的 CNCL 活性（滤毒罐可以较小，重量可以较轻，气流阻力较低）。ASZMT 活性炭符合美国军用规范。URC 用于民用。要说明的是，事实上，1941～1945 年美国化学战服务处（CWS）就研究并得到"满意的 ASM（铜、银、钼）浸渍活性炭"，当时，由于制备放大有困难未投入使用。20 世纪 50 年代，资深防化专家黄新民教授赴前苏联考察中也提到"用钼、钒能提高 CNCL 活性"。60 年代，C. K. Keith 等较系统研究铜、锌、铁、钼、钒、银在活性炭上的浸渍所需的条件。

在应用方面，加拿大 Racal Filter Technologies Ltd 致力于研制、生产符合或超过 NATO 质量要求的 NBC 滤毒罐，用于军用、警用或工业应用的滤毒罐，包括军用标准或用户设计的滤毒罐，见表 1-11。

表 1-11　C2～C7 滤毒罐参数

罐型	C2	C3	C4	C5	C6	C7
高度/mm	77	86	91	72	82	64
直径/mm	106	106	106	106	106	115
质量/g	265	350	350	265	299	290
炭/cm³	170	285	295	170	215	250
炭型	ASC 或 TEDA	ASC，TEDA	ASC，TEDA	ASC 或 TEDA	ASC 或 TEDA	ASC（ASZM）TEDA
螺纹	NATO	2.335in	NATO	2.335in	NATO	

C2、C3、C4、C5 和 C6 滤毒罐使用高效滤烟层和活性炭床层防护化学生物毒剂和放射性灰尘。C2、C4 和 C6 罐仅高度（装炭量）不同。C4 防护时间最长，与美国 M40 及 M42 防毒面具以及加拿大 C4 呼吸器配套使用。C3 用于海军集防装置，用于荷兰和丹麦军队。1996 年开始生产的 C7 罐都装填 ASC/TEDA 或 ASZM/TEDA（铜银锌钼）浸渍炭，在加拿大代替 C2 罐。

另外，专用活性炭如核级活性炭，它是采用 TEDA（三亚乙基二胺）和 KI（碘化钾）为浸渍剂处理过的浸渍活性炭，它对气态碘，特别是活性炭难以吸附的有机碘有着非常高的吸附效率。由于核电站使用的碘吸附器必须适应特殊的工作环境，因此，浸渍活性炭应具备耐辐照、燃点高等特性。国际上对核级活性炭的性能有严格的技术要求，具体规定了核级活性炭的性能指标和试验方法。

俄罗斯的 DPG 滤毒罐能防护二氧化氮、环氧乙烷、氯代甲烷和一氧化碳。

三、炭分子筛

炭分子筛（CMS）是一种新型炭质吸附剂，从微观的角度看，CMS 是由一些非常小的类石墨微晶组成的。炭分子筛具有接近分子大小的超微孔，孔径分布均匀（3～10Å），能够把立体结构大小有差异的分子分离。目前粒状炭分子筛的制备和应用已经工业化。纤维状炭分子筛和炭分子筛膜的出现丰富了炭分子筛的使用形态，它们是具有广泛应用前景的新型炭材料。

以煤基、植物基、高分子聚合物等为原料可制备粒状炭分子筛。由于原料不同，制备过程也存在差异。为了达到对特定的吸附质有较强的吸附作用，通常要对炭分子筛的孔隙进行调整。常用的孔径调控方法有开孔或扩孔的方法（活化法、致孔剂法、等离子体法）；热收缩法；碳沉积法。

在制备过程中，炭化活化和孔径调节比较重要。活化后的孔径过大，不利于下一步的碳沉积调孔，过小在碳沉积调孔过程中会将孔堵塞。当孔径<0.8nm，使用气相碳沉积可以有效地将孔径控制在 0.5nm 以下。Miurak 等发现炭化在 400℃ 左右，未炭化的煤会部分溶解在加入的有机溶剂中。煤与有机溶剂在该温度下相互作用使得煤的性质发生改变，利用此法可以制备出孔径范围在 0.37~0.43nm 的炭分子筛。该产品可以用于从空气中分离出高纯度的氮气。改性炭化过程中，煤与有机溶剂混合的控制是制备优质炭分子筛的关键。Miura 等在联合炭化法基础上研究了不同催化剂（HCl、NH$_3$、Na$_2$CO$_3$、NaOH、K$_2$CO$_3$、乙烯基乙二醇和聚乙烯基乙二醇）对于炭分子筛结构的影响。用 NH$_3$ 比 HCl 制备的炭分子筛孔数多；用 Na$_2$CO$_3$、NaOH、K$_2$CO$_3$ 制备的炭分子筛孔径较小；用乙烯基乙二醇、聚乙烯基乙二醇可以增加孔的体积和尺寸。

在宇航中为避免抛弃式的二氧化碳吸附剂，可再生的二氧化碳功能化炭分子筛也是当前国际研究热点。随着人类科研、开发活动在各个领域的广泛开展，密闭体系中因为人类活动产生的高湿环境下二氧化碳的增加对人类自身的活动产生了限制，为国防集体和个体的防护问题提出了严峻的考验，特别，在载人航天活动中宇航服和航天器、潜艇、地面隔绝系统等特殊的空间内，二氧化碳的净化问题成为日益紧迫的问题。

朱春野、郭坤敏、谢自立等进行宇航密闭体系内净化二氧化碳用的可再生功能化炭分子筛的制备方法和性能评价研究，表明所研制的功能化炭分子筛具有较好的净化和反复使用的效果，在密闭系统中二氧化碳的净化方面具有良好的应用前景。该功能化分子筛是在特定炭分子筛上进行了孔结构修饰和功能化改性处理，得到能在高湿条件下净化微量 CO$_2$ 的炭分子筛（CMS）功能材料，同时测试了功能化炭分子筛在实验室条件（低浓度、低湿度）模拟宇航实用条件下（低浓度、高湿度）对 CO$_2$ 的动态吸附性能。结果表明，所研制的炭分子筛具有很好的 CO$_2$ 吸附能力和良好的再生能力，经过功能化处理后对 CO$_2$ 的吸附量大大增加，到达吸附平衡的时间也增长，同时能够再生。因此，功能化炭分子筛初步可以满足封闭环境中净化 CO$_2$ 的要求。其制备工艺过程可以用图 1-8 表示。该过程主要包括含碳植物破碎为无定形材料、在一定条件下碳化为炭颗粒、在合适条件下活化为炭分子筛、对其孔结构进行修饰、功能化处理等步骤，最后得到功能化炭分子筛。

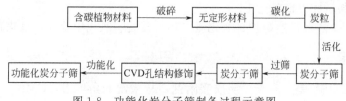

图 1-8　功能化炭分子筛制备过程示意图

对制备的功能化炭分子筛样品（F-CMS）进行动态吸附性能测试。F-CMS 对 CO_2 的动态吸附性能的测试在图 1-9 所示装置上进行，采用压缩空气为载气，CO_2 浓度用 HORIBA 公司的 PG250 气体分析仪在线检测，同时检测气流中 NO_x、SO_2、O_2 以及 CO 浓度的变化。动态实验中 NO_x、SO_2、O_2 以及 CO 的浓度在正常的浓度范围内波动，但不会随着吸附的进行而发生变化，说明研制的吸附剂在有效吸附 CO_2 的同时并不影响正常的供氧等需要。

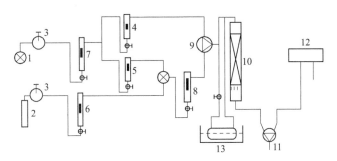

图 1-9　功能化炭分子筛吸附 CO_2 的动态流程图

1—空气压缩机；2—CO_2 钢瓶；3—减压阀；4～8—气体流量计；9—三通阀；10—动力管
11—三通阀；12—PG-250 气体分析仪；13—增湿装置

炭分子筛和功能化炭分子筛对 CO_2 的动态吸附性能实验参数和结果见表 1-12。由表可知，功能化后可以显著地提高炭分子筛的吸附能力，而且功能化后炭分子筛的密度增大，这说明功能化试剂有效地负载于炭分子筛上，为 CO_2 吸附量的增大打下了物质基础。3 次吸附—脱附（再生）的结果如图 1-10（再生在常温和 10^{-3}Pa 下进行，模拟宇航条件）所示。可以看出吸附-脱附曲线具有较好的一致性。多次再生实验表明吸附量变化不大，目前研究过程中实验结果最好的功能化炭分子筛对浓度为 0.4% 的 CO_2 在相对湿度为 80% 时吸附量平均为 12.7mg/g（最高达 17.1 mg/g）。

表 1-12　炭分子筛（CMS）及功能化炭分子筛（F-CMS）性能比较

性能	CMS	F-CMS
CO_2 初浓度 c_0/%	0.40	0.40
堆密度 ρ/（g/cm³）	0.47	0.56
床层高度 L/cm	11.5	11
粒径 d/mm	1.1	1.1
相对湿度 ϕ/%	25	20
气流比速 v/（m/s）	0.03	0.03
压力降 Δp/kPa	0.078	0.078
平均吸附量 a/（mg/g）	2.2	12.7
一次吸附时间 t/min	18	110

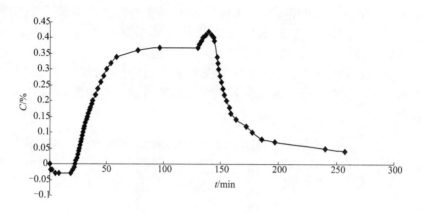

图 1-10 三次吸附-脱附（再生）的结果

四、 球形活性炭

1. 高分子聚合物制备微球活性炭

以高分子聚合物研制微球活性炭是近 20 年来发展起来的新工艺。日本、俄罗斯、乌克兰、美国、德国等发达国家均有研究（如欧洲国家联合研制的 Saratoga 微球活性炭），并进行小量生产。在研制强度好、吸附性能高的微球活性炭过程中，中间相的结构和性能是至关重要的。袁存乔等研究表明并非所有含碳材料经过一般加工处理都能制得具有一定活性的吸附材料，必须研究赋活性过程和机理。作为微球活性炭的中间相高分子聚合物微球与天然原料（煤、煤焦油、石油沥青及木材等）有很多不同，后者主要是惰性气体炭化和氧化性气体活化，而高聚物微球制备活性炭包括：造孔、提取、溶胀、液相化学炭化、气相热处理及活化等。因此，由高分子聚合物制备性能优良的微球活性炭就必须开展对高分子聚合物微球的赋活过程研究（国家自然科学基金资助项目：活性炭赋活过程及机理研究）。

（1）高分子聚合物微球的制备和特性

近年来，新型合成树脂的研究是高分子化学的主要发展方向之一。其合成方法有加聚和逐步共聚两种方法，并加致孔剂以制取大孔型合成树脂。加聚反应制得大孔型树脂，其反应原理是，如以固体石蜡为致孔剂，使苯乙烯-二乙烯苯共聚成为大孔型高分子共聚物，再经提取并在膨胀剂存在的情况下进行磺化反应，最终生成带磺酸基的阳离子交换树脂——高分子聚合物微球。

其反应如下：

高分子聚合物微球是高分子多功能基化合物，其性能随着基本原料（单体）性质和制备

活性炭吸附技术及其在环境工程中的应用

方法所决定的链节结构及所带功能基不同而有很大差别。一般都成直径约为 $0.2\sim0.8$mm、最大 1.2mm 的小球。作为树脂它具有五项基本要求，即交换量、交联度、孔度、化学稳定性和机械强度。根据我们的探索研究，高分子聚合物微球作为微球活性炭的中间相，其有关的物化性能概括为如下四点。

① 可制备的高分子聚合物微球粒径范围为 $0.2\sim0.8$mm，本研究目标所要求的微球活性炭粒径为 $0.4\sim0.6$mm 范围，可见颗粒大小是比较适宜的。但由于在预处理、炭化、活化过程中有缩小的倾向，故制备中应严格控制各种工艺参数。

② 高分子聚合物微球多带有不同的化学基团，具有极性，并由于这个原因才使合成树脂具有明显的选择性。而作为防毒用的微球活性炭要求能对各种有毒蒸气都能有效地吸附，而不是只对单一的某种物质具有较高的选择性吸附，所以作为微球活性炭的高分子聚合物微球应尽量避免引入化学基团，并在处理过程中去除极性，使其接近非极性。

③ 欲制备高活性的微球活性炭，其高分子聚合物微球的微观孔结构是非常重要的，它直接影响所得微球活性炭性能的优劣，在选择原料时这是首要条件。

④ 稳定性要求。高分子聚合物微球包括凝胶型和大孔型两种。一般凝胶型树脂从干燥状态变为含水的溶胀状态，由于强烈地水合溶胀，内部应力增加，往往发生颗粒破碎。在多次的干湿变化中及树脂转型时出现的收缩和膨胀现象，均使颗粒破裂；大孔型树脂存在较大的大孔，使其在水合溶胀时有缓冲的余地。另外大孔型树脂的交联度一般都较高，溶胀系数小，在干湿变化及转型时容积变化不大，较不易破裂。所以大孔型树脂比胶型树脂更适合作为防毒用微球活性炭的原材料。

（2）微球活性炭的性能

袁存乔等由高分子聚合物微球所研制的微球活性炭（A-1）和欧洲国家联合研制的用于军用防毒衣的 Saratoga 微球活性炭（S-1），在中科院微生物所用日立 S-570 扫描电镜进行形貌分析，35K 倍下和超高分辨 10000 倍下的观察和照相，结果分别见图 1-11、图 1-12。两个样品都是球形形貌，在高倍下为疏松网结构，似有晶粒堆积、孔洞较大。应用 VIPAS 图像处理系统测定微球活性炭 A-1 和 Saratoga 微球活性炭 S-1 的粒度分布，见图 1-13，两个样品最可几孔径都在 0.5mm，平均粒径 A-1 为 0.51mm，S-1 为 0.46mm。

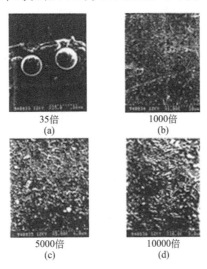

35倍
(a)

1000倍
(b)

5000倍
(c)

10000倍
(d)

图 1-11　微球活性炭 A-1 扫描电镜照片

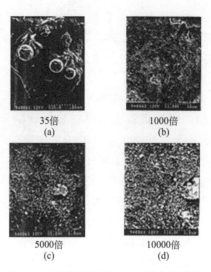

35倍	1000倍
(a)	(b)
5000倍	10000倍
(c)	(d)

图 1-12 微球活性炭 S-1 扫描电镜照片

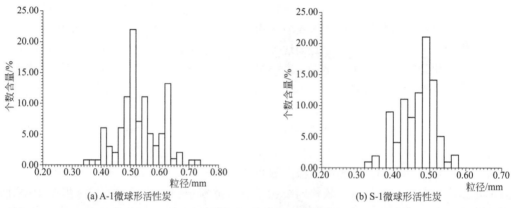

(a) A-1微球形活性炭   (b) S-1微球形活性炭

图 1-13 微球活性炭扫描电镜照片

　　两个样品的氮和苯吸附等温线分别如图 1-14 和图 1-15 所示，测定的微孔结构和比表面积等性能如表 1-13，其他评价性能概要如表 1-14。

表 1-13 微球活性炭的孔结构和比表面积

项目		样品	
		A-1	S-1
N₂吸附	$V_微/$ （cm³/g） （p/p_s=0.98）	0.85	0.46
	$S/$ （m²/g）	1144	1135
苯吸附	$V_微/$ （cm³/g） （p/p_s=0.90）	0.74	0.46
	$S/$ （m²/g）	1126	1065
$W_0/$ （cm³/g）		0.384	0.407
$B \times 10^6$		2.1	2.1

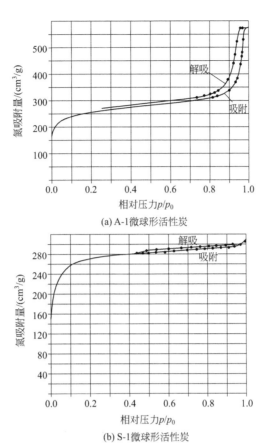

(a) A-1微球形活性炭

(b) S-1微球形活性炭

图 1-14 微球活性炭的氮吸附等温线

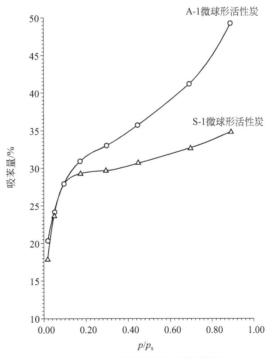

图 1-15 微球活性炭的苯吸附等温线

表 1-14　微球活性炭技术指标及测试性能概要

序号	项目	技术指标	测试结果		测试方法
			A-1	S-1	
1	水容量	≥75%	81.9%	79.1%	GB 7702.5—1997
2	灰分	<1%	0.84%	0.47%	GB 212—2008
3	装填密度	不规定，但要测试	0.401g/cm³	0.570g/cm³	GB 7702.4—1997
4	微球粒度	0.30~0.80mm 其中：<0.35mm≤3% 0.35~0.60mm 要测定，不规定 0.60~0.70mm<17% 0.70~0.80mm≤12% >0.80mm≤1%	1% 77.2% 14.9% 6.0% 0.9%	3% 97.0% — — —	VIPAS 图像分析仪
5	破碎强度	>5N/粒	18.0N/粒	3.8N/粒	DL-1000B 型 电子拉力机
6	吸苯量	$p/p_s=0.175$　>25%	31.0%	31.2%	重量法动态吸附仪
		$p/p_s=0.90$　>35%	65.1%	41.9%	
7	比表面积	800~1100m²/g（苯）	1126m²/g	1065m²/g	动态吸附法
		800~1100m²/g（N₂）	1144m²/g	1135m²/g	ASAP-2400

　　用 Porosimeter-2000 测孔仪压汞法测定微球活性炭的孔径分布曲线，如图 1-16，A-1 的孔径分布近似高斯分布，其孔径相应较 S-1 要小，而 S-1 的孔径分布很宽，并且较大的孔径多些。

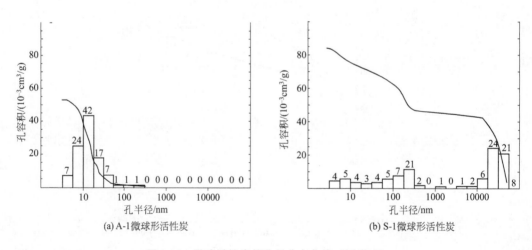

图 1-16　微球活性炭的孔径分布曲线（压汞法）

活性炭吸附技术及其在环境工程中的应用

2. 沥青基球形活性炭

20世纪60年代后期开始，随着世界能源危机的加深，促进了石油工业上重质油和渣油的开发、加工及应用，从而促进了原油及渣油裂解技术的研究。在这些工艺过程中，一般都副产一定数量的富含芳香族化合物的沥青、焦炭等。从而，为其研发、制取炭纤维、炭分子筛、活性炭以及具有耐高温性能的复合碳制品创造了条件。1994年，本书作者与当时国内刚具备条件的新疆独山子石化厂合作，由其加工碳含量较高、C/H原子比值较大、芳环缩合程度较高、软化点合适的一种石油沥青，以此石油沥青为原料，添加有机物后利用高压釜造粒成球，研制专用球形活性炭。选用造孔剂含量15%，粒径为1.0~1.5mm，经过浸取和氧化的沥青炭化料，活化条件：升温速率400℃/h，水蒸气气量150mL/（min·g）（炭），活化时间150min。研究表明：温度、时间、汽量和造孔剂等因素对沥青基球炭性能有着重要的影响，打通了由石油沥青制备球形活性炭的途径（但强度还不够高）。

从图1-17可看到炭化料在800℃时活化，苯吸附量很小，仅有11%左右，随着活化温度的升高，吸苯量显著增加，到达一定值后增加不明显，而烧失率随活化温度升高不断增加。这是因为在活化过程中，活化气体侵蚀炭表面，使炭烧失并产生孔结构，低温区时以开孔为主，由于反应速率慢，得到孔结构质量较差，孔径小，烧失率低。当提高活化温度时，反应速率加快，气体侵蚀作用增强，有更多的开孔机会，使孔径稳定增大，形成高度发达的多孔结构和较好的孔隙容积，因此，吸苯量显著加大。但温度过高时，反应速率很快，通过大孔、过渡孔等依靠扩散供给微孔的活化气体的扩散速度相对减小。一方面，气体扩散慢，供给产生新微孔的气体量不足，微孔数量增加不多；另一方面，气体停留时间较长，分子能量大，可以与孔壁上的碳反应，使碳的结构发生变化。因此，在保持水蒸气向孔隙的扩散速率和水蒸气与炭化料中的反应速率大约相等的最佳温度下，孔隙结构在颗粒的整个体积内才能均匀发展。900℃是水蒸气活化较合适的温度。图1-18沥青球炭吸附等温线为Ⅰ型吸附等温线带滞后圈，表明本研究制得的沥青球形活性炭以微孔结构为主，兼有中孔孔结构；图1-19孔体积分布曲线亦表明这点；图1-20可以看到微孔最可几孔半径为0.49nm。沥青球炭孔结构参数及其性能如表1-15。

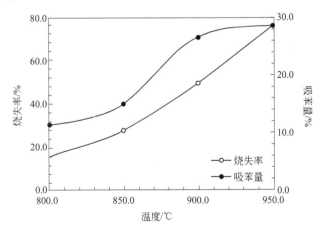

图1-17　活化温度对活化结果的影响

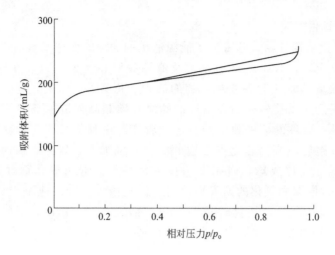

图 1-18　沥青球炭吸附等温线（N₂）

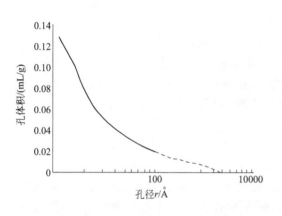

图 1-19　沥青球炭孔体积与孔径关系曲线

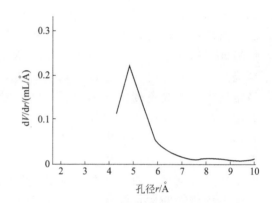

图 1-20　沥青球炭孔径分布（N₂）

表 1-15　沥青球炭孔结构参数及其性能

性能	参数
粒径/mm	0.30～1.0
吸苯量/%	29.8
S_b/（m²/g）	825.01
V_{micro}/（cm³/g）	0.34
狭缝平均半宽/nm	0.97
γ/nm	0.49
最大孔径/nm	40～50
灰分/%	0.13
单粒强度/（N/粒）	4.5

　　凌立成等研究并成功以煤焦油沥青为原料，采用乳化法成球，成功制备了沥青基球形活

性炭（PSAC）。他们提出一种控制沥青基球状活性炭孔结构的方法，该方法是将孔容为 $0.2\sim1.0cm^3/g$ 的中孔沥青基球状活性炭在炭沉积炉中，以氮气为载气，以甲烷、乙烷、丙烷等烷烃或苯为 CVD 前驱体，在 $600\sim1300℃$ 进行炭沉积，然后在 $900\sim1300℃$ 高温处理。该法制得的沥青基球状活性炭的中孔比例可以达到 90% 以上，因而可以提高沥青基球状活性炭对大分子的选择吸附性。

刘皓等研究高比表面积中间相沥青基活性炭微球的制备，以中间相沥青与纳米 SiO_2 颗粒混合研磨至均匀，在 $450\sim550℃$ 热处理后制备出中间相沥青基炭微球。以 KOH 为活化剂，对所制备的炭微球进行化学活化，获得高比表面积（大于 $3000m^2/g$）的中孔型活性炭微球。

五、 脱硫炭

脱硫炭指专用于脱除硫化物的活性炭。活性炭表面上存在氧、氮等杂原子构成的表面官能团和灰分等对许多反应具有催化作用，尤其是氧化反应，它能催化氧化脱除 H_2S。热力厂和锅炉房以及电站、化学工厂都是排除各种形式含硫化合物的地方，它包括 SO_2、H_2S、有机硫化合物、CS_2 等。脱硫炭在煤火力发电厂（石油火力发电厂）中用于将烟气中的硫酸气体氧化成硫酸积聚在活性炭孔隙内：$SO_2 + H_2O + 1/2O_2 \longrightarrow H_2SO_4$ 脱硫炭对 SO_2 物理吸附去除一部分，大部分 SO_2 则被活性炭表面催化、氧化，以硫酸形式存在于活性炭孔内，用加热或水洗方法解吸。对于硫化氢的脱除是利用硫化氢与氧的氧化反应起催化作用以除去 H_2S，反应形成的硫沉积于活性炭孔隙内部：$2H_2S + O_2 \longrightarrow 2H_2O + 2S + 106kcal$，其过程：①气体中的水被吸附在活性炭上并在其表面形成一层水膜；②硫化氢、氧气扩散入活性炭孔内，硫化氢在水膜内分解，氧分子也被活性炭表面吸附活化，并与 HS-反应；③O—O 键断裂生成的活性氧原子也很快参与反应，生成的硫逐渐沉积在活性炭上。对有机硫反应：$CS_2 + O_2 \longrightarrow CO_2 + 2S$，它也是合成氨厂干法脱硫中广泛使用的脱硫剂。一般脱硫炭可净化 SO_2、H_2S 至 10^{-6}。我们研制的精脱硫活性炭（浸渍炭）可净化 SO_2、H_2S 至 3×10^{-9} 以下（与美国同类产品相当），用于高洁净及特殊舱室要求场合。活性炭孔结构是影响脱硫效率的很关键的因素。有研究表明脱硫活性与 $3.5\sim8nm$ 的孔表面积成正比，但孔径一旦小于 $3.5nm$ 就没有脱硫效果，并且反应生成的 S 最初总是覆盖在 $8\sim30nm$ 的大孔中，这种硫不影响活性炭的催化活性，Steijns 和 Mars 研究了不同孔结构物质的脱硫效果，发现孔径 $0.5\sim1nm$ 范围内的微孔具有最高的催化活性，太大和太小的孔脱硫效果则要弱得多。目前用改性的活性炭作为催化剂是一个趋势，它能很大程度上提高硫容量和提高脱硫速率。它具有成本低、操作简便、脱硫效率高等优点。

六、 含炭泡沫塑料和泡沫炭

含炭泡沫塑料和泡沫炭指泡沫塑料内部或表面含有活性炭的吸附材料。这种材料的制造方法有两种，一种是先将活性炭加入到泡沫塑料发泡体中，使其分散均匀，再经发泡制成；另一种是通过浸渍方法将活性炭加入到泡沫塑料体内部。这种材料可用在空气净化等环保领域，它和织物复合后可作为透气式防毒服内层吸附织物。

美国 Life Tex International 公司近年推出 CD-3030 和 CD-3040 防护织物。其中，CD3030 材料组成：外层——Nomex/PBI（聚丙咪唑织物），吸着层——浸渍炭压缩泡沫，内层——PA（聚酰胺）。防护能力 DB-3 方法，按 $10g/m^2$ 载量，在 6h 后，战剂穿透最大量为 $4\mu g/cm^2$，在 6h 后，战剂穿透最大量 ct 值为 $500\mu g \cdot min/cm^3$（按 NATO 标准方法）。另一新材料 CD3040，外层为 Nomex/聚苯并咪唑织物，中间层为活性炭纤维织物，内层为聚醚砜，防毒性能也较优越。

采用超临界发泡技术，可以将泡沫炭的孔径控制在 $10\sim200\mu m$，同时其孔形、孔径分布、开孔率及韧带结构等孔结构参数可以通过调控发泡工艺进行控制。在泡孔的形成机理和孔结构控制方面，李娟等得到如下主要结论：①孔形可以通过改变超临界条件下的恒温时间、发泡温度及卸压速度进行调控，而卸压速度是影响韧带结构的主要参数；②超临界发泡过程包括成核、扩散、聚集及膨胀过程，同时该过程也是热力学、动力学以及力学行为综合作用的结果；③由于中间相沥青中存在轻组分，在超临界发泡过程中伴随着自发泡过程，也因此可获得次孔结构的泡沫炭。通过对中间相沥青进行预氧化或甲苯萃取，可获得孔径分布较窄的小孔径泡沫炭。

七、 含炭无纺织物

含炭无纺织物是无纺织物表面黏附或内部加入活性炭的吸附材料。这种织物通常是先将活性炭粉末、黏合剂、助剂和水调成炭浆，以喷涂、浸轧或涂刮的方式均匀涂覆在织物表面，再经干燥、焙烘制成。这种织物具有良好的吸附性能和使用性能，可作为透气式防毒服的内层吸附织物。利用静电技术制成的 ACF 静电织绒制品保持了优良的吸、脱性能，有效地解决了 ACF 加工性能差的问题。

德国 Saratoga Tex-shield 公司在织物发展、材料设计应用和评价方面具有 30 年历史。在 20 世纪 90 年代用 Saratoga 炭织物提供美国海军化学防护服 640000 套，提供美国空军 100000 套化学防护飞行服。1997 年 4 月 Saratoga 过滤织物被美国国防部选用于制造化学防护服。

美国 Du Pont LANX 织物系统是一种新型的织物系统。它用于 NBC（核生化）防护服。该新型织物系统包括吸附剂以及耐久、透气、舒适并且阻燃的材料。基本吸附技术是聚合物覆盖的活性炭——一种新的独特技术，它提供极均匀的炭分布和化学防护性能。LANX 织物的另一特征是它们的湿分传递参数，LANX 是透气的，并能促进蒸气冷却从而降低热应力。该织物改进 I 型用于制作防毒制服或防毒衣内衬。

八、 新型半导体材料 MOCVD 净化浸渍炭

在新型半导体材料的 MOCVD（金属有机物气相沉积）及其相应的工艺过程中，将产生以氢气为载气的含有 PH_3、AsH_3、SiH_4、Ca$(CH_3)_2$ 及 H_2S、H_2Se 等剧毒物质气体。

半导体行业沿用德国 DagerB_3P_3 罐，性能不理想，且价格昂贵。我们研究出一种四元浸渍活性炭，其性能比 20 世纪 80 年代末德国 Drager 的药剂高二倍，所装 BDT 净化罐的性能比 DragerB_3P_3 罐高出 $2\sim3$ 倍（表 1-16），成功应用于瑞典 MOCVD 工艺的 VP50-RP 装置。

以往对于 PH_3 和 A_sH_3 的净化，无论是在厂房、库房或军事设施场地，都是在空气流中进行的。其原理以 A_sH_3 为代表，可能的反应是：

$$2AsH_3 + 4O_2 = As_2O_5 + 3H_2O \qquad (1\text{-}24)$$

$$2AsH_3 + 3O_2 = As_2O_3 + 3H_2O \qquad (1\text{-}25)$$

$$4AsH_3 + 3O_2 \longrightarrow 4As + 6H_2O \tag{1-26}$$

对于这种在纯氢气中的污染物，我们研究出一种以 ZZ07 活性炭为载体，用 7%～13% Cu、1.5%～4%Cr、0.01%～0.1%Ag 和一种助催化剂的四元催化剂预制醇溶液均匀浸渍，然后升温，在空气流中进行活化。浸渍和活化分别进行 3 次，得到四元浸渍活性炭。用该四元浸渍活性炭装 BDT 罐，性能见表 1-16。

表 1-16　BDT 净化罐与 DragerB₃P₃ 罐使用性能比较

罐别	污染物		
	PH_3	AsH_3	$PH_3 + AsH_3$
德国 DragerB₃P₃	1 次	1 次	1 次
BDT 罐	>3 次	>3 次	2 次
使用条件	载气：H_2，流量：15L/min AsH_3 流量：15mL/min，　PH_3 流量：15mL/min AsH_3 浓度：1000×10^{-6}，　PH_3 浓度：1000×10^{-6} 报警浓度：$PH_3 < 0.3 \times 10^{-6}$，　$AsH_3 < 0.05 \times 10^{-6}$		

九、　中孔炭

中孔活性炭指具有孔径以 2～50nm 为主的活性炭。由于对一些大分子物质或范德华半径较大的重金属或贵金属离子的吸附，内孔扩散阻力是控制步骤，这要求活性炭具有相对较大的孔隙结构（对于电化学超电容器，为提高活性炭电极的功率特性，消除电容器的扩散阻抗，窄分布的中孔结构被认为是最为理想的）。中孔活性炭在水处理（大分子污染物）、催化剂载体、超级电容器、双电层电容器、血液净化领域的广泛应用，极大促进了中孔活性炭制备方法研究。各种含碳原料（石油焦、炭纤维、酚醛树脂、沥青、棉花、苯酚树脂、人造纤维等）被用来尝试制备中孔活性炭，甚至以城市废弃物为原料研究了制备专门用于吸附脱除二噁英的活性炭。双电层电容器是一种先进的高能量存储元件，一般来说，双电层只能在大于 0.5nm 的孔径中才能形成，中孔活性炭是一种优良的双电层电容器的电极材料。发展具有中孔结构的多孔炭材料是提高双电层电容器性能的一个很有希望的方向。制备中孔活性炭的方法主要有化学活化法、金属离子催化活化法、混合聚合物共炭化法、有机凝胶炭化法和模板法。上述几种方法制备的中孔活性炭孔径分布范围均较宽。模板法能够在纳米水平上调控活性炭的孔隙结构，合成出高度有序、孔结构规则的中孔活性炭。

童仕唐等研究以煤沥青为原料，以纳米二氧化硅为模板，采用先模板印刻炭化，后加 KOH 活化的工艺，研制中孔分率较高且比表面积较大的中孔活性炭。Knox 等用硅胶或多孔玻璃浸渍酚醛树脂并将树脂炭化，随后去除模板。Osumu Tanaike 由 PTFE 和钠获得高中孔率的炭材料。赵家昌等研究了硅溶胶模板法制备的作为超级电容器电极材料中孔炭的孔结构和电化学性能。中孔炭的平均孔径和比电容随硅溶胶/炭源（葡萄糖）比的增加而增大。提出了一种硅溶胶模板法与 CO_2 物理活化法相结合的模板-物理活化法，以提高中孔炭的表面积来提高中孔炭的比电容。

张引枝等研究了添加剂对活性炭纤维中孔结构的影响，发现在 PAN 纤维中添加金属氧

化物 TiO_2 和 MgO 颗粒，有机聚合物 PVA、PVAc 及炭素颗粒炭黑、石墨、活性炭等，都对提高活性炭纤维的中孔率有效；添加的 TiO_2 在活化过程中成为碳氧化的活性中心，在其周围形成中孔。冀有俊、张双全等以贫煤为原料，硝酸盐为添加剂，制得中孔发达的活性炭。利用 N_2 吸附脱附曲线对样品孔隙结构进行了表征，并考察了其吸附性能（碘值和亚甲基蓝值），结果表明，未加添加剂时，可以得到中孔孔容 $0.287mL/g$，中孔率达 72.4% 的活性炭；加入添加剂后，微孔孔容和中孔孔容提高 $0.05mL/g$ 左右，结果还表明，实验用硝酸盐有利于微孔的形成，能促进微孔向中孔（$2.5\sim4nm$）的发展，大幅提高中孔孔容，而且，利用不同浓度的添加剂可以对活性炭的孔隙进行定向的调变。大同烟煤配比较高时，有利于在低烧失率下制备高碘值、高亚甲基蓝值的活性炭，添加剂能促进 $3\sim4nm$ 的中孔的发育。

十、 超级活性炭

超级活性炭是一种极具潜力的吸附材料，在天然气存储、双电层电容器、吸附分离、催化等诸多方面有着广阔的应用前景。制备超级活性炭的方法主要有化学活化和物理活化两种。以 KOH 为代表的化学活化可以在较短时间内得到超级活性炭，但在生产过程中洗涤废水的处理、设备腐蚀等问题大大限制了其进一步的发展。物理活化工艺简单、清洁，但是需要几十小时，如何提高反应速率、缩短反应时间成为开发物理活化工艺的关键。20 世纪 80 年代，美国已在工业化设备上用石油焦和煤制成了高表面积的活性炭，它的表面积达 $3000m^2/g$ 以上，也称超级活性炭。由于它优异的吸附性能，可以应用到高性能吸附系统。日本 Kansai 也开发出这种高表面积活性炭 Maxsorb。当然，炭材料的几何表面积的最大值，按石墨结构的单层假设理论求出为 $2622m^2/g$，因此 $30000m^2/g$ 这么大的表面积不是真实的几何表面积，其原因可由 BET 曲线图解释，对于活性炭微孔材料，由于发生微孔充填取代表面多分子吸附。有关文献介绍了几种超级活性炭的性能。

以 MCMB 为原料，利用 KOH 活化法制备出了比表面积为 $4000\sim5000m^2/g$，苯吸附值为 $850mg/g$、亚甲基蓝吸附值为 $620mL/g$ 的超级活性炭。该法生产成本较高、工艺复杂、腐蚀设备、污染环境等使其应用受到了限制。若 KOH 活化法解决了上述问题，将会有较好的应用前景，此外，还需从原料选择及预处理，制备工艺条件优化，产品改性方面进行探索研究。

十一、 蜂窝状活性炭

蜂窝状活状性炭是将炭磨成一定细度的炭粉，添加助剂（黏结剂和润滑剂）经混炼成形，高温固化而成。助剂、固化温度对活性都有影响（从有利于蜂窝状活性炭孔隙发育和机械强度综合考虑，应选择黏结性烟煤为原料）。将催化剂如某些金属负载在蜂窝状活性炭上，便可以制成蜂窝活性炭基催化剂。按照负载方法和过程的不同，可将制备方法分为聚合涂炭法、混合挤压法、浸渍沉积法、离子交换沉积法、沉积析出法五大类。

蜂窝状活性炭吸附性能好，几何外表面积大，具有优越的动力学性能和高的化学稳定性，最早是 1987 年日本的报道。国内陈魁学、乔惠贤等于 1988 年开始研制，1989 年投入批量生产。其蜂窝状活性炭代表性的规格和性能列入表 1-17。

表 1-17　蜂窝状活性炭现有的规格和性能

性能		型号		
		TF-Ⅰ	TF-Ⅱ	TF-Ⅲ
外形尺寸/mm		50×50×100	100×100×100	50×50×100
孔数/（N/cm²）		16	16	16
孔壁厚/mm		0.5	0.5	0.5
压碎强度/MPa	正面	>0.7	>0.7	>0.7
	侧面	0.3	0.3	0.3
体密度/（g/cm³）		<0.4	<0.4	<0.4
比表面积/（m²/g）		700	700	700
苯吸附量/%		>20	>20	>20
着火点/℃		>550	>550	>550
使用场合		气相	气相	液相

　　蜂窝状活性炭具有较大的外表面积，100g 蜂窝状炭有 0.319m² 的外表面积，而 $\phi=$ 3mm 长为 4.5mm 的粒状炭 100g 只有 0.200m² 的外表面积。块状蜂窝炭，对于床层易于装填和更换，在使用过程中不易造成沙峰而导致床层短路。用蜂窝状活性炭装填的吸附床，当床层为 60cm 厚，空塔气流速度为 0.8m/s 时，其阻力不大于 490Pa（50mmH₂O 柱）。

　　蜂窝状活性炭对 2 种典型的 VOC（苯和丙酮）在 20℃时的吸附等温线如图 1-21、图 1-22，其炭床层的气流阻力随流速的变化见图 1-23。由测试结果看出，蜂窝状活性炭除具有与普通活性炭相近的吸附性能和较大的几何外表面积外，最大的特点是沿开孔方向气流阻力极小，在较高的同样气流流速（>0.5m/s 时）下，其阻力仅为同比颗粒炭（4~6 目）的 1/10 左右。

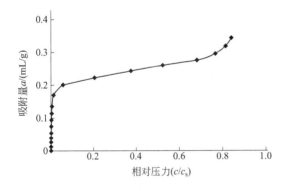

图 1-21　蜂窝状活性炭对苯的吸附等温线

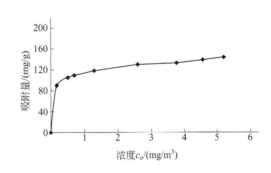

图 1-22　蜂窝状活性炭对丙酮的吸附等温线

　　蜂窝状活性炭不但包含活性炭原有的优点，如比表面积大、独特的空隙结构、表面化学官能团稳定、抗酸碱腐蚀性、疏水性，以及失效后可再生等，而且由于其独特的蜂窝结构，还具有开孔率高、气体分布均匀、几何表面积更大、扩散路程短、耐磨损、抗粉尘污染能力强等优点。与其他类型的活性炭相比，蜂窝状活性炭的最大优点在于压力损失小。基于上述

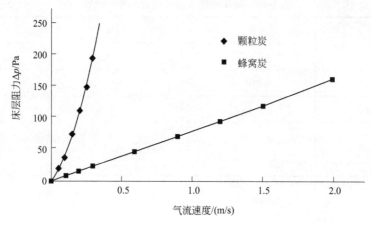

图 1-23　活性炭在不同气流速度下的阻力（床高 8cm）

优点，蜂窝状活性炭可以用于气体净化、气体储存等方面。此外，蜂窝状活性炭还可用做催化剂或催化剂载体。蜂窝状活性炭基催化剂的制备及其应用正成为一个研究热点。

主要符号说明

A	颗粒垂直于动向的断面积	$[m^2]$
$A_{r\Delta p}$	重量阿基米德数 $= \dfrac{D_p^3 \rho_f g}{\mu^2} \Delta\rho$	—
D_p	颗粒直径	$[m]$
g	重力常数	$[m/s^2]$
ΔH	焓差	$[kcal/kg]$
L_f	流态化床高	$[m]$
Ly	李森科数 $= \dfrac{u^2 \rho_f^2}{\mu g \Delta\rho}$	—
q	热量	$[kcal]$
Q	空气流量	$[m^3/h]$
u	空管流速	$[m/s]$

希腊字母

ε_0	固定床空隙度	
$\varepsilon_内$	物料内孔隙度	
$\rho_湿$	饱和湿物料视密度	$[kg/m^3]$
ρ_f	流体密度	$[kg/m^3]$
ρ_s	固体密度	$[kg/m^3]$
$\Delta\rho$	固体在流体中的表观密度 $= \rho_s - \rho_f$	$[kg/m^3]$
μ	流体黏度	$[kg/(m \cdot s)]$

参 考 文 献

［1］ 郭坤敏. 活性炭词条. 黄泽铣；功能材料词典. 北京：科学出版社. 2002.

［2］ GB 5751—2009. 中国煤炭分类.

［3］ 陈鹏. 中国煤炭性质、分类和利用. 北京：化学工业出版社. 2007.

活性炭吸附技术及其在环境工程中的应用

［4］ 美国试验和材料协会 . Standad Classification of Coals by Ranks. ASTM D388—2005.

［5］ 黄振兴 . 活性炭技术基础 . 北京：兵器工业出版社 .2006.

［6］ Jankowska，H，Swiatkowski，A，Choma J. Active Carbon. New York：Ellis Horwood. 1991.

［7］ 许国斌 . 制造粒状活性炭的基本过程与原理 . 活性炭（内部资料），1989.

［8］ 周建斌，高尚愚，胡成文 . 气相吸附用活性炭成型物的研究 . 南京林业大学学报，1999，23（6）：43-46.

［9］ 吴新华 . 活性炭生产工艺原理与设计 . 北京：中国林业出版社 .1994.

［10］ Kuhl H，Kashani2Motlagh M M，Muhlen H J，et al. Controlled Gasification of Different Carbon Materials and. Development of Pore Structure. Fuel，1992，71：879-882.

［11］ Ryu S K，J in H，Gondy D，et al. Activation of Carbonfibers by Steam and Carbon Dioxide. Carbon，1993，31：841-842.

［12］ 苏伟，周里 . 高比表面积活性炭制备技术的研究进展 . 化学工程 .2005，33（2）：44-4.

［13］ Laine J，Calafat A. Factors Affecting the Preparation of Activated Carbons from Coconut Shell Catalized by Potassium，Carbon，1991，29：949-953.

［14］ 蔡琼，黄正宏，康飞宇 . 超临界水和水蒸气活化制备酚醛树脂基活性炭的对比研究 . 新型炭材料 .2005.20（2）：122-12.

［15］ 程乐明等 . 超临界水活化褐煤制取活性炭 . 新型炭材料 .2007，22（3）：264-269.

［16］ 李盘生，郭坤敏，胡浩然 . 流化质量的研究 . 科学通报 .1963.8：68-70.

［17］ 郭慕孙，庄一安 . 流态化——垂直系统中均匀球体和流体的运动 . 北京：科学出版社，1963.

［18］ Molina-Sabio. Development of Porosity in Combined Phosphoric Acide – Carbon Dioxide Activation. Carbon，1996，34（4）：457-462.

［19］ D. D. Do. The Preparation of Active Carbons from Cool by Chemical and Physical Activation. Carbon，1996，34（4）：471-479.

［20］ Zhonghua Hu，et al. Novel Activation Process for Preparing Highly Microporous and Mesoporous Activated Carbons. Carbon，2001，39：877-886.

［21］ 解强 . 影响活性炭吸附性能和应用的因素及对策 . 煤质技术 .2003.4.

［22］ Stoeckli，H. F. Microporous Carbons and their Chracterization：the present state of the art. Carbon，1990，28（1）：1-6.

［23］ 陆安慧，郑经堂，王茂章 . 催化 CVD 调变 PAN-ACF 微结构研究 . 高等学较化学学报 .2001，22（9）：1546-1550.

［24］ 张双全，唐志红，朱文魁 . 窄分布微孔活性炭的制备 . 中国矿业大学学报，2003，32（6）：713-716.

［25］ 朱春野 . 碳纳米管的浮动催化法制备及其生长机理研究［博士学位论文］. 北京：防化研究院 .2004.

［26］ 朱春野，谢自立，郭坤敏 . 多壁碳纳米管的制备研究 . 防化研究 .2004.（1）：3-6.

［27］ 朱春野，谢自立，郭坤敏 . 竹节状纳米碳管的连续制备 . 炭素，2004.（1）：39-41.

［28］ 李兰延，赵谌琛，魏宁 . 功能化活性炭研究进展综述 . 煤炭加工与综合利用 .2007.5：33.

［29］ 张建臣，郭坤敏 . 空气净化用复合光催化材料的制备方法 . 国家发明专利 ZL 02 1 16739，2006.

［30］ 张建臣 . 二氧化钛/活性炭复合催化剂制备及光催化性能［博士学位论文］. 北京：防化研究院 .2002.

［31］ 张建臣，郭坤敏 . 复光催化剂对苯和丁烷的气相光催化降解机理研究 . 催化学报，2006，27（10）：853-856.

［32］ Ermolenko I N，Lyubliner I P. Chemically Modified Carbon Fibers and Their Applications. New York，NY：VCH，1990.

［33］ GJB 1468—92. 郭坤敏 . 军用活性炭和浸渍活性炭通用规范 .

［34］ 郭坤敏 . 履约条件下化学防护装备技术进展评述 . 防化学报，2000.3：69-71.

［35］ 闵振华，曹敏 . 炭分子筛的制备和应用 . 材料科学与工程学报，2006，24（13）：467-471.

［36］ Braymer T A，et al. Granular Carbon Molecular Sieves. Carbon，1994，32（3）：445-452.

［37］ Kouichi Miura. Production of molecular Sieving Carbont through Carbonization of Coal Modified by Organic Additives. Carbon，1991，29（4P5）：653-660.

［38］ D. Lozano Castello et al. Adsorption Properties of Carbon Molecular Sieves Prepared by a CO₂ CarbonizationProcess ［C］. International Conference on Carbon，USA，July 11～16，2004.

［39］ 郭坤敏等 . 载人航天与我们——它的军事意义及防护保障问题 . 防化研究，2004.（1）：47-51.

［40］ 郭坤敏，袁存乔 . 含炭材料赋活性过程和机理研究 . 中国学术期刊文摘，增刊：131.

［41］ 袁存乔等．A New kind of Synthetic Activated Carbon. Jinqu In：Wang Jinqu. New Development in Adsorption Separation Science Technology. Dalian：Dalian University of Technology Press，1994.

［42］ 苏发兵．石油沥青制备球形活性炭过程和机理的研究．硕士学位论文，北京：防化研究院．1994.

［43］ 凌立成，刘植昌，刘郎．一种控制沥青球状活性炭孔结构的方法．CN 99102012. 2000. 857.

［44］ 刘皓等．高比表面积中间相沥青基活性炭微球的制备．科学技术与工程，2009，9（3）：742-744.

［45］ 郭坤敏．A New Kind A New，Highly Effective Desulfurizer. Adsorption News，International Adsorption Society，Inc. 1998. 66：32.

［46］ 马兰，郭坤敏，袁存乔．刘进．一种无铬常温高效脱除 H_2S、SO_2 净化吸着剂的制备方法．国家发明专利 ZL 02 1 16740，2007.

［47］ 郭坤敏等．Deep Desulfurization of Air by Impregnated Activated Carbon. In：Li Zhong and Ye Zhenhua. Adsorption Separation Science and Technology. Guangzhou：South China University of Technology Press，1997：358-361.

［48］ 李娟等．超临界发泡制备泡沫炭及其泡孔形成机理．材料科学与工程学报，2010：28（4）：544-546.

［49］ 郭坤敏等．在氢气流中净化磷化氢和砷化氢的新型催化剂和净化罐的研究．化学通报，1994，3：29-31.

［50］ 童仕唐，张小华．应用模板法从煤沥青制备中孔活性炭．武汉科技大学学报，2010. 33（3）：293-296.

［51］ 孟庆函，张睿，李开喜，吕春祥，凌立成．双电层电容器用中孔活性炭电极的电化学性能．功能材料，2002. 33（6）：627-630.

［52］ Osamu Tanaike，Preparation and Pore Control of Highly Mesoporous Carbon from Defluorinated PTFE. Carbon. 2003. 41：1759-1764.

［53］ 赵家昌等．模板-物理活化法制备高性能中孔炭材料．电源技术，2007，31（12）：1000-1003.

［54］ 张引枝等．添加剂种类对活性炭纤维中孔结构的影响．炭素技术，1997，4：11-13.

［55］ 张双全等．用复合添加剂调变活性炭孔隙制备中孔活性炭．中国矿业大学学报，2007，36（4）：463-466.

［56］ 冀有俊，张双全．添加剂作用下煤基中孔活性炭的制备．煤炭转化，2011. 34（3）：79-82.

［57］ 谷端律男等．高表面积活性炭（MAXSORB）的开发．芳烃（日）1992，44（7）：14.

［58］ Toshiro Otowa，etal. Productionand Adsorption Characteristics of MAXSORB：High-surface-area Active Carbon. Gas Separation and Purification，1993，7（4）：241-245.

［59］ Gregg，S J，Sing K S W. Adsorption Surface Area and Porosity，2nd Ed. Academic Press，London，1982.

［60］ 陈魁学等．蜂窝状活性炭的研制与应用．93 全国活性炭学术会议论文集．中国兵工学会活性炭研究会，1994，北京．

［61］ 乔惠贤等．大风量 VOC 废气治理．环境工程，2004. 22（1）：36-38.

第二章

活性炭表面结构、化学性质和表面改性

第一节
活性炭的分子组成、结晶体和多孔结构

　　活性炭表面多孔结构和化学性质与其晶体组成有很大关系。类石墨的微晶结构是活性炭的基本结构，与炭黑类似。在基本微晶中的碳原子排列与纯石墨结构中相当类似，由碳六元环构成的石墨片层以 0.335nm 间距规则隔开，这种间隔是范德华力相互作用的结果。在各石墨片层中碳碳键长度是 0.142nm，每一碳原子依共价键和三个邻接的碳原子相键合，碳的第 4 个不定位 π 电子可以在聚集芳环共轭双键系统中自由运动。微晶中的石墨片层以 ABAB 方式间隔堆叠，以致属于一层的一半碳原子准确置于相邻接层六元环中心之上或之下。石墨晶体的碳原子配置如图 2-1。

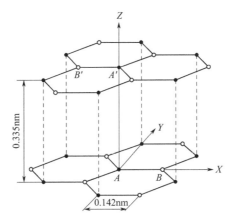

图 2-1　在石墨晶体中有序碳原子

　　虽然活性炭微晶的结构类似于石墨晶体的结构，但活性炭微晶中的石墨片层间距是不等的，范围从 0.34～0.35nm，这种偏离石墨有序特性称为 Turbostratic 结构，如图 2-2。

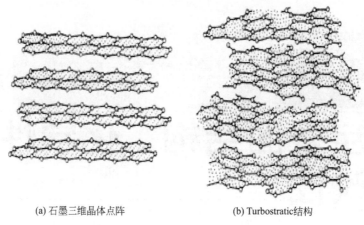

(a) 石墨三维晶体点阵　　　　　　　　(b) Turbostratic结构

图 2-2　石墨三维晶体点阵和 Turbostratic 结构的比较

除微晶内部结构无序之外，活性炭与石墨结构之间的第二个差别还在于晶体的有序度和范围。石墨晶体的有序度高、范围广，但对于活性炭是有限的。通常，活性炭内微晶尺寸为 1～10nm（直径），且由数量不同的若干石墨片层构成，这取决于活性炭的类型且通常受制备条件（特别是热处理温度和时间）的影响。

一直有根据晶体结构来分类活性炭的企图。例如，Franklin 提出将炭分为下列两类：在高温易于进行石墨化的易石墨化炭和在同样条件下仅进行小程度石墨化的难石墨化炭。这两类的差别可通过比较由聚氯乙烯和由聚偏二氯乙烯所生产的活性炭得以很好说明。热处理温度从 1000℃ 提高到 1720℃，对于前者，微晶中石墨片层平均数从 4.5 增加到 33 而其直径从 1.8mm 增加到 6.3nm，但对于后者仅从 1.6mm 增加到 2.2nm。石墨化能力的不同，主要起因于微晶取向，如图 2-3 所示。

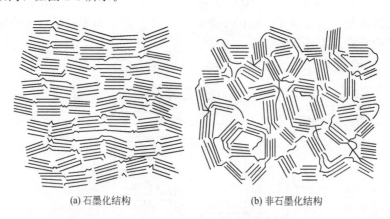

(a) 石墨化结构　　　　　　　　　　(b) 非石墨化结构

图 2-3　活性炭结构示意图

显然，微晶无序排列的难石墨化炭孔结构发达，真密度相对较低（小于 $2g/cm^3$），硬度相当大，石墨化程度低。对于石墨化结构，情况完全相反，微晶取向近似平行，横向键合弱，该多孔结构发展不好，密度十分大，接近于石墨的标准值（$2.26g/cm^3$），其他性质也与难石墨化炭有很大差别，例如磁敏感性、未配对的电子等。

如上，活性炭的许多性质，有关它们使用的重要性质（作为吸附剂，催化剂载体，电极材

活性炭吸附技术及其在环境工程中的应用

料）由它们的晶体组成确定。它依次取决于原材料，炭制备的方法和条件。特别有意义的是孔结构。一般活性炭具有发达的内部孔结构，Dubinin 提出三种主要孔型，即大孔、中孔和微孔。

大孔是有效半径大于等于 $100\sim200nm$ 的孔，且其体积不完全由吸附质借毛细管凝聚充满（它仅在吸附质相对压力接近 1 时出现）。大孔体积通常在 $0.20\sim0.8cm^3/g$ 范围，最大的体积按半径分布曲线通常在 $500\sim2000nm$ 范围。其比表面积不超过 $0.5m^2/g$，与其他孔型的比表面积相比是可忽略的。因而，大孔对吸附过程不重要，仅为吸附质提供进入炭粒内部的通道。大孔的检测主要使用压汞仪。

中孔也称为过渡孔，有效半径在 $1.5\sim1.6nm$ 至 $100\sim200nm$ 范围。吸附质充满它们体积的过程依靠毛细管凝聚。对一般的活性炭，中孔体积在 $0.1\sim0.5cm^3/g$，比表面积在 $20\sim100m^2/g$，其体积按其半径最可几分布曲线，大部分在 $4\sim20nm$。中孔除对吸附有足够贡献之外，也对吸附质起着主要输送通道的作用。最常用来测定中孔的方法，包括吸附和解吸气体和蒸气方法、压汞仪以及电子显微镜测定。

微孔具有与所吸附分子可相比拟的尺寸。它们的有效半径通常小于 $1.5\sim1.6nm$，对于一般活性炭，它们的体积通常在 $0.20\sim0.6cm^3/g$ 之间。微孔中的吸附能大于在中孔或在非多孔表面上的吸附能，这导致在低的吸附质平衡压力下，微孔吸附作用依体积充填机理进行，其吸附容量特别大。对于某些活性炭，微孔结构可能具有复杂性质，即双微孔结构：首先，一个有效孔半径小于 $0.6\sim0.7nm$ 称为特殊微孔（specific），其次，孔半径从 $0.6\sim0.7nm$ 至 $1.5\sim1.6nm$ 称为超微孔。为表征炭的微孔结构，主要应用蒸气和气体吸附，小角 X 射线衍射也略有应用。对所有类型孔全部体积依其有效半径分布特征，系基于苯蒸气吸附和压汞仪测定。

除具有典型的多分散孔结构炭之外，也可得到仅仅一种孔型的针对特殊应用的炭。例如，包含几乎唯一微孔的炭（炭分子筛等，它能选择性分离混合物中的特殊组分）或主要是过渡孔的炭（中孔体积可以达到 $0.7cm^3/g$ 和比表面积达到 $200\sim450m^2/g$）。

第二节
活性炭中的非碳素附加物

活性炭通常包含除碳（碳本身一般超过它们质量的 90%）本身之外的在组成和结合形式彼此不同的非碳附加物。可分为两种基本形式的附加物：阻塞活性炭孔的矿物质（在它燃烧之后）——灰；大部分在石墨微晶棱角上与碳原子化学结合的异质原子。这两种类型附加物的类型和数量起因于原料的类型以及生产活性炭的方法和条件。

一、矿物附加物——灰分

这种形式的非碳附加物不与炭表面化学键合，而是附着在活性炭的孔隙内，其组成和含量可在宽广范围内变化，主要取决于制备活性炭原料的种类。例如：从塑料和蔗糖生产的活性炭，灰分不超过 $0.5\%\sim1\%$；对于从木材制造的炭，灰含量是 $3\%\sim8\%$；而如果使用石煤作为原材料制备活性炭，那么灰分含量甚至超过 20%。随着活化时炭烧失程度的增加，相对灰含量也增加（而且，通常在炭粒外层较大）。

灰分通常由钙、钠、钾、镁、铁、铝、锰等金属的氧化物以及少量硫酸盐、碳酸盐等组成，也可能包含相当大量的硅，取决于原材料的类型。去除灰分的方法通常是用酸洗，如果灰分中含有相当数量的硅，则通常使用混合酸物，例如盐酸和氢氟酸。

对于大部分活性炭，浸取液实际上都可到达几乎所有的矿物附加物，这表明矿物附加物主要存在于某些较大半径的开孔中。在非极性吸附质气相吸附的情况下，例如苯蒸气或氩等在活性炭上的吸附，灰分的作用往往是惰性的；而当活性炭和水溶液接触时，灰分的含量和种类可能对吸附产生某些影响。活性炭使用前，去除其中的灰分一般是合理的。

二、 与碳化学键合的异质元素

这种形式的非碳附加物主要有氧、氢、硫和卤素等，其中最重要的是氧。这些异质元素有的是由于炭化不完全而保留在活性炭的结构中，有的是在活化时化学结合在炭表面上，例如用氯气活化时氯化学结合在炭表面上，或者由于炭表面被氧或水蒸气氧化而化学结合于表面上。活性炭中这类非碳附加物的种类和数量不仅取决于原材料的种类，也取决于炭化、活化等工艺和条件。

与灰分不同，炭表面这类与碳化学键合的异质元素的存在（尽管质量百分含量较小），对活性炭的吸附特性和其他性能有较大影响，是形成活性炭化学结构的有机部分。这将在本章下面的几节中展开讨论。

第三节
活性炭表面化学性质

活性炭化学性质对其吸附、电化学、催化、酸-碱、氧化还原、亲水、憎水和其他性质有很大的影响。活性炭表面化学性质由不同杂原子（特别是其中的氧）类型、数量和结合所确定。杂原子可以和晶体边、棱角上外围碳原子以及在晶体内部空间碳原子结合，甚至与构成晶体特殊平面的缺陷带的碳原子结合。大部分杂原子聚集在活性炭表面。

表面官能团可能起源于原材料，对于由相对富氧的原材料生产的活性炭特别如此，例如：木材、蔗糖、酚醛树脂进行不完全炭化。活性炭生产过程中可以引入相当数量的氧，例如，在用氧化性气体（如水蒸气和空气）活化煤时。实际上，活性炭通常包括某些化学键合氧以及通常与表面碳原子结合的少量的氢。无论是直接的或通过氧键合，大量氧可以被引入到活性炭表面。用于此目的的氧化剂可以分为两类：第一类是气体氧化剂，如氧、臭氧、空气、水蒸气、二氧化碳和氮氧化物；第二类包括溶液，特别是氧化物料，最常使用是硝酸、硝酸和硫酸混合物、过氧化氢、高锰酸钾、氨水、次氯酸钠和过硫酸铵。因为它们的反应性不同，含氧表面官能团的数目可能大不相同，它取决于所用氧化剂的类型和改性过程的条件。含氧表面官能团代表与炭结合的氧的主要形式。它们通常构成大约 90% 总键合氧数量。若干形式基团的存在（与活性炭类型或它是如何改性无关）是表面官能团第二基本特性。氧表面化合物通常分为两种主要类型：酸性官能团（可用碱中和）和碱性官能团（可用酸中和）。酸性基团如图 2-4 所示。

碱性基团与酸性基团相比，没有得到很好表征。通常其结构相应于氧蒽或吡喃酮（$C_5H_4O_2$）结构，如图 2-5 所示。

上述情况涉及通常未改性活性炭的表面化学性质，而由特殊原材料和使用特殊方法且在控制条件下制备的活性炭则例外。

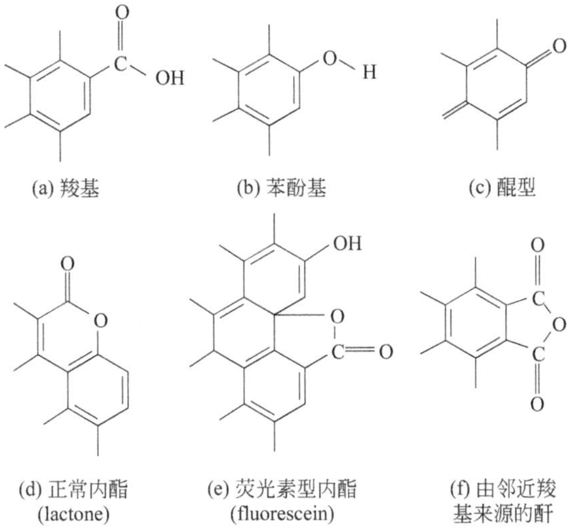

(a) 羧基　　　　　(b) 苯酚基　　　　　(c) 醌型

(d) 正常内酯　　(e) 荧光素型内酯　　(f) 由邻近羧
(lactone)　　　(fluorescein)　　　基来源的酐

图 2-4　酸性氧表面官能团主要形式

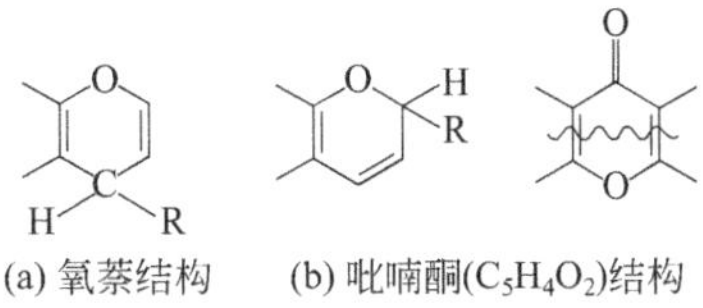

(a) 氧萘结构　　(b) 吡喃酮($C_5H_4O_2$)结构

图 2-5　碱性氧官能团主要形式

第四节
活性炭表面化学性质对吸附性能的影响

活性炭表面化学性质是除多孔结构之外影响其吸附性能的最重要因素。多孔结构（孔体积及其分布，比表面积）在气相吸附作用中起重要作用，在这种情况下，吸附剂表面化学性质的影响是次要的（但对极性吸附质的吸附，作用较为明显）。液相吸附时的情况则十分不同，活性炭表面化学性质对吸附的影响相对于多孔结构更为显著，这涉及水的、非水的、电解质和非电解质溶液中的吸附。

一、 气相中极性吸附质的吸附

活性炭从气相中吸附极性吸附质的研究包括对吸附过程本身的研究和吸附对活性炭表面化学性质敏感性的研究。可借助吸附解吸等温线和吸附热分析，研究炭表面和吸附质之间的相互作用，此时，常采用的吸附质有水蒸气、乙醇蒸气、胺、气态氨和二氧化硫。吸附和解吸等温线通常用一系列改性的一种或若干种炭样品测试。通过比较吸附等温线，可以了解由改性方法和条件引起的炭表面化学性质变化对吸附的影响。对此目的，特别有用的是等温线的初始部分，它涉及吸附质相当低的平衡压力。对于选定的压力，随着键合到活性炭样品表面氧中心数的增加,吸附增强,如图 2-6 所示。

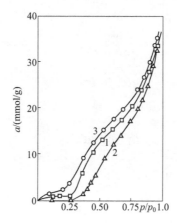

图 2-6　水蒸气(20℃)在 CWN-2 样品活性炭上吸附等温线
1—未改性;2—在 500℃真空条件下热处理;3—用空气中氧在 400℃氧化

为了描述水蒸气吸附等温线初始部分,早年 Dubinin 提出下列方程:

$$a = a_0 ch/(1-ch) \tag{2-1}$$

式中,a 为吸附量;a_0 为吸附中心数;c 等于动力学常数之比值;h 是相对平衡压力。

式(2-1)通称为 Dubinin-Serpinskii(DS-1)方程,仅当 $h < 1/c$ 很好描述水蒸气吸附,而在较高压力下出现偏差,这是因为吸附水充满后,参与吸附的活性中心数减少,为此,杜比宁和 Serpinskii 进一步提出了 DS-2 方程,它在较高相对压力下能较好描述水蒸气吸附:

$$h = \frac{a}{c(a_0 + a)(1 - ka)} \tag{2-2}$$

关于改性炭更详细的研究已表明水蒸气吸附不正比于键合到炭表面上氧的总量,而仅仅正比于在热分解时释放 CO_2 的含氧基团的量。对于每一种官能团,吸附水分子都可能通过氢键与之键合,该键如此之强,以至于可以出现不可逆吸附。从分析吸附等温线,尽管不可能足够准确定量测定官能团含量,但是,从水蒸气吸附去成功估计炭化学改性是可能的。

二、　从二元溶液吸附非电解质

当一种组分是极性而另一种组分是非极性物质,二元溶液(例如醇-苯或醇-四氯化碳体系)吸附等温线的形状很大程度取决于表面化学性质。业已确定,强酸性表面官能团含量越大,极性吸附质(如甲醇或乙醇)的吸附量愈大。这种氧表面化合物提供极性吸附质吸附中心,借助它们,极性吸附质可以通过氢键结合。从表面去除酸性官能团(由于它们的热分解)导致醇对非极性吸附质(例如苯)的吸附选择性显著降低。后者可被吸附的地方是微晶表面和羰基上(由于 π 电子互相作用)。

三、　电解质吸附和活性炭的电极性质

近年来,许多研究者一直研究确定活性炭从水溶液吸附电解质过程的机理。活性炭和电

解质溶液接触伴随的现象已由 Frumkim（弗鲁姆金）电化学理论十分充分地解释，该理论被本领域大多数研究者所接受。

根据 Frumkim 理论，电解质在活性炭上的吸附过程严格地与在炭-溶液边界层和双电层容量相关。电位降的数值依次取决于在炭表面上电化学吸附的活性气体的数量，以及取决于施加电位的炭电极的极化度。例如，如果在低温吸附的氧呈现在炭表面，那么，炭表现像氧电极，在其上，氢氧离子在水溶液中形成、组成双电层内边界层：

$$C_xO + H_2O \longrightarrow C_x^{2+} \cdots 2OH^- \tag{2-3}$$

式中，C_x 是表面碳原子。

在这种情况下，碳带正电荷（就溶液而论），以 OH^- 交换溶液中 A^- 阴离子：

$$C_x^{2+} \cdots 2OH^- + 2H^+ + 2A^- \longrightarrow C_x^{2+} \cdots 2A^- + 2H_2O \tag{2-4}$$

或者对于盐：

$$C_x^{2+} \cdots 2OH^- + 2K^+ + 2A^- \longrightarrow C_x^{2+} \cdots 2A^- + 2K^+ + 2OH^- \tag{2-5}$$

式中，A^- 是阴离子，而 K^+ 是阳离子。

活性炭通常具有大的比表面积，由此，双电层通常占有足够容量，同样地，导致明显的阴离子交换容量。通过用臭氧或用铂涂层其表面处理可以增加正电位大小。酸在活性炭表面上的吸附可以在氧存在条件下进行，以不同机理：

$$C_xO_2 + 2H^+ + 2A^- \longrightarrow C_x^{2+} \cdots 2A^- + H_2O_2 \tag{2-6}$$

氧键合到碳表面上的形式取决于在反应中形成是水或 H_2O_2。

如果氢被吸附在涂铂活性炭表面上，它表现像氢电极，在其上双电层内边界层由氢离子依下式形成：

$$C_x + H_2 \longrightarrow C_x^{2-} \cdots 2H^+ \tag{2-7}$$

事实上，负电荷获得离子交换的性质（就溶液中的阳离子而言），阳离子的结合按如下进行且伴随溶液酸化。

$$C_x^{2-} \cdots 2H^+ + 2K^+ + 2A^- \longrightarrow C_x^{2-} \cdots 2K^+ + 2H^+ + 2A^- \tag{2-8}$$

虽然 Frumkim 理论给出离子和炭表面相互作用的全面解释，但对于离子特殊吸附以及活性炭表面化学性质对阴离子吸附的影响等现象还是不够完善。

第五节
炭表面改性

即使仅暴露于空气或氧，炭几乎总是缔结相当数量的氧，即化学吸着氧。氧被碳牢固固定，仅仅在真空中或惰性气体中高温热处理时作为碳氧化物放出。类似地，众所周知，所有微晶炭包含有化学键合氢，其数量取决于它形成的历程。氢如此牢固地被吸住以致即使在1200℃也不完全放出。这些炭用氨处理也能固定氮，用 H_2S、CS_2、S 处理时固定硫，用气相处理固定氯，用气相或液相溶液处理固定溴，这些处理分别导致稳定的碳-氮、碳-硫、碳-氯或碳-溴表面结构（表面化合物）。也有证据表明，炭可以吸附某些分子形式，如酚、胺、硝基苯、表面活性剂等，以及其他某些离子形式。

一、 炭由氧化改性

除非特别仔细处理，炭总是附着不同数量的化学吸着氧。事实上，这种结合氧通常使炭在某些方面变得更有用。炭通常通过化学吸着氧，产生许多反应。例如，炭可分解氧化气体如臭氧、氮氧化物等。它们还分解银盐、卤素、三氯化铁、次氯酸钠、高锰酸钾、重铬酸钾、硫代硫酸钠、过氧化氢和硝酸水溶液。在所有情况都有化学吸着氧并在炭表面上建立氧化物层。

炭也可以在空气、CO_2 或氧中热处理而氧化。用氧处理所形成表面氧化物的性质和数量取决于炭的性质和它形成的历程、它的表面积和处理温度。碳和氧的反应以若干形式进行，取决于反应进行的温度：

$C + O \longrightarrow C(O)$ 　　　　　　　形成表面化合物

$C + O \longrightarrow CO + CO_2$ 　　　　　气化

$C(O) \longrightarrow CO + CO_2$ 　　　　　表面化合物分解

温度低于 400℃时，化学吸着氧和形成碳-氧表面化合物占优势；而当温度高于 400℃，表面化合物分解和气化为决定性的反应。在溶液氧化处理情况下，主要反应是形成表面化合物，虽然某些气化也可出现，取决于氧化处理的强度和强烈的实验条件。

如上所述，炭中的氧通常出现在具有吸附特性、表面反应和表面行为的位置。于是，它的出现将大大改变炭的表面性质。

二、 表面浸渍改性

在炭化料中浸渍金属盐可改变最终产品的气化特性和多孔结构，该方法已用来获得具有特定微孔结构的炭。通过化学试剂（它作为吸附相的一部分）也可改变炭的表面行为和吸附特性。

碘化钾等类似化合物和吡啶等胺类化合物浸渍的炭，已广泛使用在核工业领域，用以吸着放射性碘。Billinge 等人比较了用碘化钾分别浸渍椰壳碳和煤基炭对从核反应堆冷却气中捕集放射性甲基碘的效率，发现浸渍煤基炭比浸渍果壳炭好，同样又比浸渍木炭好。碘化钾和炭表面含氧基团的反应，改变了浸渍炭的吸附解吸行为，改善了其保持放射性甲基碘的效率。

第一次世界大战中出现化学战以来，浸渍活性炭得到了巨大发展，其中生产出的铜浸渍炭根据 J. C. Whetzer 和 E. W. Fuller 两人的名字命名为 Whetlerite（惠特莱特）炭。针对化学防护，至今已有 ASC（铜铬银）、ASM（铜银钼）、ASV（铜银矾）、ASZMT（铜银锌钼）、ASC/TEDA（铜铬银/TEDA）、ASZM/TEDA（铜银锌钼/TEDA）惠特莱特（Whetlerite）炭以及有机碱浸渍炭等。吡啶和吡考林早年用于处理 ASC Whetlerite 在湿分存在下的性能下降问题。对于砷、HCl、CNCl、三氯甲烷和光气的吸附，用 Cu^{2+}、Ag^+、Cr^{6+}、NH_4^+、CO_3^{2-} 等浸渍是有效的。

对于基础 ASC 型 Whetlerite（惠特莱特）炭，我们按下列方法对 1110 活性炭进行浸渍改性。

① 碳酸铜氨溶液　将 200g 碱式碳酸铜（铜含量为 52%～56%）加入到 1L 氨水（氨含量为 25%～27%）中，并同时通入 CO_2 气体，约经 20min，则全部溶解成深蓝色的液体，

所得溶液中，铜含量约为 $100mg/mL$。

这个过程的反应是：

$$CuCO_3 \cdot Cu(OH)_2 + 4NH_4OH + CO_2 \longrightarrow 2Cu(NH_3)_2 \cdot CO_3 + 5H_2O$$

② 银氨溶液　将 $12g$ 硝酸银溶解于 $100mL$ 的浓氨水中。

③ 配制混合溶液　按每 $100g$ 炭上浸上 $80mL$ 混合液的比例进行配制，配制时将铬酸酐加入到碳酸铜氨溶液中，加入硝酸银氨溶液，用氨水补充至 $80mL$，并搅拌之，混合溶液放置时间不宜过长。

④ 按 1110 活性炭的水容量进行二次（重复）浸渍和热处理，则得到改性的 1110 浸渍活性炭（活性炭催化剂）。它对 CNCl 和 HCN 化学吸着性能显著提高，比前苏联 К-5У 催化剂性能高出 2 倍。特别要指出，在改性、提高某些毒剂的防护性能的同时要密切关注其他毒剂的性能（如光气）和出现的异常危险（铜含量过高会导致防护 AsH_3 起燃、着火！它又制约多次浸渍）。

对 ASC 惠特莱特炭，还发现，按吸附质分子尺寸下降次序其化学吸着增加：光气化学吸着＞CNCl 化学吸着＞HCN 化学吸着。

在 $CuCl_2$ 存在条件下炭化，用氧化剂如 $KMnO_4$、$Na_2Cr_2O_7$、ClO_2 等浸渍和用有机叔胺（R3N）、三亚乙基二胺（TEDA）、$AgNO_3$ 水溶液等浸渍的黏胶丝活性炭布，显著提高了对低沸点污染物如 SO_2、NO_2、HCN 和 CNCl 等的吸着容量。反应的确切本质取决于浸渍剂和氧化剂的性质。如表 2-1，$CuCl_2$ 作为浸渍剂的存在，提高对所有气体的吸着容量，而在有机胺（TEDA）存在的条件下，能显著提高 CNCl 的吸着容量（表 2-2）。

表 2-1　浸渍炭布对 H_2S、SO_2 和 HCN 的吸着容量

浸渍剂	吸着量/ $(\mu g/cm^2)$		
	H_2S	SO_2	HCN
无	50	220	120
$AgNO_3$	210	—	—
$Na_2Cr_2O_7$	310	480	120
Cu（5％）	360	470	320
Cu（5％）＋$Na_2Cr_2O_7$	760	960	890

表 2-2　浸渍炭布对 NO_2 和 CNCl 吸着容量

浸渍剂	吸着量 NO_2 / $(\mu g/cm^2)$	浸渍剂	CNCl 吸着量 / $(\mu g/cm^2)$
无	10	无	60
$KMnO_4$	30	Cu（5％）	160
Cu（14％）	110	Cu（5％）＋$Na_2Cr_2O_7$＋吡啶	320
Cu（14％）＋$KMnO_4$	160	Cu（5％）＋$Na_2Cr_2O_7$＋TEDA（1％）	860
Cu（14％）＋ClO_2	520	Cu（5％）＋$Na_2Cr_2O_7$＋TEDA（3％）	1530

三、 炭的卤化改性

卤素吸附是物理和化学吸附，过程包括：在炭表面未饱和中心的吸附、与化学吸着氢的交换、炭的表面氧化等。取决于炭表面性质、炭中氧和氢的含量、实验条件以及卤素物质的性质。以碳-卤素表面化合物的形式固定在炭表面上的卤素是热力学稳定的，并且可能在真空下加热至1000℃也不能排除（如果炭中没有剩余的氢）。部分卤素可能用碱性氢氧化物存在下的OH基团和氨气存在条件下的NH₂基团通过热处理以交换。

Reyerson等用氯和溴气相处理活性炭，观察到相当数量卤素不可逆地固定在炭表面。碳-氯或碳-溴络合物十分稳定，在真空中高温处理或用碱回流加热也不分解。Rivin和Aron发现用气态卤素处理所形成的碳-卤素表面化合物的反应性和稳定性依序是Cl＞Br＞I，假若所有的碘能被离解，则仅约80％溴和60％氯能被离解。

Puri等研究了35～600℃温度范围内不同氯压力下，在糖炭和果壳炭（这些炭含不同数量氧和氢）上，碳-氯表面化合物的形成和性质。反应导致炭上固定相当数量的氯，具体数值取决于处理温度（直至450℃）以及炭中氧和氢的含量。糖炭和果壳炭在450℃固定的氯的最大数量分别为24％和40％。

Puri和Bansal研究了用氯处理改性的糖炭和椰壳炭。炭的真密度和颗粒密度随着炭的化学吸着氯的数量增加而线性增加。但炭的pH值、酸吸附容量和碱中和容量保持不变，表明碳-氯表面化合物的存在不改变炭的表面酸性。

四、 由硫表面化合物改性

碳-硫表面化合物常常包含相当数量的硫，它可能高达40％～80％（甚至不含无机杂质硫）。这些表面化合物既不可用溶剂萃取也不能在真空中于1000℃热处理完全分解，但它们可在500～700℃范围于氢气中热处理，作为硫化氢完全排除。它们通常在硫蒸气存在条件下加热炭而形成，或在含硫气体如硫化氢、二氧化硫和二硫化碳等存在条件下加热炭而形成，或由炭化含硫有机化合物、在硫元素存在下炭化有机材料等获得。不同过程形成的碳-硫表面化合物，与其非化学计量特性和化学行为存在许多类似性。

1. 硫表面结构的形成

Wibaut研究了若干炭与硫于100～1000℃温度范围之间的反应，并观察到相当数量的化学吸着，硫、少量硫化氢和二硫化碳析出物占18％～25％，硫表面化合物是十分稳定甚至在真空中于1100℃热处理也不能完全分解。Juja和Blanke，在同一温度范围研究，认为硫的固定部分是由于毛细管凝聚和物理吸附，部分是由于化学吸着，取决于炭的性质和实验条件。用硫在转炉中于400℃热处理炭，大约41％硫并入炭中，仅仅12％能用溶剂洗去，硫的固定降低炭中氢含量，降低空隙度，明显降低低于0.5相对蒸气压水蒸气的吸附。

Sykes和White让果壳炭和硫以及二硫化碳，在低压下，在温度范围627～927K反应。用硫处理炭放出二硫化碳，而同一样品用二硫化碳处理，产生硫蒸气，这表明硫和二硫化碳被吸附在同一位置，导致不同的含硫的可互相转换的表面结构。

Puri及其同事用硫蒸气、H₂S、CS₂和SO₂作为硫化剂，在600℃用聚集不同数量氧和氢的糖炭和椰壳炭，系统研究了固定硫的形成、稳定性和机理。每一种炭固定相当数量的硫，取决于炭聚集氧和氢的数量以及硫化剂的性质，固定硫部分由于在未饱和中心添加，部分通过和某些氧结构交换。

活性炭吸附技术及其在环境工程中的应用

炭的原始氢含量也在决定固定硫数量方面起足够重要的作用。认为：初生氢是由炭在600℃处理放出，与硫化剂反应产生单原子硫：

$$S_2 + 2H \longrightarrow H_2S + S$$

$$CS_2 + 2H \longrightarrow H_2S + C + S$$

$$SO_2 + 4H \longrightarrow 2H_2O + S$$

因为 H_2S 不能和氢进行这种反应，故用 H_2S 处理时固定硫不受炭上氢含量的影响。

碳-硫表面化合物十分稳定，用 2.5mol/L NaOH 溶液煮沸回流 12h 也未能回复，在真空中热处理或在 1000℃ 氮气中也只能回复一部分。但是，它可能在 900℃ 于氢气流中热处理完全分解。

当用硫化氢或硫蒸气处理形成表面化合物时，用硝酸氧化回收硫的数量很好地相应于通过交换固定硫的数量。前者归因于硫酸盐和硫酸氢盐，后者相应于高度稳定的炭层含硫芳环结构。

Chang 在炭表面上，用二硫化碳、H_2S、$SOCl_2$ 和 SO_2，在 800~900℃ 温度范围，通过加热活性炭制备了表面硫化物。表面化合物的热重分析表明：对于活性炭形成三种不同表面结构，大部分结合硫是弱固定且可以用二硫化碳或在 280℃ 热处理回收。第二类表面结构对二硫化碳洗涤是稳定的并且可在大约 450℃ 热处理回收。第三类硫结构，这些研究者称为 C_xS，对 KOH 是化学上稳定的（9mol/L，72h），并且对强氧化剂如 HNO_3（5mol/L，72h）、HCl（5mol/L，24h）和在 700℃ 空气中热处理时，在失去最初少量硫之后是稳定的。X 射线衍射和 C_xS 表面化合物电子显微镜表明它具有无序结构。

2. 以硫表面化合物对炭表面改性

几乎所有形式炭都可以固定相当数量的硫，形成硫表面化合物。硫被键合到外围碳原子，它穿透入多孔结构，被添加在双键中心位置，与聚集在炭表面的氢和氧交换。因为外围的碳原子具有未饱和价，未饱和活性中心和聚集氧确定炭表面反应和吸附特性。可以确信，表面硫络合物的形成会改变炭的行为。

Puri 和 Hazra 研究了对于不同分子尺寸的极性和非极性蒸气，硫表面化合物对炭吸附性能的影响。在相对蒸气压低于 0.4，水蒸气吸附明显地增加，而在较高相对压力，水蒸气吸附下降，随固定硫数量增加，效应增强归因于沿孔壁固定硫孔尺寸变化。随着在炭中硫数量的增加，等温线的形状逐渐改变，这表明炭变成微孔发达。由 Kelvin 方程计算孔尺寸分布表明孔尺寸由很宽范围降至 10~12Å。在固定硫之后，炭像分子筛一样。于是，固定硫可以开发为制备炭分子筛的方法。

五、 由氮表面化合物改性

碳-氮表面化合物的形成和它们对炭表面改性的影响已有不少报道。Boehm 等人的研究表明，当氧化炭用氨加热时，氮被固定到炭表面。温度不高时，固氮量相当于酸基数目（由氢氧化钠中和容量所确定），这归因于铵盐的形成。该炭变成是憎水性的，并且对（碱性）亚甲蓝的吸附容量明显改变。

Puri 和 Bansan 观察到氯化糖炭和椰壳炭用氨气在 300℃ 处理，部分化学吸着氯被放出并由氨基取代。最终，炭是碱性的并且对酸的吸附容量提高，酸吸附容量的增加对应于氯化炭氨处理所固定的氮，表明 C—Cl 键被 C—NH_2 键交换。

参 考 文 献

[1]　Bokros J C. Chemistry and Physics of Carbon，1969，5.

[2]　叶振华. 化工吸附分离过程. 北京：中国石化出版社，1992.

[3]　Helena Jankowska, Andrzei Swiatkowski.，Active Carbon, Ellis Horwood，1991.

[4]　Voll M, Boehm H P. Basische Oberflächenoxide auf Kohlenstoff -IV. Chemische Reaktionen zur Identifizierung der Oberfächengruppen. Carbon, 1971，9：481-488

[5]　Yoshimi Matsumura. Production of Acidified Active Carbon by Wet Oxidation and its Carbon Structure. J. Appl. Chem. Biotechnol. 1975，25：39-56.

[6]　郭坤敏，袁存乔. 活性炭纤维及其前景. 化工进展，1994 ，72：36-39.

[7]　Boehm H P. Adv. in Catalysis, 1996，16：198.

[8]　Ermolenko I N, Lyubliner I P, Gulko N V. Chemically Modified Carbon Fibers and Their Applications，VCH Publishers，1990.

[9]　郭坤敏等. 在氢气流中净化磷化氢和砷化氢的新型催化剂和净化罐的研究. 化学通报，1994，3：29-31.

[10]　郭坤敏等. A New, Highly Effective Desulfurizer.，Adsorption News，International Adsorption Society，Inc. 1998，66：32.

第三章

吸附理论

第一节
吸附相平衡

一、 吸附原理、 吸附作用力

一定条件下的吸附平衡关系是吸附分离过程计算的基础，吸附容量大小是评选吸附剂的依据之一。描述吸附平衡的模型很多。包括：从单组分刚性球形气体分子出发，不考虑分子间作用力的表面吸附模型，从宏观平衡热力学出发的 Gibbs 等温吸附方程，Langmuir 方程，BET 多分子层吸附模型，吸附空间的位势理论模型，以及多组分吸附平衡方程等。

对非刚性或非球形分子的吸附，考虑到各分子间的作用力的吸附扩散，则可从 Lennard-Jones 位势模型等求取扩散系数。

非均一体系中因分子、原子或离子之间的作用力大小的差异，各粒子和固体壁表面碰撞的机制是复杂的，从分子统计热力学的角度，可取体系的微观状态的统计平均，用分析方法得到这些微观状态和宏观状态（平衡统计热力学和宏观热力学参量）之间的关系。如采用正则系综，在温度一定，假设被吸附分子和固体表面吸附点之间的互相作用力较强，被吸附分子在吸附晶体表面上不能自由移动，形成单分子层吸附（定域吸附），从而推导出 Langmuir 吸附等温方程，反之吸附层是可移动的（非定域吸附），不论用正则系综或巨正则系综法都不能得出 Langmuir 等温方程。

非均一体系中粒子的形状各异，最简单的是球形，还有长链形（如长链的烷烃）、团簇等形状的粒子，球形又分刚性（碰撞时不变形）或软性。各种粒子的互相碰撞移动扩散，吸附质粒子向固体壁表面冲击，停留瞬间后弹回，形成蛙跃移动，经数次弹跳直至空白的活性点才能停留下来，蛙跃可以向前或向后转动。因而粒子停留量（吸附量）除和表面活性点数量（覆盖率）有关外，还随固体表面性状、晶格大小、粒子的结构性质以及动能或温度的不同而异。当粒子具有一定的活化能时，可在表面形成化学键甚至发生化学反应。

气体或液体吸附于固体表面的作用力一般可分为两类。一类是由范德华力引起的分子之间的互相作用力；一类是化学键力，包括固体和气体之间电子的转移。这两类作用力不能截然分开，需看哪种作用力为主。物理吸附以范德华分子相互作用力为主。化学吸附以异极或同极力引起分子在表面作用为主，同时产生电子转移或使吸附的分子解离成原子和游离基。一般辨别物理吸附和化学吸附的基本点有如下几点。

① 物理吸附的吸附热与组分的液化热为同一数量级，其吸附热较低，一般高于 1kJ/（g·mol），但至多不超过几十 kJ/（g·mol）。化学吸附的吸附热与化学反应热的数量级相当，其吸附热远比物理吸附的高，一般都在几百 kJ/（g·mol），大于组分汽化潜热的 2～3 倍。吸附热的大小是区别物理吸附和化学吸附的标志之一，但因吸附热随吸附剂表面遮盖率的大小不同而异，故此两种吸附热的大小需在相同的遮盖率（吸附量）下进行比较。

② 任何气-固体系的物理吸附，都需在相应的温度和压力条件下进行，其物理吸附类似于气体的凝聚现象，没有电子转移，不需活化能（即使要也很小）。化学吸附为气体吸附质在表面形成与原子分子结构不同的中间络合物，在表面形成化学键产生化学反应，虽然活化得很慢，但需要一定的活化能。随着温度的升高物理吸附量下降，化学吸附则出现峰值，如图 3-1。

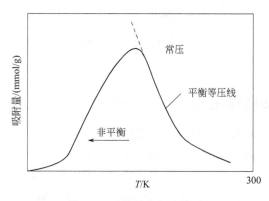

图 3-1　吸附量和温度关系

③ 物理吸附可以是多层吸附，吸附速率很快，是可逆的。提高温度或降低吸附质的分压，吸附质分子就可脱附解吸。化学吸附仅是单层吸附，具有一定的选择性，是不可逆的，吸附速率较慢，吸附质分子解吸脱附较困难。

④ 物理吸附形成可移动的单分子或多分子层，被吸附组分的分子不解离，在较低温度下以物理吸附为主。化学吸附仅为单分子层吸附，在某些情况下，于化学吸附的单分子层上，再形成物理吸附，可以解离。在相当宽的温度范围内都可以发生化学吸附。

吸附分离过程选用的吸附剂，其吸附平衡应以物理吸附为主，便于吸附剂解吸再生。

在气-固或液-固两相的等温吸附平衡中，当两相在一定的温度下充分接触或充分混合时，吸附质在两相中经过长时间的接触达到的平衡是静态的热力学平衡，为最大的吸附量。在流动体系吸附过程中，两相作相对运动，在一定的接触时间下，吸附质最终在两相内的分配量为一定时，最后达到动态平衡，其吸附量一般比静态平衡的要低，但更符合工厂的实际操作状态。

按照 Brunauer 的分类，可将吸附等温线分成五种典型的曲线，如图 3-2。类型 I 表示吸附剂毛细孔的孔径比吸附分子尺寸略大时的单层分子吸附，如氧在－183℃下吸附于炭黑上。类型 II 为完成单层吸附后，再形成多分子层吸附的等温线，例如在 30℃下，炭黑吸附水蒸气。类型 III 是吸附气体量不断随组分分压的增加而增加，直至相对饱和值趋于 1 为止，曲线下凹是因单分子层内分子互相作用，使第一层的吸附热比诸冷凝热小所引起的，如在 20℃

活性炭吸附技术及其在环境工程中的应用

下，溴吸附于硅胶。类型Ⅳ是类型Ⅱ的变型，能形成有限的多层吸附，如水蒸气 30℃下吸附于活性炭，在吸附剂的表面和比吸附质分子直径大得多的毛细孔壁上形成两种表面分子层。类型Ⅴ偶然见于分子互相吸引效应是很大的情况，如磷蒸气吸附于 NaX 分子筛。类型Ⅰ是向上凸的 Langmuir 型曲线，在气相中吸附质浓度较低的情况下，仍有相当高的平衡吸附量，是优惠的吸附等温线。具有这类型的吸附剂能够将气相中的吸附质脱除至痕量的浓度。反之，类型Ⅲ的向下凹的反 Langmuir 型曲线为非优惠型吸附等温线。

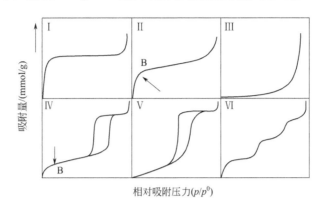

图 3-2　吸附等温线的分类

二、 吸附平衡、 吸附热力学

不论在自然界或许多工艺过程，在以下两种条件都可以出现固气相间的作用：一种是相间的无规则混合，另一种是相间直接的相对移动。因此，当吸附过程在相对静止状态中进行时或在固气系统发生相间规则机械混合时，出现静态吸附，并以相互作用的各相之间建立吸附平衡而结束。

吸附平衡理论涉及单组分吸附平衡理论和多组分吸附平衡理论。单组分吸附平衡理论主要有：①建立在经验基础上的亨利（Henry）定律、弗兰得里胥（Frendlish）方程、焦姆金（TemKin）方程、t 图、d_s 图、f 图等；②建立在波兰尼（Polanyi）吸附势基础上的杜比宁（Dubinin）微孔容积填充理论（TVFM）及其代表性的杜比宁-拉杜施凯维奇（DR）、杜比宁-阿斯达赫夫（DA）、杜比宁-拉杜施凯维奇-斯托克利（DRS）、稚若尼克-乔玛（JC）和谢-郭（XG）方程等；③建立在动态平衡基础上的朗格缪尔（Langmuir）方程和布鲁瑙尔-爱梅特-泰勒（BET）方程；④建立在经典热力学基础上的吉布斯（Gibbs）吸附式；⑤建立在统计热力学基础上的吸附模型，目前尚处于探索阶段。现在对于发生在吸附剂微孔（<2nm）中的吸附，普遍采用杜比宁微孔容积填充理论来描述。在 TVFM 发展过程中，先后提出了 DR、DA、DRS、JC 和 XG 方程等。而对于发生在吸附剂非微孔（>2nm）中的吸附，一般用 BET 多分子层吸附理论来描述，进而获得 BET 比表面积。多组分吸附理论是以单组分吸附等温线为基础的。主要有：①基于动态平衡的扩展 Langmuir 方程，扩展 BET 方程、负载比关联式等；②基于吸附势的扩展 DR 方程、刘易士（Lewis）关系式、格兰特-马内斯（Grant-Manes）模型等；③基于热力学的 Lewis 方法、科克-巴斯玛金（Cook-Basmadjian）方法、迈尔-普劳斯尼茨（Myers -Prausnitg）吸附溶液理论、非理想吸附溶液模型、空位溶液理论、二维气体模型、鲁思文（Ruthven）简化统计热力学模型、李（Lee）点阵溶液模型、质量作用定律模型等。

非均一体系中溶质分子或原子互相作用的界面可以是气-固、气-液和液-液等各种不同的界面，此表面现象可因固体表面的形状不同分为平面、球面、圆柱形面几种，组分在不同形状固体的界面厚度、局部密度的大小和分布都不相同。界面现象实际上关切的是界面曲线，例如固体表面的液滴或孔道空间内流体的表面张力的变化。所谓表面张力并不是全部的表面能而是生成单位表面时所需的最大有效功，表面张力指每 $1cm^2$ 表面的表面等压位。在表面层内因吸附质成分的增加，使表面张力减少，从而使体系的总等压位下降，产生的吸附现象是自发的放热过程。所以在各种条件相同的情况下，凡是临界温度较高，沸点较大的气体，都是较容易吸附的气体，在相同浓度下，溶剂中溶解度较小的物质也常是较易被吸附出来的物质。

依照 Gibbs 的观点，设吸附剂是热力学惰性物质，取各热力学参量的差值，如 $U_s \equiv U - U_{oa}$，$\phi \equiv \mu_{oa} - \mu_a$（下标 s 指固体表面，o 为没有吸附质的吸附剂，a 指吸附剂），可简化吸附相热力学性质，消去吸附剂的有关参量。ϕ 表示吸附质穿过吸附剂表面或微孔容积引起每单位吸附剂的内能的变化。对于二维表面的吸附，表面积 a_f 直接和 n_s（吸附质物质的量）成正比。而对三维体积微孔吸附剂的吸附，微孔容积 V_m 也和 n_s 成正比，则

$$\phi dn_s = \pi da_f = \phi dV_m \tag{3-1}$$

上式中的 π 和 ϕ 分别为二维或三维的展布压，其定义为

$$\pi = -\left(\frac{\partial U_s}{\partial a_f}\right)_{S_s, V_s, n_s} \quad ; \quad \phi = -\left(\frac{\partial U_s}{\partial V_m}\right)_{S_s, V_s, n_s} \tag{3-2}$$

式中，π 为展布压，相当于清洁表面和遮盖着吸附质两者之间表面张力的差值。

对主体内能 U、焓 H、Helmholtz 自由能 A 和 Gibbs 自由能 G 关联的热力学方程，对吸附相为

$$dU_s = T dS_s - p dV_s - \phi dn_s + \mu_s dn_s$$
$$dH_s = T dS_s + V_s dp - \phi dn_s + \mu_s dn_s$$
$$dA_s = -S_s dT - p dV_s - \phi dn_s + \mu_s dn_s \tag{3-3}$$
$$dG_s = -S_s dT + V_s dp - \phi dn_s + \mu_s dn_s$$

因吸附相的体积远比气体相的体积小，$p dV_s$ 项可忽略不计，如所有强度变量保持恒定，上述各方程式可积分为

$$U_s = U_s(S_s, V_s, n_a, n_s) = TS_s - \phi n_a + \mu_s n_s$$
$$H_s = H_s(S_s, p, n_a, n_s) = TS_s - \phi n_a + \mu_s n_s$$
$$A_s = A_s(T, V_s, n_a, n_s) = -\phi n_a + \mu_s n_s \tag{3-4}$$
$$G_s = G_s(T, p, n_a, n_s) = -\phi n_a + \mu_s n_s$$

热力学性质对吸附相用 T 和 ϕ（或 π），比用 T 和 p 会更好。Hill 和 Everett 提出类似 $G = A + pV$ 的关系，引入一个新的自由能 F_s，其定义为

$$F_s = A_s + \phi n_a = A_s + \pi a_f \approx G_s + \pi a_f \tag{3-5}$$

在恒 T 和恒 ϕ 或恒 T 和恒 π 的平衡状态下，F_s 应为最小。主体相的对应 G 热力学关系式应用于吸附相时，G、p 和 V 的关系改用 F_s，ϕ 和 n_a 或 F_s，π 和 a_f 的关系式，表示为

$$dF_s = dA_s + \phi dn_a + n_a d\phi = dA_s + \pi da_f + a_f d\pi \tag{3-6}$$

或

$$dF_s = dA_s + \pi da_f + a_f d\pi = -S_a dT + n_a d\phi + \mu_s dn_s$$
$$= -S_a dT + a_f d\pi + \phi_s dn_s \tag{3-7}$$

恒温下，略去式（3-3）中的 $p\mathrm{d}V_s$ 及 $-S_s\mathrm{d}T$ 项，则

$$\mathrm{d}A_s = -\phi\mathrm{d}n_a + \mu_s\mathrm{d}n_s = -\pi\mathrm{d}a_f + \mu_s\mathrm{d}n_s \qquad (3\text{-}8)$$

将式（3-4）微分，得

$$\mathrm{d}A_s = -\phi\mathrm{d}n_a - n_a\mathrm{d}\phi + \mu_s\mathrm{d}n_s + n_s\mathrm{d}\mu_s \qquad (3\text{-}9)$$

比较式（3-8）与式（3-9），则

$$n_a\mathrm{d}\phi = a_f\mathrm{d}\pi = V_m\mathrm{d}\phi = n_s\mathrm{d}\mu_s \qquad (3\text{-}10)$$

在考虑吸附相和理想气体两相间处于平衡状态时，$\mu_s = \mu_g$，设遵守理想气体定律，则

$$\mu_s = \mu_g = \mu_s^0 + RT\ln\left(\frac{p}{p^0}\right) \qquad (3\text{-}11)$$

其中 μ_g° 为参考压力 p° 下蒸气相的标准化学位。对上式微分，得

$$\mathrm{d}\mu_s = \frac{RT\mathrm{d}p}{p} \qquad (3\text{-}12)$$

则得 Gibbs 吸附等温方程的几种表达形式：

$$n_a\left(\frac{\partial\phi}{\partial p}\right)_T = \frac{RT}{p}n_s \qquad (3\text{-}13)$$

或

$$a_f\left(\frac{\partial\pi}{\partial p}\right)_T = \frac{RT}{p}n_s \qquad (3\text{-}14)$$

或

$$q_i = \frac{n_s}{a_f} = \frac{p}{RT}\left(\frac{\partial\pi}{\partial p}\right)_T \qquad (3\text{-}15)$$

上面 Gibbs 等温线方程中的参量（ϕ，n_a）、（π，a_f）和（ϕ，V_m）都是相对应的，一般常用 π 和 a_f 的关联式，如对 q_i 和 p 作图，可得恒温下的吸附等温线。

三、 气体吸附等温方程

恒温下不同浓度单组分气体和吸附剂晶体长期接触达到平衡时，最大的吸附量和该组分的分压的关系有不同形状的吸附等温曲线。根据不同的物理模型，用分子动力学、平衡热力学或统计热力学的处理方法得到各种类型的吸附等温方程。如用热力学 Gibbs 吸附等温方程和一些具体的气体方程关联，对表面层吸附得 Langmuir 等温方程、Volmer 等温方程、van der Waals 等温方程和 Freundlich 等温方程，以及 BET 等温方程等。要注意所设物理模型的机制和使用条件，便于在一定的范围应用。其中最常用的是 Henry 方程、Langmuir 方程、BET 方程和 Dubinin（吸附位势理论）方程等。

1. Langmuir 方程

Langmuir 单分子层吸附，此模型的基本假设：①分子吸附于吸附剂表面有限的已知局部位空位上，形成不移动吸附层；②每个空位活性点吸附一个吸附质分子；③在理想均匀表面上，所有的空位具有相同的能量；④吸附于相邻空位上的分子互相不作用。

Langmuir 吸附方程如用热力学 Gibbs 方程代入，类似校正气体方程 $p(V-\beta)=nRT$ 的状态方程：

$$\pi(a_f - b_f) = n_s RT \qquad (3\text{-}16)$$

微分得：

$$\left(\frac{\partial \pi}{\partial a_f}\right)_T = \frac{n_s RT}{(a_f - b_f)^2} \tag{3-17}$$

将 Gibbs 方程代入，得

$$\frac{dp}{p} = \frac{a_f da_f}{(a_f - b_f)^2} \tag{3-18}$$

在低浓度下，取 $2a_f \gg b_f$，略去分母中的 b_f^2 项，积分取：

$$k_L p = \frac{2b_f/a_f}{1 - 2b_f/a_f} = \frac{\theta}{1 - \theta} \tag{3-19}$$

设遮盖率 $\theta = 2b_f/a_f$，另一简易方法，设吸附平衡时，吸附速度和脱附速率相等，脱附速度 $k_d \theta$，吸附速率 $= k_a p(1 - \theta)$，遮盖率 $\theta = q/q_m$，则

$$\frac{\theta}{1 - \theta} = \frac{k_a}{k_b} p = k_c p \tag{3-20}$$

式中，$k_c = k_a/k_b$ 为 Langmuir 吸附平衡常数，或

$$\theta = \frac{q}{q_m} = \frac{k_L p}{1 + k_L p} \tag{3-21}$$

式中，q 及 q_m 为每单位重量（或体积）吸附剂的吸附量及饱和吸附量（总吸附活性点空位数）。

用统计热力学的正则系综或巨正则系综也可以较严格地导出 Langmuir 吸附方程（见分子模拟章）。

上式是表示单分子层吸附的关系式。在饱和状态下，$p \to \infty$，$q \to q_m$，则 $\theta \to 1.0$。当吸附质浓度很低时，Langmuir 方程可简化为 Henry 定律。

$$\lim_{p \to \infty} \left(\frac{q}{p}\right) = k_L q_m = k'_H \tag{3-22}$$

式中，q_m 为极限饱和吸附量（总吸附空位数），是与温度无关的定值。平衡常数 k_L 与温度的关系可用 Vant Hoff 方程表示。

$$k_L = k_0 \exp\left(\frac{-\Delta H^0}{RT}\right) \tag{3-23}$$

因为吸附是放热过程（ΔH 为负值），常数 k_L 随温度的升高而减少。如果在表面同一空位上的吸附分子之间互不作用，即吸附热和大小与遮盖率无关。微分式（3-20），则吸附等容热（$-\Delta H_s$）和吸附的极限热值（$-\Delta H_0$）相等。

$$\left(\frac{\partial \ln p}{\partial T}\right) = \frac{\Delta H_s}{RT^2} = \frac{d\ln k_L}{dT} = \frac{d\ln k'}{dT} = \frac{\Delta H_0}{RT^2} \tag{3-24}$$

将式（3-21）重新加以整理，得

$$\frac{p}{q} = \frac{1}{k_L q_m} + \frac{p}{q_m} \quad \text{或} \quad \frac{1}{q} = \frac{1}{q_m} + \frac{1}{k_L q_m} \times \frac{1}{p} \tag{3-25}$$

上式用 p/q 对 p 或 $1/q$ 对 $1/p$ 作图，可以校正实验数据是否符合 Langmuir 模型，也可以从该直线的斜率和截距求得 Langmuir 常数 k_L 和饱和极限值 q_m。如果以 p/q 对 p 作图，因分压 p 出现于此两个参量中，p 变化较小时，此两参量的改变不大。Langmuir 模型可很好地描述类型 I 的吸附等温线。仔细地选择常数 k_L 和 q_m 值，就可以在较宽的浓度范围内和许多实验数据较好地吻合。但是，当整个浓度范围延伸至饱和的一端时，蒸气冷凝，就违背了原来单分子层吸附的假设，Langmuir 模型就缺乏了物理意义。丙烷在 5A 分子筛上吸附

活性炭吸附技术及其在环境工程中的应用

的实验数据，用式（3-25）Langmuir 方程作图。从图 3-3 可见，与实验数据相一致，不同温度下的平衡数据偏离线性都很小，说明 Langmuir 模型能确切地代表这种吸附现象。在高温下，饱和吸附容量 q_m 远比真实饱和极限值小。与低温下所得 q_m 值一致，但 Henry 常数的误差却较大。低浓度时分析所得常数值和从 Langmuir 方程作图得到的 Henry 常数值相似，如表 3-1。

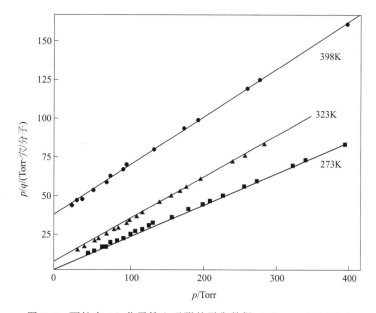

图 3-3　丙烷在 5A 分子筛上吸附的平衡数据（1Torr＝133.3Pa）

表 3-1　丙烷吸附于 5A 分子筛用 Langmuir 模型计算出参数和分析值的比较

温度/K	Henry 常数 k_L 或 $k_H q_m$ /（Torr·分子/穴）		饱和极限值 q_m /（分子/穴）	
	分析值	Langmuir 作图得值	分析值	Langmuir 作图得值
273	3.96	0.4	约 5	5.0
323	0.321	0.182	约 5	3.7
398	0.033	0.028	约 5	3.18

总的说来，对于局部空位吸附模型，化学吸附比物理吸附更为适宜，因为多数情况下，物理吸附层具有高度移动性，类似于二维的气体。从 Gibbs 吸附等温方程推导出的 Langmuir 方程是在相当低的遮盖率和可移动的物理吸附层的前提下取得的。

2. Freundlich 方程

对于未知组成的污染物，其浓度常用 COD 计量，又如某些有机物或色素物质的脱除吸附，其等温吸附平衡可用 Freundlich 方程表示。

为了能适应变化范围较宽的吸附量，Frendlich 提出了一个半经验方程。同样，如果表面层遵守状态方程

$$\pi a_f = n_s RT \tag{3-26}$$

式中，n_s 为吸附质在吸附相的物质的量，也是校正吸附分子之间互相作用力大小的常数。在表面层如果 $n_s < 1$ 表示分子之间的作用力为吸引力，如果 $n_s > 1$ 则分子之间的作用力为排斥力。将上式对 a_f 微分，得

$$\frac{d\pi}{da_f} = -\frac{n_s RT}{a_f^2}$$

将 Gibbs 方程式（3-15）代入上式，加入校正值 n，则

$$\frac{1}{n} \times \frac{dp}{p} = -\frac{da_f}{a_f} = \frac{dp}{p}$$

由于气体的吸附容量与吸附表面积 a_f 直接成比例，上式经积分，可得 Freundlich 方程

$$q = k_f p^{1/n} \tag{3-27}$$

式中，k_f 为 Freundlich 方程常数，是与吸附剂的种类、特性、温度以及采用单位有关的经验常数值；n 为与温度有关的常数，一般 $n \geqslant 1$。随着温度的提高，$1/n$ 趋于 1。

Freundlich 方程表明在等温下，吸附热随覆盖率（即相应的吸附量）的增加呈对数下降时，吸附量与压力的指数成正比例。压力增加，吸附量随之增大，但压力 p 增大到一定的程度以后，吸附剂吸附饱和，其饱和吸附量维持恒定值。当中等程度覆盖时，Freundlich 方程和 Langmuir 方程接近，如图 3-4。

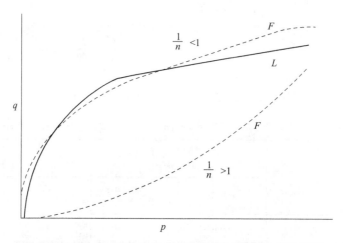

图 3-4　Langmuir 方程与 Freundlich 吸附等温线方程的比较

将式（3-27）的两边取对数，得

$$\ln q = \frac{1}{n} \ln p + \ln k_L$$

此直线方程的斜率为 $1/n$，在 $0.1 \sim 0.5$ 之间，常数 k_f 和 n 由实验决定。例如，当木炭吸附污水中污染物时，其 k_f 值随温度的升高而降低，但 $1/n$ 值却随之而增加（表 3-2）。

表 3-2　污水中 TOC 和活性炭的平衡值

污水中的 TOC 值/（mg/L）	活性炭中的 TOC 值/（mg/mg）
1.8	0.011
4.2	0.029

活性炭吸附技术及其在环境工程中的应用

污水中的 TOC 值/（mg/L）	活性炭中的 TOC 值/（mg/mg）
7.4	0.046
11.7	0.062
15.9	0.085
20.3	0.097

3. Radke-Prausnitz 方程

$$q = \frac{ac}{1 + \left(\dfrac{a}{b}\right)c^{1-\beta}} \tag{3-28}$$

等温线方程的形式是很多的，然而，70 多年来，一直用 Langmuir 和 Freundlich 方程来表征稀溶液的吸附等温线。近年 Radke 提出的等温线形式表明它适用于较宽的浓度范围，

$$\frac{1}{q} = \frac{1}{ac} + \frac{1}{bc^{\beta}}$$

由式（3-28），对于稀溶液

$$\lim_{c \to 0} q = ac \text{，变成 Henry 方程；}$$

对于高浓度：

$$q = bc^{\beta} \text{，变成 Freundlich 方程。}$$

当 $\beta = 0$ 时，式（3-28）变为：

$$q = \frac{ac}{1 + \dfrac{a}{b}c} \text{，变成 Langmuir 方程。}$$

活性炭从水溶液中吸附丙腈、丙烯腈、丙酮等的等温线都支持了 Radke 方程。

4. BET 方程

Brunaur、Emmett 和 Teller 提出的 BET 模型认为，被吸附的分子不能在吸附剂表面自由移动，吸附层是不移动的理想均匀表面。其吸附可以是多层吸附，层与层之间的作用力是范德华力。各层水平方向的分子之间不存在互相作用力，即在第一层吸附层上面，可以吸附第二层、第三层……不等到上一层吸附饱和就可以进行下一层的吸附。各吸附层之间存在着动态平衡，即每一层形成的吸附率和解吸速率相等。单分子层可由向空的表面吸附或双层分子层解吸产生，吸附速率与吸附有效面积的大小和分子碰击表面的大小和分子碰击表面的频率有关。恒温下基于气体动力学理论，得出多层物理吸附的 BET 吸附等温方程为：

$$\frac{p}{q(p_0 - p)} = \frac{1}{k_b q_m} + \frac{k_b - 1}{k_b q_m} \times \frac{p}{p_0} \tag{3-29}$$

式中　　　　　　　q ——达到吸附平衡时的平衡吸附量；

　　　　　　　　　q_m ——第一层单分子层的饱和吸附量；

$$k_b \approx \exp(\frac{E_1 - E_L}{RT})$$ ——BET 方程常数，是与温度、吸附热、冷凝热有关的系数，其中 E_1 为第一层的吸附热，E_L 为冷凝热。如 $E_1 > E_L$，吸附等温线成为图 3-2 中的 Ⅴ 类型。如 $E_L > E_1$，则成为图 3-2 中类型 Ⅲ 的曲线。

BET 吸附等温方程的适用范围在 $p/p_0 = 0.05 \sim 0.35$ 之间。

将式（3-29）经过变换，得

$$q = \frac{k_b q_m p}{(p_0 - p)[1 + (k_b - 1)p/p_0]} \tag{3-30}$$

当吸附物质的平衡分压 p 远比饱和蒸气压 p_0 小时，即 $p_0 \gg p$，则

$$\frac{q}{q_m} = \frac{k_b p/p_0}{1 + k_b p/p_0} \tag{3-31}$$

取 $k_L = k_b/p_0$，则式（3-31）变成 Langmuir 方程，即 Langmuir 方程是 BET 方程的特例。

从实验结果看来，BET 方程是代表物理吸附的等温方程，理论数据和实验数值吻合良好。根据此方程建立的测定静态平衡吸附的仪器称为 BET 仪，为了简化起见，在实测中并做一些简化，常用于测定所得平衡吸附量中取得吸附热和吸附剂的比表面积以及有关吸附剂结构的参量。

当测试吸附剂的结构时，常用 BET 方程求吸附剂的比表面积。对式（3-29）取其左边 $p/q(p_0 - p)$ 项为纵坐标，以该式右边 p/p_0 项为横坐标作图，直线的截距为 $1/k_b q_m$，斜率为 $(k_b - 1)/k_b q_m$。将截距和斜率联立求得，得出两未知数 k_b 和 q_m，再把 q_m 值代入式（3-32），求出吸附剂的表面积 S_{sp} 值（这里要说明的是：Brunnues，Emmett 和 Teller 在 1938 年提出 BET 方程的原著中，对异丁烷的计算示例中，由于图解错误导致其第一层单分子层的饱和吸附量和比表面积计算错误，正确的数值分别应是：$q_m = 30 \text{mL/g}$；$S_{sp} = 356 \text{ m}^2/\text{g}$）。

$$S_{sp} = A_m \times \frac{N_A}{22400} \times q_m \tag{3-32}$$

式中　A_m——每一单分子层分子吸附占有的面积。当吸附质为氮时，每个氮分子占有面积为 $16.2 \times 10^{-16} \text{ cm}^2$，当吸附质为甲醇时，每个甲醇分子占有面积为 $25 \times 10^{-16} \text{ cm}^2$；

　　　　N_A——阿佛伽德罗常数，6.08×10^{23} 个/mol。

四、 吸附位势理论

杜比宁（Dubinin）理论又称微孔容积充填理论（TVFM），它是在吸附位势理论基础上发展起来的，自 1915 年波兰尼（Polanyi）等人创立了该理论，经过 90 多年的发展和完善，现在已被公认是描述微孔吸附剂对气体或蒸气的物理吸附，以及判断吸附剂微孔结构特征的最成熟的理论。

1. 等位势线

上述的物理吸附模型是指在平滑的表面形成可移动的或固定的吸附层而言，对于环保中常用的吸附剂活性炭其孔径分布很宽，是一种极不均匀的巨大表面或空间，Polanyi 之后，为 Dubinin 等人发展的吸附位势理论从三维空间出发，认为吸附剂表面存在着位势相

活性炭吸附技术及其在环境工程中的应用

等的等位势线，位势大小为ξ_0，ξ_1，ξ_2，…，ξ_n等，在吸附剂微孔表面上的位势最大$\xi_0 = \xi_{max}$，随着离表面距离的增加逐渐减弱（如图3-5），直至在某一距离位势$\xi_n = 0$为止，相应地和等位势面形成若干吸附空间W_n，此空间内吸附分子受到压力和位势力的作用力，离表面越远，位势减弱，吸附空间的密度下降，当吸附分子受到的作用力与自由状态下互相作用力相等时，即$\xi_n = 0$，可作为气体看待，此吸附空间W_n为极限吸附空间体积。

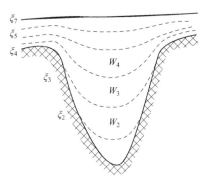

图3-5　吸附剂微孔表面的等吸附位势曲线

吸附状态也与吸附质的临界值有关，在体系的温度低于或接近吸附质的临界温度时，表面为最大位势ξ_{max}等势面包围，此空间内的吸附质认为已经液化，其密度可以认为与同温度下的液体密度相同，随着离开表面的距离逐步增加，密度减少，直至与周围空间内蒸气的密度一样。例如在体系温度T明显低于吸附质临界温度T_c，$T < 0.8T_c$时，取p_0为其饱和蒸气压，p_1、p_2、p_3…为其平衡蒸气压。在平衡压力远低于饱和蒸气压$p_1 \ll p_0$，从微孔尖端起吸附空间W_1，随其平衡压力的提高而增大为W_2，压力继续提高，微孔为吸附质充满，甚至溢出微孔外形成液体层，如图3-6。

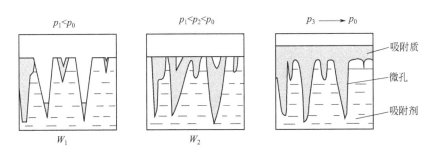

图3-6　位势理论的微孔填充机理
p_1、p_2…为平衡压力；$T < 1.8T_c$；p_0为饱和压力

如吸附质气体可作为理想气体处理，Polanyi取吸附势ξ为吸附过程中吸附体积W内吸附力场每1mol吸附质所做的功为：

$$\xi = RT\ln(p_0/p) \tag{3-33}$$

其基本假设吸附势的大小和温度无关，即

$$\left(\frac{\partial \xi}{\partial T}\right)_W = 0 \tag{3-34}$$

此式$\xi = \xi(W)$是所给定的吸附剂和指定某一吸附质在各种不同温度下的特性曲线，如水在不同温度下位势 ξ 和吸附空间 W 的曲线关系（图 3-7），并表示了吸附剂与吸附质在各温度下有不同的特性曲线（图 3-8）。

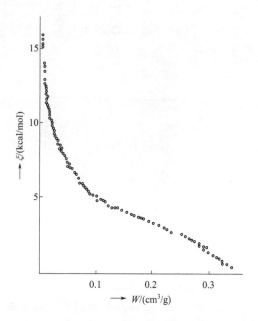

图 3-7　水在沸石上吸附的特性 $\xi(W)$ 曲线
（温度范围为 293～553K；1cal＝4.184J）

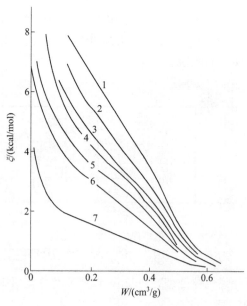

图 3-8　活性炭对不同吸附质蒸气的特征曲线
1—正庚烷；2—正己烷；3—正戊烷；4—苯；
5—正丁烷；6—氯乙烯；7—甲醇（1cal＝4.184J）

如吸附空间内吸附质凝聚相为不可压缩的液体，它的密度在既定温度下是固定的，则填充的吸附空间 W 为

活性炭吸附技术及其在环境工程中的应用

$$W = \frac{q_v}{\rho_L} = \frac{qM}{\rho_L} = q\nu_M \tag{3-35}$$

式中 q_v——蒸气的吸附量；

　　 ρ_L——在温度 T 时液体的密度；

　　 q——摩尔吸附量；

　　 M——吸附质的分子量；

　　 ν_M——在温度 T 时，液体的摩尔体积。

对略低于吸附质临界温度的体系，摩尔体积 ν_M 和液体密度 ρ_L 都需要加以校正。

2. D-R 方程

Polanyi 吸附势理论对极不均匀表面的物理吸附假说给出了定量的描述，但没有给出表达吸附等温线的方程式。直至 M. M. Dubinin 及其学派考查了活性炭表面结构，以及对不同浓度下的气体或液体溶质吸附性质的影响，发现相同类型的吸附表面对不同物质蒸气的吸附特性曲线有一定的亲和性，即两种不同物质的蒸气在相同的吸附容量下，其吸附势的比值为常数，以 β_{af} 表示，称为亲和系数，即

$$\frac{\xi_2}{\xi_1} = \beta_{af} \tag{3-36}$$

亲和系数与温度无关，与某些吸附剂的孔隙结构也几乎没有什么关系。这表明了某种吸附质蒸气与选作标准的吸附质蒸气，在给定吸附剂上各吸附质吸附性能的关系，如图 3-8。不同孔隙结构的活性炭对吸附质蒸气的特性曲线，通常处于活性炭为 $0.05\sim0.40\text{mL/g}$ 的范围内，约在总吸附空间的 $15\%\sim85\%$ 的填充量内具有亲和性（表 3-3）。一般取苯（或其他溶剂）的蒸气为参考标准蒸气（$\beta_{af}=1$）。

表 3-3　各种吸附质在活性炭上特性曲线的亲和系数

吸附质	β_{af}	吸附质	β_{af}
甲 醇	0.40	乙 酸	0.97
溴甲烷	0.57	苯	1.00
乙 醇	0.61	环己烷	1.03
甲 酸	0.61	四氯化碳	1.05
硫化碳	0.70	乙 醚	1.09
氯乙烷	0.78	正戊烷	1.12
丙 烷	0.78	甲 苯	1.25
氯 仿	0.86	三氯硝基甲烷（氯化苦）	1.28
丙 酮	0.88	正乙烷	1.35
正丁烷	0.90	正庚烷	1.59

根据吸附势和亲和系数的定义，两种不同的吸附质在不同的温度下，用相同的吸附剂吸附时，则

$$\frac{\xi_2}{\xi_1} = \beta_{af} = RT_2 \ln \frac{p_{02}}{p_2} / RT_1 \ln \frac{p_{01}}{p_1}$$

或

$$\lg p_2 = \lg p_{02} - \beta_{af} \frac{T_1}{T_2} \lg \frac{p_{01}}{p_1} \tag{3-37}$$

如取 $W_1 = W_2$ 或 $q_1 \nu_{M1} = q_2 \nu_{M2}$，则

$$q_2 = q_1 \frac{\nu_{M1}}{\nu_{M2}} \tag{3-38}$$

在温度 T_1 和 T_2 的各种吸附质蒸气的饱和蒸气压和分子比容，可查表或通过计算取得。于是，用式（3-37）或式（3-38），已知在某温度下一种吸附质蒸气的吸附等温线，即可算出任意温度下另一种吸附质蒸气的吸附等温线。

Dubinin 在研究 $\xi = \xi(W)$ 和 $W = W(\xi)$ 的特性曲线时，发现主要是微孔结构的活性炭的 $W = W(\xi)$ 函数关系呈正态分布曲线，因而提出这类反映活性炭孔隙结构的特性曲线为

$$W = W_t \exp(-k\xi^2) \tag{3-39}$$

式中　k——与微孔的数量和大小分布有关的常数；

　　　W_t——微孔结构活性炭的吸附空间的极限总体积，近似地等于微孔的总容积。

吸附剂中最细小的微孔结构增加时，表示 $W = W(\xi)$ 的曲线发生变形，最细小微孔占总孔道中的比例越大，变形和偏移越显著。反之，过渡孔结构的比例增加，则 W_t 的误差越高。将式（3-33）的 ξ 和式（3-35）中的 W 代入式（3-39）时，得比临界温度低得多的温度范围下，微孔为主的活性炭吸附等温方程为

$$q = \frac{W_t}{\nu_M} \exp\left[-k \left(RT \ln \frac{p_0}{p}\right)^2\right] \tag{3-40}$$

取 $k = \frac{k_1}{\beta_{at}^2}$，得吸附等温方程为：

$$q = \frac{W_t}{\nu_M} \exp\left[-\frac{k_1}{\beta_{af}^2} \left(RT \ln \frac{p_0}{p}\right)^2\right] \tag{3-41}$$

或

$$\lg q = \lg\left(\frac{W_t}{\nu_M}\right) - 0.43B \frac{T^2}{\beta_{af}^2} \left(\lg \frac{p_0}{p}\right)^2 \tag{3-42}$$

或

$$\lg W = \lg W_t - 0.43B \frac{T^2}{\beta_{af}^2} \left(\lg \frac{p_0}{p}\right)^2 \tag{3-43}$$

式中，$B = (2.3R)^2 k$，B 值大约在 $0.2 \times 10^{-6} \sim 1.0 \times 10^{-6}$ 之间。此式为在低于临界温度时，细孔活性炭的 Dubinin-Radushkewich 方程（D-R 方程）。设一种气体吸附质的 k 值已知，就可以从此方程求出另一种气体的吸附等温线。以 $\lg q$ 对 $T^2 [\lg (p_0/p)^2]$ 作图，得截距 $\lg\left(\frac{W_t}{\nu_M}\right)$ 和斜率 $\frac{0.43B}{\beta_{af}^2}$，从而可算出微孔体积 W_t 和表征吸附特性的 B 值（如 $\beta_{af} = 1$），得到相应的图 3-9。

对于粗孔活性炭，当所吸附的吸附质气体温度低于临界温度时，同样发现其特性曲线也

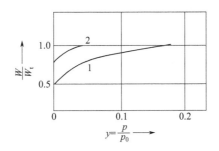

图 3-9　B 值的大小对 Dubinin 等温线形状的影响
$1-B=1.4\times10^{-6}$；$2-B=0.2\times10^{-6}$

相类似，经转换得：

$$W=W_\mathrm{t}\exp(-k\xi^2)$$

$$q=\frac{W_\mathrm{t}}{\nu_\mathrm{M}}\exp\left[-A\,\frac{T}{\beta_\mathrm{af}}\lg\frac{p_0}{p}\right]=k_\mathrm{F}\,p^{1/n} \tag{3-44}$$

从上式又可见，Dubinin 方程也就是 Freundlich 方程的一种变形。式（3-44）也可表示成

$$\lg W=\lg W_\mathrm{t}-\frac{A}{2.3}\times\frac{T}{\beta_\mathrm{af}}\lg\frac{p_0}{p} \tag{3-45}$$

式中，$A=2.3Rk_1$，A 值约在 $0.2\times10^{-2}\sim0.4\times10^{-2}$ 的范围内。

微孔与粗孔活性炭吸附剂的特性曲线和吸附等温线（如图 3-10）的不同点，在于粗孔活性炭的特性曲线的曲度较大、不变形、不向高吸附势方向偏移。

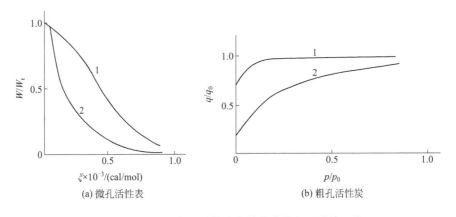

(a) 微孔活性表　　　　　　(b) 粗孔活性炭

图 3-10　微孔和粗孔活性炭的特性曲线和吸附等温线

M. M. Dubinin 又建议对宽微孔分布的活性炭吸附特性曲线用两项式的 D-R 方程，以表示两种不同孔径微孔的叠加，为

$$W=W_\mathrm{t1}\exp\left[-\left(\frac{\xi}{\beta_\mathrm{af}E_{01}}\right)^2\right]+W_\mathrm{t2}\exp\left[-\left(\frac{\xi}{\beta_\mathrm{af}E_{02}}\right)^2\right] \tag{3-46}$$

式中　W_t1，W_t2——代表微孔和次微孔的极限空间体积；

E_{01}，E_{02}——在微孔和次微孔中标准蒸气的特征吸附能。

杜比宁-拉杜施凯维奇吸附等温线方程在临界温度以下是适用的，但在沸点到临界温度范围内，被吸附物质的摩尔体积发生了较大的变化。对于这个问题，尼古拉耶夫和杜比宁提出了对摩尔体积进行修正，首先是对线性密度用内推法进行修正，即将某一物质在沸点以下的正常液体的密度和在临界温度下等于范德华方程式常数 b 的物质密度之间内推而得，即：

当 $T \leqslant T_B$ 时，吸附质的密度 d' 采用正常液体的密度。

当 $T_B < T < T_c$ 时，吸附质密度按下式修正：

$$\lg d' = \lg d_B - 0.43\alpha (T - T_B) \tag{3-47}$$

式中　T_B——沸点温度；

　　　α——热膨胀系数；

　　　d_B——沸点时液体密度。

当 $T \geqslant T_c$ 时，用范德华常数 b 值代替 V^*，即：

$$W = ab \tag{3-48}$$

和

$$\varepsilon = RT\ln(\tau^2 \frac{p_c}{p}) \tag{3-49}$$

$$\tau = \frac{T}{T_c}$$

式中　T_c——临界温度。

经过修正后的杜比宁-拉杜施凯维奇吸附等温线方程如下：

对气体 $T \leqslant T_c$ 时有：

$$a = (\frac{W_0}{V^*})\left\{- \exp[B(\frac{T^2}{\beta^2})](\lg \frac{p_s}{p})^2\right\} \tag{3-50}$$

对气体 $T \geqslant T_c$ 时有：

$$a = (\frac{W_0}{b})\left\{- \exp[B(\frac{T^2}{\beta^2})](\lg\tau^2 \frac{p_c}{p})^2\right\} \tag{3-51}$$

由上述可见，经过修正的杜比宁-拉杜施凯维奇方程，在使用的温度范围上大大地加宽了。这在应用方面具有实际意义。

3. D-R方程及其发展（ D-A方程、 D-S方程、 J-C方程、 X-G方程 ）

杜比宁（Dubinin）理论的发展史大致可分为三个阶段。

1914～1945年，波兰尼、贝伦尼（Bereny）等提出了吸附势和吸附特性曲线的基本概念，确立了吸附势和吸附空间体积的关系，能够通过吸附特性曲线计算出各种温度下的吸附等温线。但没有建立起吸附等温线方程。

1945～1966年由杜比宁、季莫菲耶夫、拉杜施凯维奇、克赛廖夫、别林格、谢尔平斯基、尼古拉耶夫等人为代表，建立了适用于炭吸附剂等的微孔吸附剂的吸附特性曲线方程、吸附等温线方程，以及有关的吸附热力学方程，形成较完整的理论体系，在吸附势理论基础上，赋予波兰尼吸附势理论热力学含意，提出微孔容积充填理论。

1966年以后，杜比宁（Dubinin）、阿斯塔霍夫（Astakhov）、卡德列克（Kadlec）、兰德（Rand）、斯托克利（Stoeckli）等研究人员扩大了杜比宁理论的应用范围，建立了活性炭微孔模型，使吸附等温线方程更加普遍化和精确化。

近年来，有关这一理论的学术探讨、试验研究和应用研究，仍十分活跃，新的论点和公式不断被提出，处于百家争鸣的状况，简介如下。

（1）D-A（Dubinin-Astakhov）方程

M. M. Dubinin 研究细微孔的活性炭和分子筛的吸附特性时，提出了比 D-R 方程通用化的吸附特性曲线方程，即将指数 2 改用参量 n，则成为 D-A（Dubinin-Astakhov）方程：

$$W = W_t \exp\left[-(\frac{\xi}{\beta_{af} E_0})^n \right] \tag{3-52}$$

此 n 值一般只能取等于 2 或大于 2 的正整数。

式（3-40）也可以改用

$$q = q_0 \exp\left[-(\frac{\xi}{E})^n \right] \tag{3-53}$$

【D-A 方程的应用实例】

① 用造纸废液木质素经炭化和活化制成木质素活性炭，以 Cahn-2000 型电天平（测量范围 0～2g，精确度达 10^{-7}g）测定其对苯、正己烷、环己烷和水的静态吸附量，用 D-A 方程关联得表 3-4 的各参量值，n 值在 0.33～1.08 之间。

表 3-4　关联 D-A 方程所得各参量值

吸　附　质	$q/$（mg/g）	$E/$（kJ/mol）	N
苯	367.1	33.95	0.330
正己烷	254.8	68.41	0.501
环己烷	253.1	19.79	1.080
水	262.8	7.372	0.686

② 用 7 种微孔型活性炭在重量法真空吸附仪上测定对苯蒸气的吸附等温线。重量法真空吸附仪如图 3-11。石英弹簧秤称量活性炭吸苯后的重量，求得吸附量。石英弹簧丝直径

图 3-11　重量法真空吸附仪

(0.25 ± 0.02) mm；圈直径 17mm；圈数 20 圈/cm；弹簧长 65mm；灵敏度 $300\sim400$mm/g，最大载重 1.5g。于 $p/p_s=1.44\times10^{-6}\sim0.182$ 范围内，测定了对苯蒸气的吸附等温线，并用 D-R 方程和 D-A 方程求得了这 7 种活性炭对苯的特性曲线，如图 3-12 所示，其结构常数见表 3-5。

这里要补充一点：Wojsz 和 Rozwadowski 进一步提出了吸附能的分布函数 W-R 方程，对非均一微孔型吸附剂体系作了新的描述，它分别以下述方程与 D-R、D-A 方程相对应：

$$f_c(Q)=\begin{cases}\dfrac{2k}{\beta_2}(Q-Q_0)\exp\left[-k\left(\dfrac{Q-Q_0}{\beta}\right)^2\right] & Q\geqslant Q_0\\[2mm] 0 & Q\leqslant Q_0\end{cases}\qquad 对应\ D\text{-}R\ 方程$$

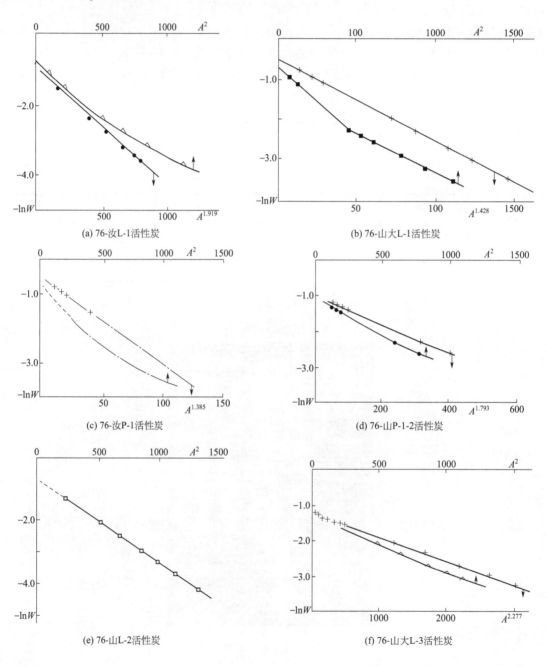

(a) 76-汝L-1活性炭

(b) 76-山大L-1活性炭

(c) 76-汝P-1活性炭

(d) 76-山P-1-2活性炭

(e) 76-山L-2活性炭

(f) 76-山大L-3活性炭

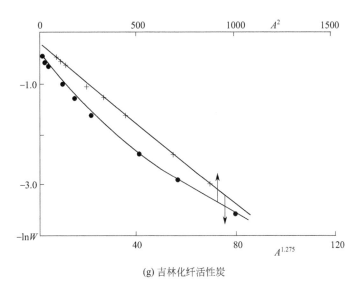

(g) 吉林化纤活性炭

图 3-12　7 种活性炭对苯的特性曲线

$$f_c(Q) = \begin{cases} \dfrac{nk}{\beta_n}(Q-Q_0)n^{-1}\exp\left[-K\left(\dfrac{Q-Q_0}{\beta}\right)n\right] Q \geqslant Q_0 \\ 0 \quad Q \leqslant Q_0 \end{cases}$$ 　　对应 D-A 方程

表 3-5　七种活性炭对苯蒸气的吸附特性——孔结构参数和吸附能的计算结果（25℃）

炭样	D-R 方程			D-A 方程						p/p_s 范围
	K	W_0 /(cm³/g)	E_0 /(kJ/mol)	K	W_0 /(cm³/g)	E_0 /(kJ/mol)	n	E_0/n	相对 误差/%	
吉林化纤炭	0.0030	0.519	18.197	0.0394	0.766	12.635	1.275	9.910	+5.50	$2.13\times10^{-6}\sim0.176$
76-汝 P-1	0.0028	0.426	18.765	0.0251	0.572	14.304	1.385	10.328	+1.52	$3.15\times10^{-6}\sim0.165$
76-山大 L-1	0.0025	0.432	19.881	0.0200	0.570	15.507	1.428	10.859	-3.55	$1.44\times10^{-6}\sim0.182$
76-山 P-1-2	0.0022	0.366	21.320	0.0045	0.387	20.435	1.793	11.397	-8.68	$3.15\times10^{-6}\sim0.165$
76-汝 L-1	0.0026	0.393	19.726	0.0034	0.404	19.247	1.919	10.030	+4.36	$1.44\times10^{-6}\sim0.132$
76-山 L-2	0.0024	0.419	20.412	0.0024	0.419	20.412	2.000	10.206	-2.68	$1.44\times10^{-6}\sim0.132$
76-山大 L-3	0.0019	0.310	23.250	0.0007	0.294	24.312	2.277	10.677	-1.81	$1.44\times10^{-6}\sim0.132$

　　从图 3-12 看出 D-A 方程把在 D-R 方程中表现为曲线或折线的特性曲线都直线化了，其相关系数在 0.997 以上，所求得的 n 值在 1.275～2.277 之间，从表 3-5 的 W_0 数值变化和由 W-R 方程进行计算，求得的吸附能并绘出的三种不同微孔结构活性炭的吸附能分布曲线如图 3-13，由图 3-13 看出，由于各种活性炭的微孔结构不同，其吸附能的分布也不同，随着 n 值的增大而变宽。这是对非均一微孔活性炭性能的最新表示。我们可认为 n 值大小与炭的微孔分布有关。其中，76-山 L-2 炭样 $n=2$，即对该炭样 D-A 方程和 D-R 方程是一致的，D-A 方程较 D-R 方程具有更普遍的意义。

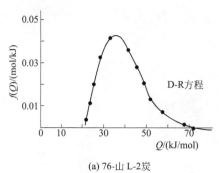

(a) 76-山 L-2炭

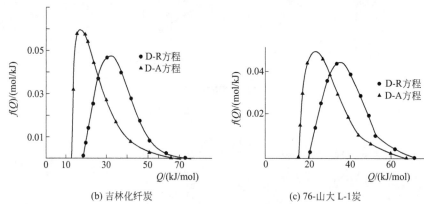

(b) 吉林化纤炭   (c) 76-山大 L-1炭

图 3-13　吸附能分布曲线

由表 3-5 看出，E_0/n 的平均值为 10.487，最大偏差 8.68%，即 E_0/n 值为常数。这与 дусинии 和 каддещ 的结论相一致。

$$\bar{E_0}/n = 10.487$$

③特性曲线和亲和系数的理论计算　上述的体系指非极性吸附剂活性炭吸附非极性吸附质的理想体系而言。而 Polanyi 吸附位势理论对原未设定分散效应为主的吸附力作用引起的物理吸附，以表征吸附平衡有比较简单和方便的优点。在一定的范围内，对指定吸附剂便于在任意浓度的吸附质在一定温度下（临界温度以下）描述其吸附量的吸附平衡关系。最初研究的吸附剂如活性炭孔径分布极不均匀、比表面积巨大的非极性吸附剂，取得良好的效果，随之在极性树脂聚苯乙烯高聚物牌号 Amberlite XAD-2，XAD-4，硅胶以至硅铝分子筛等吸附剂孔径分布均一强极性表面的吸附和吸附平衡，用 Polanyi 理论描述都取得良好的进展。相应的吸附质不仅限于靠吸附力吸附的非极性物质，至极性的有机物质，特性曲线的参考标准苯则可延伸至醋酸乙酯。

从 $\xi = \xi(W)$ 和 $W = W(\xi)$ 特性曲线，表明其函数关系为正态分布，则取

$$W = W_t \exp\left[-k\left(\frac{\xi}{\beta_{af}}\right)^n\right] \tag{3-54}$$

当亲和系数 $\beta_{af} = 1$，如参考物质苯，改为式（3-39）

$$W = W_t \exp(-k\xi^n)$$

上式两边取对数呈线性方程

$$\ln W = \ln W_t - k\left(\frac{\xi}{\beta_{af}}\right)^n \tag{3-55}$$

活性炭吸附技术及其在环境工程中的应用

式中，k 为与吸附剂微孔孔隙率有关的常数；n 为吸附剂特性常数。对吸附树脂 XAD-4，$n=1$；硅胶，$n=1.5$；活性炭，$n=2$。D-A 方程对不同的吸附剂有不同的 n 值。

W 和 k 表征吸附剂的微孔结构及微孔容量，同一吸附剂其加工方法和材料不同，其值都不同。煤基活性炭制备的条件不同，其 W 和 k 值都差异很大。所以 W、k 和 n 值仅和吸附剂的结构性能相关联而和吸附质无关。相同吸附剂对不同的吸附质用亲和系数 β_{af} 关联，成特性曲线。为方便起见，取某一参考标准物质，如苯为基准其 β_{af} 值等于 1。亲和系数为吸附质基本性质的函数，可用吸附质的摩尔分子容积和摩尔等张比容表示。

$$\beta_{af} = \frac{\nu_m}{\nu_m^0} \tag{3-56}$$

或

$$\beta_{af} = \frac{P_M}{P_M^0} \tag{3-57}$$

而

$$P_M = \frac{\sigma^{1/4} M}{\rho_a}$$

式中　　ν_M——摩尔分子容积；

P_M——摩尔等张比容；

σ——表面张力；

ρ_a——液态下吸附质的密度；

M——分子量。

此表面张力参量可据 Reid，R. C. 从吸附质的元素和分子结构估算。

至于极性吸附剂，分散力为主导吸附的假定可由影响吸附的偶极力，并从实际的状况加以修正。偶极力及电子极化作用的影响可用规范化因子计算：

$$\beta_{af} = \frac{a}{a_0} \tag{3-58}$$

及

$$a = \frac{(n_0^2 - 1)M}{(n_0^2 + 2)} \tag{3-59}$$

式中，n_0 为化合物在钠 D 波长下的折射率。

化合物的极化度也可从化合物的元素组成和分子结构估算出。

④亲和系数的实验研究　使用新研制的重量法真空吸附仪（如图 3-11）直接测定有机蒸气的亲和系数 β，如表 3-6。为了与 Jones 等人的数据比较，也将实验蒸气分成非极性（$\mu = 0$，以苯为标准蒸气），弱极性（$0 < \mu \leqslant 2$，以氯仿为标准蒸气）和强极性（$\mu > 2$，以丙酮为标准蒸气）。实验测定的 β_{ex} 值采用式（3-55）计算，理论 β_{th} 值采用式（3-56）～式（3-58）计算，结果见表 3-6。

表 3-6　各类有机蒸气的实测 β_{ex} 与理论计算 β_{th} 的比较

实验蒸气	β_{ex}			平均值	β_{th}			实测平均值与理论值偏差			文献值
	日球（40～60）	79～93（C-2）	GH-19		Ω/Ω_{Ref}	V/V_{Ref}	V/V_{Ref}	Ω	V	α	
苯	1.00	1.00	1.00	1.00	1.00	1.00	1.00	6.3	8.5	22.7	1.05、1.12、1.08

实验蒸气	β_{ex}			平均值	β_{th}			实测平均值与理论值偏差			文献值
	日球 (40~60)	79~93 (C-2)	GH-19		Ω/Ω_{Ref}	V/V_{Ref}	V/V_{Ref}	Ω	V	α	
正戊烷	1.16	1.28	1.14	1.19	1.12	1.30	0.97	3.9	7.6	18.8	1.29、1.35、1.295
正己烷	1.36	1.35	1.29	1.33	1.28	1.44	1.12	6.6	14.5	6.8	1.48、1.46、1.59
正庚烷	1.46	1.43	1.35	1.41	1.51	1.65	1.32	1.8	8.7	3.7	1.59
正辛烷	1.78	1.62	1.62	1.67	1.70	1.83	1.61	3.4	5.7	8.5	1.03、1.04、1.045
环己烷	1.13	1.14	1.18	1.15	1.19	1.22	1.06	5.7	3.7	10.9	1.07、1.05、0.96
四氯化碳	1.16	1.12	1.08	1.12	1.06	1.08	1.01	3.4	4.4	6.2	0.88、0.86
氯仿	0.86	0.88	0.84	0.86	0.89	0.90	0.81	4.2	4.2	21	0.66
二氯甲烷	0.73	0.80	0.71	0.75	0.72	0.72	0.62	8.8	4.3	31	1.09
乙醚	1.13	0.16	1.03	1.11	1.02	1.16	0.85	8.5	18.9	6.6	
异丙醚	1.39	1.22	1.26	1.29	1.41	1.59	1.21	16.7	23.9	12.9	0.31、0.34、0.35、0.40
甲醇	0.37	0.32	0.36	0.35	0.42	0.46	0.31	9.8	16.7	12.2	0.61、0.59、0.56、0.66
乙醇	0.53	0.60	0.52	0.55	0.61	0.66	0.19	1.0	5.4	22	
乙酸乙酯	1.02	1.09	1.00	1.04	1.05	1.10	0.85	6.7	7.5	5.9	1.24、1.28、1.25、1.33
甲苯	1.20	0.978	1.16	1.11	1.19	1.20	1.18	2.2	2.2	0.7	
间二甲苯	1.35			1.35	1.38	1.38	1.36	4.2	3.8	16.3	
三乙胺		1.50		1.50	1.44	1.56	1.29	5.1	11.8	13.6	
异丙醇		0.75		0.75	0.79	0.85	0.66	1.3	3.6	2.9	0.88
丙酮	0.79	0.85	0.77	0.80	0.79	0.83	0.62	1.0	3.0	24	
丁酮	1.03	0.98	0.94	0.98	0.97	1.01	0.79	5.3	8.3	14.3	

由表 3-6 可见，有机蒸气在三种活性炭上吸附所算得的 β_{ex} 与用式（3-57）、式（3-58）算得的 β_{th} 能很好地符合，与文献中介绍的实测 β_{ex} 也是符合的。从表 3-6 中的偏差看出实测 β_{ex} 最接近于用等张比容算得的理论亲和系数。

⑤不同温度下的吸附等温线　三氯乙烯在 XAD-4 和活性炭于 25℃、50℃和 75℃不同温度下的吸附等温平衡关系，经用 Freundlich 方程对数坐标作图，如图 3-14。

用分子容积作规范化因子，在三种不同温度下，各种吸附质的平衡数据对活性炭和 XAD-4 吸附剂可以归结为两条特征线表示，根据式（3-43），设假定吸附质的 $\nu_M = 1$，取通用化指数为 n（对活性炭 $n=2$）得：

活性炭吸附技术及其在环境工程中的应用

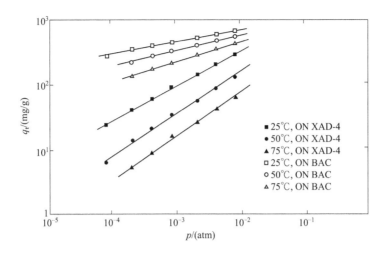

图 3-14　不同温度下的吸附等温线

$$\ln W = \ln W_0 - K\left(\frac{T}{\nu}\ln\frac{p_0}{p}\right)^n \tag{3-60}$$

式中，$K = kR^n$。

从 C_6H_6、C_7H_8、C_8H_{10}、CCl_4、C_2HCl_3 和 C_2Cl_4 几种吸附质在 25℃、50℃ 和 75℃ 不同温度，吸附于 XAD-4 和活性炭的吸附量分析统计的结果，D-R 方程的系数为：

对 XAD-4：

$$\ln W = \ln 0.645 - 0.168\left(\frac{T}{\nu}\ln\frac{p_0}{p}\right) \tag{3-61}$$

对活性炭：

$$\ln W = \ln 0.451 - 0.004\left(\frac{T}{\nu}\ln\frac{p_0}{p}\right)^2 \tag{3-62}$$

其中 XAD 的 $W_0 = 0.645$，活性炭 $W_0 = 0.451$；XAD 的 $k = 8.45 \times 10^{-2}$，活性炭 $k = 1.03 \times 10^{-3}$，而 R^2 值相同均等于 0.97。D-R 方程表示的特性曲线如图 3-15 及图 3-16。

按照吸附位势理论，对于相同吸附剂任何一种吸附质的吸附平衡都可以用一条简单的特性曲线描述。对于常用的吸附剂选用的参考标准溶剂不同，其 W_0 和 k 值也有差异（活性炭 $n = 2.0$，硅胶 1.5，树脂 XAD-4 $= 1.0$），得到的特性曲线如图 3-17。图中曲线从 A 至 G 及 L 参考标准溶剂皆为苯。A 至 E 均为不同牌号的椰子壳活性炭，F 煤基活性炭，G 油焦活性炭。L 活性炭，H 吸附剂，JXC（牌号）参考标准溶剂正庚烷、正丁醇；I 吸附剂、壳基活性炭参考标准溶剂 CCl_4；J 吸附剂牌号 Nacar、K 硅胶参考标准溶剂正丁醇；M 树脂 XAD-4 除吸附剂结构性质外，吸附质的性能，基团对吸附平衡的关系也是很重要的，如图 3-18。硫化物基团成为一条特性曲线，碳氢化物族自成另一条特性曲线。吸附质基团的极性在位势理论中为影响其偏离程度大小的因素。理想的体系是吸附剂和吸附质均为非极性，然而极性吸附剂在非极性吸附剂上吸附，经适当选择参考吸附质时，其偏离并不严重，可以减低至实验误差的 5% 以下。

（2）D-S 方程

根据狭缝形微孔模型和微孔容积按狭缝形微孔半宽度的高斯正态分布建立起来的微孔容

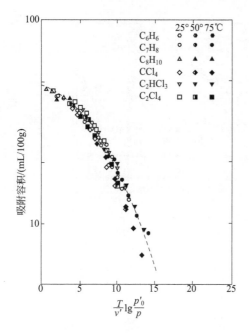

图 3-15　位势理论应用于
吸附剂 XAD-4 上的吸附

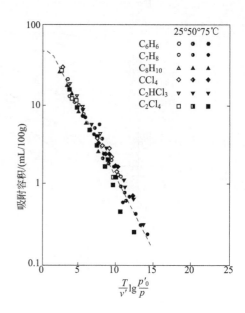

图 3-16　吸附势理论在 BAC
活性炭上的应用

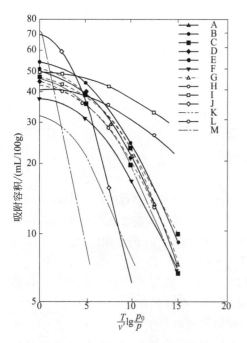

图 3-17　位势理论在某些系统的应用

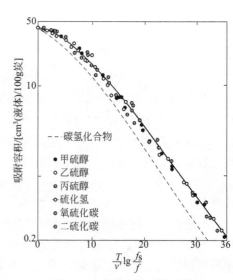

图 3-18　位势理论对硫化物
和碳氢化物的吸附的比较

积充填方程，是杜比宁和斯托克利于 1985 年提出的，用来描述具有狭缝形微孔形状不均匀微孔结构炭吸附剂的吸附。

$$\theta_t(A) = \int_\Delta \exp\left[-B\left((A/\beta)^2\right)\right] F(B)\,\mathrm{d}B$$

（3）J-C 方程

20 世纪 80 年代末 Jaroniec 和 Choma 从一个较真实的 γ 形微孔分布函数而导出了 J-C 方程。

$$\theta_{mi}(A) = \frac{a_{mi}}{a_{mi}^0} = \left[\frac{q}{q + (A/\beta)^2}\right]^{n+1}$$

（4）X-G 方程

微孔容积填充理论中吸附等温线方程的作用，不仅在于从一条已知的吸附等温线预示不同温度下不同吸附质在相同吸附剂上的其他吸附等温线，而且在于从方程中的各参数相互独立地获得对吸附剂微孔结构和吸附特征性的表征，以揭示吸附剂的微孔结构与其吸附性能的关联，评价吸附剂。D-R 方程能成功地表达蒸气在均匀微孔吸附剂上的吸附，其中的参数反映了均匀微孔吸附剂的结构特征和吸附特性。然而，实用中吸附剂的微孔大部分是非均匀的，其吸附规律偏离 D-R 方程，其结构特征和吸附特性不能用 D-R 方程中参数较好地表征。因此出现了 D-A 方程，该方程比 D-R 方程能较好地拟合蒸气在非均匀微孔吸附剂上的吸附等温线，其中的参数能表征吸附剂的吸附特性，但未能与微孔结构相关联。20 世纪 70 年代末，Stoeckli 假设微孔服从正态分布，在每个微孔中的吸附遵循 D-R 方程，通过积分导出 D-S 方程，D-S 方程可用于表达蒸气在非均匀微孔吸附剂上的吸附等温线，其中的各参数代表着微孔吸附剂的结构特征，但未能相互独立地表征吸附特性，且微孔正态分布不真实。20 世纪 80 年代末 Jaroniec 和 Choma 提出了一个较真实的 γ 形微孔分布函数而导出了 J-C 方程，该方程能较好地表达蒸气在微孔吸附剂上的吸附等温线，但其中的各参数未能相互独立地表征吸附剂的微孔结构物征和吸附特性。

谢自立等根据在新一代重量法静吸附仪上获得的实验数据，结合透射电镜拍片和自动图像分析、X 射线小角度衍射等现代物理手段，对活性炭微孔容积填充理论在不同发展阶段的代表性方程（D-R、D-A、D-R-S、J-C 方程）的适用性、微孔结构及其特征参数的物理基础等进行了验证。比较了各方程表达和预示吸附等温线的适用性，进一步证实了 D-R 方程对非均一微孔活性炭是不适宜的，用现代物理手段成功地考察了活性炭的微孔及其分布，特别是从一个改进的 γ 形微孔分布函数［式（3-63）］（它比正态分布函数具有真实性）独创性地推导出一个新的吸附方程［式（3-64）、式（3-65）］。

$$G(x) = dw_x/(w_0 dx) = 2\left[k^2\left(e^{1/N} - 1\right)/E_0^2\right]^{-N} X^{2N-1} \exp\left\{R^2\left(e^{1/N} - 1\right)\right\}/\Gamma(N) \quad (3\text{-}63)$$

$$\theta = \left[1 + \left(e^{1/N} - 1\right)\left(A/\beta E_0\right)^2\right]^{-N} \quad (3\text{-}64)$$

$$W = W_0\left\{\beta^2 E_0^2/\left[\beta^2 E_0^2 + \left(e^{1N} - 1\right)A^2\right]\right\}^N \quad (3\text{-}65)$$

式（3-64）和式（3-65）即所推导出的蒸气在微孔吸附剂上的普遍性吸附等温线方程（X-G 方程）。

该方程能更好地表达有机蒸气在非均一微孔活性炭上的吸附，它建立了参数 N 与微孔分布相对偏差之间的关系、参数 E_0 与微孔分布最可几尺寸之间的关系，并阐明了它们（N 和 E_0）对非均一微孔活性炭吸附特性的表征，把非均一微孔活性炭的结构特征和吸附特性有机地结合起来。分述如下。

① 吸附剂的微孔均匀性指数 N　从式（3-63）给出的微孔分布密度函数可得

$$\bar{x} = kf_N\left[N\left(e^{1/N} - 1\right)\right]^{1/2}/E_0 \quad (3\text{-}66)$$

$$\sigma_x = k\,(1 - f^2{}_N)^{\frac{1}{2}}\left[N(e^{\frac{1}{N}} - 1)\right]^{\frac{1}{2}}/E_0 \qquad (3\text{-}67)$$

$$x_m = k\left[(N - 1/2)(e^{1/N} - 1)\right]^{1/2}/E_0 \qquad (N > 1/2) \qquad (3\text{-}68)$$

$$x_m = 0 \qquad\qquad (N \leqslant 1/2) \qquad (3\text{-}69)$$

$$\sigma_x/\bar{x} = (1 - f^2{}_N)^{\frac{1}{2}}/f_N \qquad (3\text{-}70)$$

式（3-70）中

$$f_N = \Gamma\!\left(N + \frac{1}{2}\right)\Big/\left[N^{1/2}\Gamma(N)\right] \qquad (3\text{-}71)$$

式（3-70）和式（3-71）即为 N 对微孔结构特征 $\sigma_x/\bar{x}$ 的表征关系。显然，$\sigma_x/\bar{x}$ 仅取决于 N 的大小，而与其他参数无关。从数学上分析可知，随着 N 值增大，$\sigma_x/\bar{x}$ 单调减小，即 N 是微孔均匀或非均匀性的量度。将参数 N 称为微孔均匀性指数。N 值越大，微孔分布越窄，特别是当 $N \to \infty$，$\sigma_x/\bar{x} \to 0$，式（3-65）趋于 D-R 方程。

$$\underset{N \to \infty}{W} = W_0 \exp\left[-\,(A/\beta E_0)^2\right] \qquad (3\text{-}72)$$

即 D-R 方程是式（3-65）的一个特例，这与均匀微孔吸附剂是微孔吸附剂的特例相一致。

另一方面，根据式（3-64），在不同的 N 值下，以微孔吸附剂的微孔容积填充度 θ 与对比吸附势 $A/\beta E_0$ 作图，得到一系列的吸附特性曲线，如图 3-19 所示。

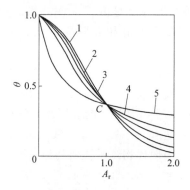

图 3-19　吸附特性曲线
$(A_r = A/\beta E_0)$
N：1—100；2—2.5；
3—1.0；4—0.6；5—0.2

图 3-19 示出了参数 N 对吸附特性的表征关系。对应于每个 N 值，仅有 1 条吸附特性曲线，即任何具有相同微孔均匀性指数的微孔吸附剂，其吸附特性曲线都相同。对于具有较小 N 值或较不均匀微孔结构的吸附剂，在高对比吸附势或低相对压力下（$A/\beta E_0 > 1$）的吸附显示优势，而在低对比吸附势或高相对压力下（$A/\beta E_0 < 1$）的吸附显出劣势。

② 特征吸附能 E_0　由式（3-68）得

$$x_m = k/f_m E_0 \qquad (3\text{-}73)$$

式中

$$f_m = \left[(N - 1/2)(e^{1/N} - 1)\right]^{-1/2} \qquad (3\text{-}74)$$

式（3-73）即为特征吸附能 E_0 对微孔结构特征 x_m 的表征关系。在一般情况下，$f_m \approx 1$，E_0 与最可几微孔尺寸 x_m 成反比。

另外，从图 3-19 可见 E_0 对吸附特性的表征关系。所有的吸附特性曲线都交于一点 C，即对任何微孔吸附剂，当对比吸附势 $A/\beta E_0$ 等于 1，或苯的吸附势 A/β 等于 E_0 时，微孔容积填充度皆为 $1/e$ 或 0.368。因为参数 E_0 虽沿用 TVFM 中的记号，但其意义扩展为苯在任何微孔吸附剂上的特征吸附能。因为任一吸附特性曲线均随对比吸附势的减小而单调升高，故 E_0 越大，蒸气在吸附剂上的微孔容积填充度亦越大，E_0 反映了微孔吸附力场的强弱。

③ W_0 和 β　　W_0 与其在 J-C 方程中一样，代表全部微孔的总容积。或式（3-65）表明，W_0 也是 $p=p_s$ 或 $A=0$ 时的吸附容量，即微孔吸附剂的最大或极限吸附容量。

β 与其在 D-R 方程中一样，代表吸附质的亲和系数。式（3-64）表明，它等于吸附质的特征吸附能与标准吸附质苯的特征吸附能之比，或吸附质的吸附势与苯的吸附势之比

$$\beta = \beta E_0/E_0 = A/(A/\beta) \tag{3-75}$$

即蒸气在非均匀微孔吸附剂上的吸附与其在均匀微孔吸附剂上的吸附具有同样的亲和性。Dubinin 等曾指出：

$$\beta = \Omega/\Omega_{\text{ref}} \tag{3-76}$$

$$\Omega = M\gamma^{1/4}/\rho \tag{3-77}$$

④ 实验验证与讨论　　选用 3 种商用活性炭 J-1、GH-28 和 ZZ-07 作为微孔吸附剂的代表样品，用图 3-11 所示重量法静态吸附仪，测定了 $25.0\,^\circ\!C$ 下 C_6H_6、CH_2Cl_2、$CHCl_3$ 和 CCl_4 在上述 3 种活性炭上从 0.1Pa 到饱和蒸气压的吸附等温线。利用对大孔和中孔的影响校正后的苯吸附等温线，根据式（3-65）回归得到活性炭的微孔结构参数 W_0、E_0 和 N（见表 3-7），然后从实测的 CH_2Cl_2、$CHCl_3$ 和 CCl_4 的吸附等温线，确定了其亲和系数 β 的实验值，并与用式（3-76）计算出的理论值一起列于表 3-8 中。结果表明，β 的实验值与理论值相一致。

表 3-7　活性炭的微孔结构参数

活性炭	$W_0/$ （cm^3/g）	$E_0/$ （kJ/mol）	$\bar{N}$	x/nm	x_m/nm	σ_x/nm	$\sigma_x \bar{x}^{-1}$	f_m
J-1	0.466	17.4	41.9	0.690	0.688	0.053	0.077	1.00
GH-28	0.537	16.0	19.2	0.754	0.749	0.086	0.114	1.00
ZZ-07	0.270	14.5		0.847	0.825	0.188	0.222	1.00

表 3-8　亲和系数的实验值与理论值

吸附质	β_{exp}		β_{cal} 据式（3-76）计算
	J-1	GH-28	
CH_2Cl_2	0.75	0.75	0.72
$CHCl_3$	0.90	0.90	0.89
CCl_4	1.02	1.04	1.06

实测的和由式（3-65）计算的吸附等温线示于图 3-20 中。由活性炭 GH-28 的 W_0、E_0、N 和 CH_2Cl_2、$CHCl_3$、CCl_4 的亲和系数理论值，根据式（3-64）预示的吸附等温线及其实测值于图 3-21 中。结果表明，式（3-64）、式（3-65）能够较好地描述蒸气在微孔吸附剂上

的吸附等温线，从苯的吸附等温线，可以较好地预示其他蒸气的吸附等温线。

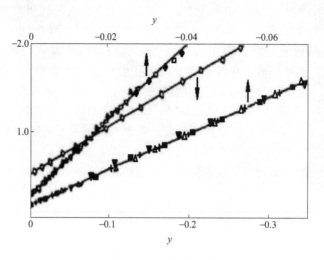

图 3-20　吸附等温线

$(z = \lg W,\ y = \lg\{\beta^2 E_0{}^2/[\beta^2 E_0^2 + (e^{1/N} - 1)A^2]\},\ p/p_s = 1 \times 10^{-5} \sim 0.2,\ T = 298K)$

由式(3-65)计算；＋C_6H_6/GH-28；

▲CCl_4/J-1；■ $CHCl_3$/GH-28；▽ C_6H_6/J-1；◇C_6H_6/ZZ-07；

△CCl_4/GH-28；◆CH_2Cl_2/J-1；

□$CHCl_3$/J-1；▼CH_2Cl_2/GH-28

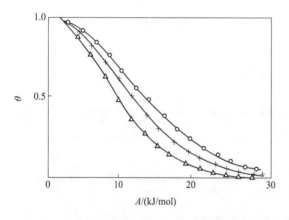

图 3-21　几种有机蒸气在 GH-28 上的吸附等温线

由式（3-64）计算；○CCl_4；×$CHCl_3$；△CH_2Cl_2

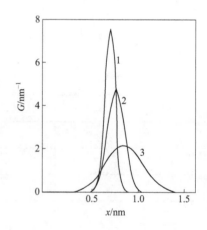

图 3-22　活性炭的微孔分布

活性炭：1—J-1；2—GH-28；3—ZZ-07

表 3-7 中所列其他微孔结构参数是由回归式（3-65）求出的 E_0 和 N 值从式（3-66）～式（3-71）计算而得。图 3-22 所示几种活性炭的微孔分布密度曲线则由 E_0 和 N 值根据式（3-63）绘制。结果表明，J-1 活性炭具有最大的微孔均匀性指数 N ，对应于最小的微孔分布宽度和最窄的微孔分布；而 ZZ-07 活性炭具有最小的 N 值，对应于最大的微孔分布宽度和最宽的微孔分布。另一方面，J-1 活性炭具有最大的特征吸附能 E_0，对应于最小的最可几微孔尺寸和总体上微孔最小；而 ZZ-07 活性炭具有最小的 E_0 值，对应于最大的最可几微孔尺寸和总体上微孔最大。

表 3-7 所列的 E_0 值和图 3-23 所示的吸附等温线表明：J-1 活性炭具有最大的特征吸附

能 E_0，对应于吸附等温线最高；而 ZZ-07 活性炭具有最小的 E_0，对应于吸附等温线最低。在相同的吸附势或相对蒸气压下，蒸气在具有较大 E_0 值的微孔吸附剂上达到较大的微孔容积填充度；而要达到相同的微孔容积填充度，对具有较大 E_0 值的微孔吸附剂，所要求的相对蒸气压较低（A 较大）。

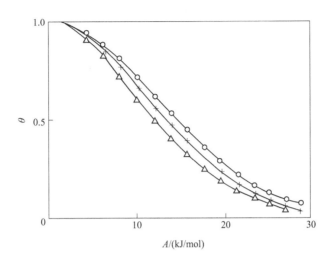

图 3-23　苯在几种活性炭上的吸附等温线
由式（3-64）计算：o J-1；×GH-28；△ZZ-07；

综上所述：式（3-64）及式（3-65）能够较好地描述蒸气在微孔吸附剂上的吸附等温线，从苯的吸附等温线，可以预示其他蒸气的吸附等温线。式（3-64）及式（3-65）中的参数 W_0、E_0 和 N 分别从不同的角度表征了微孔吸附剂的结构特征和吸附特征。W_0 表征了吸附剂的微孔总容积和极限吸附容量。E_0 与微孔最可几尺寸成反比，表征了微孔总体尺寸的大小，它等于苯的微孔容积填充度达到 0.368 时的吸附势，具有较大 E_0 值的微孔吸附剂对蒸气具有较强的吸附作用。N 是微孔均匀性的量度——微孔越不均匀，N 值越小，相同的 N 值对应于同一条吸附特性曲线，具有较小 N 值的微孔吸附剂，对蒸气的吸附在低相对压力下显示优势而在高相对压力下则显示劣势。

五、 复杂组分的吸附平衡

在吸附技术的实际应用中，如净化与分离，吸附质由多组分组成是很常见的情况。因此预测多组分的吸附平衡对于模拟和设计吸附器很重要；预测吸附器的动态工作时间（对吸附质而言的穿透时间），对于防毒器材、防毒面具的使用者至关重要。多组分吸附是一个复杂的过程，尤其是当水作为一个参与的吸附质时。近几十年来，很多科研工作者致力于多组分吸附平衡和动力学的研究，出现如扩展 Langmuir 方程、理想吸附溶液理论、空位溶液理论、密度函数理论等，其中有一些理论得到较广泛的应用。

1. 扩展 Langmuir 方程

$$\frac{q_1}{q_{m1}} = \frac{b_1 p_1}{1 + b_1 p_1 + b_2 p_2 + \cdots} \tag{3-78}$$

$$\frac{q_2}{q_{m2}} = \frac{b_2 p_2}{1 + b_1 p_1 + b_2 p_2 + \cdots} \tag{3-79}$$

这是半经验性质的，式中常数常是不稳定的。

2. 理想吸附溶液理论（IAST）

理想吸附溶液理论（Ideal Adsorbed Solution Theory）由 Myers 和 Prausnitz 于 1965 年提出。其基本点是将液相热力学方程应用于吸附相，基本假设是将吸附相看作由各个吸附质组成的理想溶液。与吸附相的基本热力学偏微分方程是：

$$dU = TdS - \pi dA + \sum \mu_i dn_i \qquad (3-80)$$

与液相的热力学偏微分方程相对应

$$dU = TdS - pdV + \sum \mu_i dn_i \qquad (3-81)$$

式（3-80）和式（3-81）的区别在于深度变量 π 和 p 以及广度变量 A 和 V。其中铺展压力 π 可以从吸附等温线方程计算而来：

$$\pi_i^* (P_i^\circ) = \frac{\pi_i A}{RT} = \int_0^{p_i^*} \frac{n_i(p)}{p} dp \qquad (3-82)$$

函数 $n_i(P)$ 是组分 i 的吸附等温线方程。对于混合物中的各个组分 $i=1,2,\cdots,m$。铺展压力 π_i^* 相等，并等于被吸附混合物的铺展压力 π^*：

$$\pi_1^* = \pi_2^* = \cdots = \pi_m^* = \pi^* \qquad (3-83)$$

气相组分（y_i）和吸附质组分（x_i）之间的关系由适用于理想溶液的 Raoult 定律描述：

$$py_i = p^\circ x_i \qquad (3-84)$$

若关于假设吸附相混合溶液为理想溶液不成立，则引进类似于描述液态混合物的活度系数 γ_i。γ_i 对于吸附相而言，是一个未知量：

$$py_i = p^\circ \gamma_i x_i \qquad (3-85)$$

当 Raoult 定律用于描述液态混合物时，其参考压力 p° 相当于纯组分 i 饱和压力 p_{si}。但对于共吸附，p° 既不等于 p_{si}，也不是一个常数。它对应于由吸附等温线 $n_i = n_i(T, p_i)$ 给出的 i 组分的吸附量为 n°_i 时的压力，由混合物的铺展压力方程式（3-82）而决定。p°_i 对于混合吸附的描述至关重要。

另外，气相和吸附相的总摩尔组分等于 1：

$$\sum_{i=1}^{m} x_i = \sum \frac{py_i}{p^\circ_i} = 1 \; ; \quad \sum_{i=1}^{m} y_i = 1 \qquad (3-86)$$

$$x_i = \frac{n_i}{n_t} \qquad (3-87)$$

其中，$n_t = \sum n_i$，n_i 为 i 组分的吸附量，n_t 为总吸附量，取决于各个组分相对于 p°_i 时的吸附量 n°_i：

$$\frac{1}{n_t} = \frac{x_1}{n^\circ_i} + \cdots + \frac{x_i}{n^\circ_i} + \cdots + \frac{x_m}{n^\circ_m} \qquad (3-88)$$

对于理想的吸附质混合态，吸附相组成 x_i 由铺展压力相等的条件即式（3-83）计算而来。

理想吸附溶液（IAST）的优点之一就是对于描述单一吸附质的吸附等温线方程没有限制。对吸附等温方程的自由选择也导致了对 IAST 适用性的不同争论。Richter 等分析比较了三种常用的吸附等温线方程 Freundlich，Langmuir 和 Dubinin-Radushkevich 应用于理想吸附溶液的情况，认为只有在低覆盖率（θ）或低压时能够回归于 Henry 定律的方程才能在计算铺展压力时给出正确的限值，因而将 Freundlich 和 D-R 方程排除在可应用的等温线方程之外。而另外一些学者则认为能够精确描述单组分吸附等温线的方程能够大大减小计算铺展压力时的误差，从而提高理想吸附溶液理论预测混合吸附的准确度。Lavanehy 等将 D-R 方程与理想吸附溶液理论结合，提出了预测混合吸附的 Myers-Prausnitz-Dubinin（MPD）方法。下面以双组分吸附为例，对 MPD 的计算过程给予阐述：

$$D\text{-R 方程}: n^{\circ}_i = \left(\frac{w_0}{V_{mi}}\right) \exp\left\{-\left[\frac{RT}{\beta_i E_0}\ln\left(\frac{p_s}{p^{\circ}_i}\right)\right]^2\right\} \tag{3-89}$$

D-R 方程用于方程式（3-82）计算铺展压力时，Lavaney 等引进了误差函数，得到：

$$\pi_i^*(p^{\circ}_i) = \left(\frac{w_0}{V_{mi}}\right)\left(\frac{\beta_i E_0}{RT}\right)\left(\frac{\sqrt{\pi}}{2}\right)\left\{1 - \exp\left[\left(\frac{RT}{\beta_i E_0}\right)\ln\left(\frac{p^{\circ}_i}{p_i}\right)\right]\right\} \tag{3-90}$$

对于理想双组分吸附质溶液：

$$\pi_1\left(\frac{p_1}{x_1}\right) = \pi_2\left(\frac{p_2}{1-x_2}\right) \tag{3-91}$$

若 $p_1 = py_i$，$p_2 = p(1-y_1)$ 已知，可由式（3-90）及式（3-91）解出 x_1，$x_2 = 1 - x_1$，再由 $p^{\circ}_1 = \frac{p_1}{x_1}$，$p^{\circ}_2 = \frac{p_2}{1-x_1}$ 计算出 p°_1、p°_2。将 p°_1、p°_2 分别代入式（3-89），计算出 n°_1、n°_2，而后由 $\frac{1}{n_t} = \frac{x_1}{n^{\circ}_1} + \frac{1-x_1}{n^{\circ}_2}$ 计算出 n_t。由 $n_i = x_i n_t$ 计算出各个组分的吸附量 n_1、n_2。

Lavanehy 等用该计算过程对双组分：CCl_4-C_6H_5Cl 在 U-02 活性炭上的吸附平衡进行了预测，并与实验值进行了比较，见表 3-9。

表 3-9 对 CCl_4-C_6H_5Cl 在 U-02 活性炭上的吸附的实验值与理论值比较（298K）

p_1/Pa exp.	p_2/Pa exp.	y_1 exp.	n_1 /(mol/kg) exp.	n_1 /(mol/kg) calc.	n_2 /(mol/kg) exp.	n_2 /(mol/kg) calc.	x_1 exp.	x_1 calc.	$s_{1,2}$ exp.	$s_{1,2}$ calc.
5.078	533.77	0.009	0.785	0.577	2.098	3.237	0.272	0.151	39.2	18.6
2.595	251.67	0.001	0.779	0.583	1.811	2.821	0.301	0.171	41.7	20.0
0.244	17.68	0.014	0.346	0.502	0.620	1.411	0.358	0.263	40.3	25.8
3.897	215.22	0.018	0.960	0.888	1.723	2.464	0.358	0.266	30.9	20.1
3.293	172.99	0.019	1.040	0.906	1.549	2.327	0.402	0.280	35.2	20.4
0.881	9.21	0.087	1.201	1.386	0.639	0.579	0.653	0.706	19.7	25.1
1.116	11.27	0.090	1.331	1.475	0.657	0.606	0.669	0.708	20.5	24.5
0.919	9.24	0.091	1.195	1.413	0.685	0.568	0.636	0.713	17.5	25.0
20.173	121.62	0.142	2.391	2.665	0.607	0.845	0.797	0.760	23.7	19.1
4.946	28.29	0.149	1.795	2.186	0.675	0.578	0.727	0.791	15.2	21.6
1.012	5.37	0.159	1.646	1.599	0.254	0.337	0.866	0.826	34.4	25.2
2.932	9.85	0.229	2.135	2.114	0.254	0.310	0.894	0.872	28.3	22.9
1.666	4.86	0.255	1.448	1.892	0.287	0.229	0.834	0.892	14.7	24.1

p_1/Pa exp.	p_2/Pa exp.	y_1 exp.	n_1 /(mol/kg) exp.	n_1 /(mol/kg) calc.	n_2 /(mol/kg) exp.	n_2 /(mol/kg) calc.	x_1 exp.	x_1 calc.	$s_{1,2}$ exp.	$s_{1,2}$ calc.
1.154	3.22	0.264	1.628	1.150	0.177	0.195	0.902	0.900	25.6	25.1
33.941	72.12	0.320	2.934	3.260	0.285	0.373	0.912	0.897	21.9	18.5
39.882	72.33	0.355	3.202	3.358	0.271	0.333	0.922	0.910	21.4	18.3
6.138	10.75	0.364	2.185	2.470	0.276	0.207	0.888	0.925	13.8	21.5
58.605	102.18	0.364	3.372	3.518	0.247	0.345	0.932	0.910	23.8	17.7
169.495	286.71	0.371	3.588	3.856	0.283	0.398	0.927	0.906	21.5	16.4
14.334	8.74	0.621	2.915	3.065	0.085	0.093	0.972	0.971	20.9	20.1

注：exp. 即实验值，calc. 即理论值。

从表 3-9 可以看出，对吸附相组成 x_i 值的预测值在 $x_i < 0.3$ 时偏差较大，原因可能是：①当 $x_1 < 0.3$ 时，对应的气相平衡浓度较低，可引起较大的实验误差；② C_6H_5Cl（1）-CCl_4（2）在吸附相状态时偏离理想溶液，此时，应考虑引进活度系数 γ_i，即式（3-85）来描述吸附相和气相的平衡状态。

为此，Stoeckli 等在相继发表的一篇文章中，将活度系数 γ_i 引入以描述 C_5H_5-$C_2H_4Cl_2$ 在吸附相状态时混合溶液对 Rauolt 定律的偏离。此系数的引入似乎提高了预测 x_i 值的准确性。但是活度系数 γ_i 计算过程却使 MPD 失去了预测之意义。因为计算 γ_i 时，必须先由实验值 x_i 和假设（$\gamma_2 = 1$，当 $x_2^a > 0.6 \sim 0.7$ 时）以及式（3-92）计算出 γ_1^a 值（上标 a 表示吸附相）。

$$\pi_1 \frac{p_1}{\gamma_1 x_1^a} = \pi_2 \frac{p_2}{x_2^a} \tag{3-92}$$

同理可计算出 γ_2^a 值，最后将实验所得 x_i 值与计算所得 γ_i 相乘之积与 x_i 实验值比较。从这一计算过程可以看出，由于增加了未知变量 γ_i，x_i 实验值成为计算所需输入值，从而使 MPD 无法预测吸附相组成。

此外，Hobson 和 Armstrony 以及 Sunderam 和 Yang 注意到 D-R 方程在低覆盖率时不归 Henry 定律，而对 D-R 方程进行了改进：将吸附等温线分成两部分，切分点对应的相对压力值 p_r^* 通常小于 10^{-10}。小于 p_r^* 部分对应的吸附等温线用以下线性关系而不是 D-R 方程来描述：

$$\frac{n}{n_0} = a \frac{p}{p_s} = ap_r \quad p_r \leqslant p_r^* \tag{3-93}$$

大于 p_r^* 部分对应的吸附等温线由 D-R 方程描述。切分点为吸附等温线在低相对压力时的一弯曲点，见图 3-24。其值必须由观测精确测得的低压部分对应的吸附等温线而得到，从而限制了这一改进的 D-R 方程在 IAST 中的应用。

而且，当 $p_r^* < 10^{-10}$ 时，对应的吸附组成 x_i 也远远小于此前观察到的 $x_i < 0.3$ 值。因此，这一改进并不足以提高 MPD 方法在低值时的预测压力。

吴菊芳等将 Freundlich 方程用于铺展压力的计算，进而预测三个双组分体系：苯-正己烷，苯-正戊烷，正己烷-正戊烷吸附相组成的预测值。在 ZZ07 和 GH28 活性炭上的预测值与实验值吻合较好，见图 3-25、图 3-26，但在 J-1 活性炭上的偏差较为明显，见图 3-27。尽管如此，由于 Freundlich 方程的简单形式，在计算铺展压力时可给出数值解，将其与理想吸附溶液理论结合预测多组分的吸附平衡在工程设计中仍有实用价值。

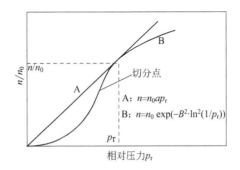

图 3-24　对 Dubinin-Raduskevich 方程的修改以确保
其符合热力学的准确性

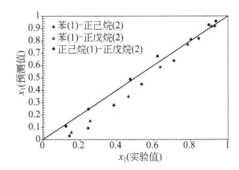

图 3-25　IAST 预测吸附相组成值与实验值
的比较（ZZ07 活性炭，20℃）

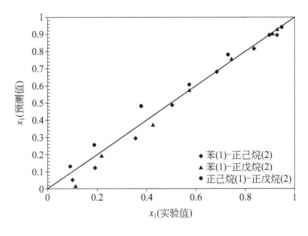

图 3-26　IAST 预测吸附相组成值与实验值的比较（GH28 活性炭，20℃）

要强调的是，IAST 理论中水作为吸附质之一。

在实际蒸气吸附过程中，水蒸气经常出现在气流中，水蒸气对活性炭吸附床层吸附能力的影响是众多研究者的研究对象。

有机蒸气与水蒸气组成混合吸附质时，通常应考虑它们是否相互溶解，针对其溶解度的

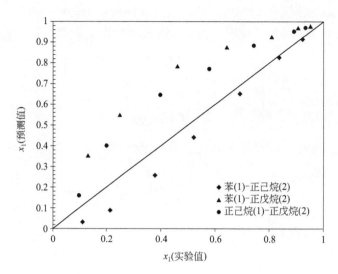

图 3-27　IAST 预测吸附相组成值与实验值的比较（J-1 活性炭，20℃）

不同，对其混合吸附的预示也有相应不同的方法。

① 如果水与有机物互溶，则假设它们在吸附相中也互溶，从而可用 IAST 不预测其吸附平衡。其中，D-R 方程用于描述有机物的吸附等温线，对于水蒸气，则采用 D-A 方程。Macro Linders 用此方法预测了甲醇/水，乙醇/水在 Norit R1 活性炭上的吸附平衡，见图 3-28。

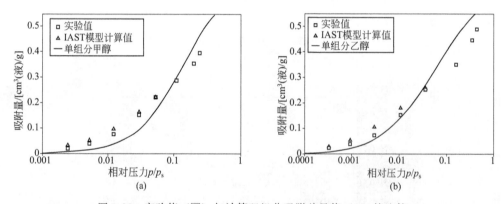

图 3-28　实验值（□）与计算双组分吸附总量值（△）的比较

② 如果水与有机物不互溶，IAST 不再适用。而是假设双组分形成独立的共吸附模型：水蒸气占据部分微孔容积，而有机蒸汽吸附在剩余的微孔容积中，如六氟丙烷/水在 Norit R1 上的共吸附：单一组分六氟丙烷的吸附总量减去水的吸附容量，其值为六氟丙烷在双组分吸附状态下的吸附容量。

（a）甲醇/水，（b）乙醇/水在 Norit R1 活性炭上，303K。水的吸附量为（a）0.248 mL/g，（b）0.250mL/g，相对于 60% 的相对湿度。实线为单一组分的吸附等温线。

3. 扩展 X-G 方程

获取多组分的实验数据是很麻烦的，因而，期望用数学模型来预示。但是，多组分吸附模型发展较慢。虽然，扩展的 Langmuir 方程、扩展的 BET 方程、扩展的 D-R 方程、IAST、

活性炭吸附技术及其在环境工程中的应用

VST 等已得到部分求解，为了更好了解和预示多组分的吸附平衡，仍需要进一步研究。

谢自立等将 X-G 方程扩展到多组分系统，将 Lewis 关系扩展到非理想系统。通过结合扩展 Lewis 关系和扩展 X-G 方程，扩展 X-G 方程可以很好预示二元蒸气混合物在微孔活性炭上的吸附平衡。

（1）理论分析

$$n = \frac{W_0}{V_m} \left[1 + (e^{\frac{1}{N}} - 1)\left(\frac{A}{\beta E_0}\right)^2 \right]^{-N}$$

其中，β 为亲和系数，取决于吸附质的性质。

$$\beta = \Omega/\Omega_{ref} \quad ; \quad \Omega = M\gamma^{1/4}/\rho$$

上述 XG 方程系描述单组分吸附平衡。相应的微孔尺寸分布如下：

$$\frac{dW_x}{W_0 dx} = \frac{2}{\Gamma(N)} \left[\frac{k^2(e^{1/N} - 1)}{E_0^2} \right]^{-N} x^{2N-1} \exp\left[\frac{-E_0^2 x^2}{k^2(e^{1/N} - 1)} \right]$$

式中，E_0 为特征吸附能；x 为微孔代表尺寸；N 为吸附剂微孔均匀性指数，随着 N 值下降，微孔分布变宽。

$x_m = k/(f_m E_0)$，其中 k 为比例常数。对于苯在活性炭，它等于 $12.0 \text{ kJ} \cdot \text{nm} \cdot \text{mol}^{-1}$

$$f_m = \left[(N - \frac{1}{2})(e^{1/N} - 1) \right]^{-1/2} \approx 1$$

$\sigma_x/x_{av} = \sqrt{(1 - f_N^2)/f_N}$，其中，$f_N = \Gamma(N + \frac{1}{2})/[\sqrt{N}\Gamma(N)]$

对于蒸汽混合吸附，吸附量、吸附势、吸附相体积和蒸汽混合吸附亲和系数则由各组分构成：

$$n_t = \sum n_i$$

$$A_m = \sum X_i A_i = RT \sum X_i \ln \frac{\gamma_i X_i p_i^s}{p_i} \tag{3-94}$$

$$V_m = \sum X_i \overline{V_i}$$

$$\beta_m = \sum X_i \beta_i$$

于是，可将 X-G 方程扩展到多组分系统，扩展 X-G 方程如下：

$$\sum n_i = \frac{W_0}{\sum X_i \overline{V_i}} \left[1 + (e^{\frac{1}{N}} - 1)\left(\frac{RT \sum X_i \ln \frac{\gamma_i X_i P_i^s}{P_i}}{E_0 \sum X_i \beta_i}\right)^2 \right]^{-N} \tag{3-95}$$

式中，活度系数 γ_i 可由 Wilson 方程测定。

由于 $X_i = \dfrac{n_i}{\sum n_i}$，据 Lewis 关系：

$$\sum \frac{n_i}{n_i^0} = 1 \tag{3-96}$$

将其扩展到非理想体系有：

$$\sum \frac{\overline{V_i}}{V_i^0} \cdot \frac{n_i}{n_i^0} = 1 \tag{3-97}$$

于是，用扩展 X-G 方程可以预示任意二元蒸气混合物在微孔吸附剂上的吸附平衡。

（2）实验和验证

由顶空色谱实验测定纯的和混合有机蒸气在活性炭上的吸附平衡数据。

① 首先，以 J-1 和 GH-28 活性炭为吸附剂，苯为吸附质，测定吸附等温线，由 X-G 方程求得 W_0、E_0 和 N 的孔结构参数，如表 3-10。

表 3-10　活性炭孔结构参数（20℃）

活性炭	$W_0/$ (1/kg)	$E_0/$ (kJ/mol)	N
J-1	0.469	18.7	115
GH-28	0.602	15.2	25

② 以苯，正己烷和正戊烷三种有机蒸气和它们的混合蒸气作为吸附质，其单组分在 20℃ 的物化数据，包括由式（3-95）计算的亲和系数，列在表 3-11。

表 3-11　20℃ 时单组分的物化数据

吸附质	β	$V_i^0/$ (1/mol)	$p_i^s/$ kPa
苯	1.00	0.0889	10.0
正己烷	1.31	0.131	16.2
正戊烷	1.12	0.115	56.5

③ 苯-正己烷和苯-正戊烷以及正己烷-正戊烷在 J-1 和 GH-28 活性炭吸附剂上的实验吸附平衡数据列在表 3-12、表 3-13。

表 3-12　在 J-1 活性炭吸附剂上的实验吸附平衡数据（20 ℃）

蒸气混合物	实验值					预测值					预测值偏差/%				
	ΣP_i	Y_1	Σn_i	X_1	$\Sigma \dfrac{\overline{V_i}}{V_i^0}\dfrac{n_i}{n_i^0}$	$\Sigma n_i^{X\text{-}G}$	$X_1^{X\text{-}G}$	X_1^{L}	X_1^{BET}	X_1^{IAST}	式(3-97)	$\Sigma n_i^{X\text{-}G}$	$X_1^{X\text{-}G}$	X_1^{L}	X_1^{BET}	X_1^{IAST}
苯(1)-正己烷(2)	1.37	1.000	5.02	1.000												
	1.52	0.920	4.63	0.925	0.948	4.79	0.925	0.880	0.929	0.974	−5.5	3.5	0.0	−4.9	0.4	5.3
	1.35	0.823	5.03	0.841	1.059	4.58	0.841	0.744	0.827	0.937	5.6	−8.9	0.0	−11.5	−1.7	11.4
	1.52	0.651	4.51	0.692	0.997	4.33	0.692	0.537	0.643	0.856	−0.3	−4.0	0.0	−22.4	−7.1	23.7
	1.71	0.441	4.52	0.522	1.053	4.08	0.520	0.329	0.406	0.711	5.0	−9.7	−0.4	−37.0	−22.2	36.2
	1.75	0.255	4.24	0.379	1.032	3.87	0.374	0.176	0.210	0.507	3.1	−8.7	−1.3	−53.6	−44.6	33.8
	1.79	0.085	4.10	0.214	1.047	3.63	0.194	0.055	0.061	0.212	4.5	−11.5	−9.3	−74.3	−71.5	−0.9
	1.98	0.033	3.89	0.116	1.020	3.51	0.081	0.023	0.023	0.088	2.0	−9.8	−30.2	−81.9	−80.2	−24.1
	2.03	0.000	3.70	0.000												
苯(1)-正戊烷(2)	1.42	1.000	4.71	1.000												
	1.64	0.728	4.81	0.952	1.031	4.83	0.934	0.870	0.907	0.986	3.0	0.4	−1.9	−8.6	−4.7	3.6
	1.07	0.645	5.03	0.908	1.090	4.59	0.889	0.819	0.856	0.981	8.3	−8.7	−2.1	−9.8	−5.7	8.0
	1.63	0.337	4.48	0.810	0.994	4.39	0.714	0.559	0.613	0.932	−0.6	−2.0	−11.9	−31.0	−24.3	15.1
	1.89	0.195	4.35	0.643	1.002	4.13	0.525	0.377	0.416	0.881	0.2	−5.1	−18.4	−41.4	−35.3	37.0
	1.86	0.104	4.23	0.461	1.012	3.85	0.338	0.225	0.248	0.792	1.2	−9.0	−26.7	−51.2	−46.2	71.8
	1.93	0.032	3.94	0.249	0.986	3.59	0.127	0.078	0.084	0.545	−1.4	−8.9	−49.0	−68.7	−66.3	119
	2.12	0.015	3.79	0.133	0.970	3.55	0.061	0.036	0.039	0.355	−3.1	−6.3	−54.1	−72.9	−70.7	167
	2.06	0.000	3.81	0.000												

蒸气混合物	实验值					预测值					预测值偏差/%					
	ΣP_i	Y_1	Σn_i	X_1	$\sum\dfrac{\overline{V_i}}{V_i^0}\dfrac{n_i}{n_i^0}$	$\Sigma n_i^{\text{X-G}}$	$X_1^{\text{X-G}}$	X_1^{L}	X_1^{BET}	X_1^{IAST}	式(3-97)	$\Sigma n_i^{\text{X-G}}$	$X_1^{\text{X-G}}$	X_1^{L}	X_1^{BET}	X_1^{IAST}
正己烷(1)-正戊烷(2)	0.846	1.000	3.26	1.000												
	0.705	0.751	3.45	0.938	1.054	3.29	0.923	0.924	0.917	0.977	5.1	−4.6	−1.6	−1.5	−2.2	4.2
	0.655	0.597	3.34	0.893	1.019	3.24	0.902	0.855	0.841	0.957	1.9	−3.0	1.0	−4.3	−5.8	7.2
	0.811	0.321	3.33	0.745	1.008	3.07	0.796	0.655	0.623	0.887	0.8	−7.8	6.8	−12.1	−16.4	19.1
	0.907	0.150	3.32	0.577	0.996	3.19	0.614	0.414	0.376	0.771	−0.4	−3.9	6.4	−28.2	−34.8	33.6
	0.859	0.076	3.34	0.397	0.995	3.19	0.342	0.248	0.216	0.643	−0.5	−4.5	−13.9	−37.5	−45.6	62.0
	0.940	0.026	3.37	0.200	0.992	3.14	0.146	0.096	0.082	0.399	−0.8	−6.8	−27.0	−52.0	−59.0	99.5
	0.955	0.007	3.40	0.101	0.997	3.28	0.082	0.025	0.021	0.159	−0.3	−3.5	−18.8	−75.2	−79.2	57.4
	0.943	0.000	3.43	0.000												
											2.5av	6.2av	13.4av	37.1av	34.5av	40.0av

表 3-13 在 GH-28 活性炭吸附剂上的实验吸附平衡数据（20℃）

蒸气混合物	实验值					预测值					预测值偏差/%					
	ΣP_i	Y_1	Σn_i	X_1	$\sum\dfrac{\overline{V_i}}{V_i^0}\dfrac{n_i}{n_i^0}$	$\Sigma n_i^{\text{X-G}}$	$X_1^{\text{X-G}}$	X_1^{L}	X_1^{BET}	X_1^{IAST}	式(3-97)	$\Sigma n_i^{\text{X-G}}$	$X_1^{\text{X-G}}$	X_1^{L}	X_1^{BET}	X_1^{IAST}
苯(1)-正己烷(2)	0.874	1.000	5.31	1.000												
	0.770	0.912	5.58	0.926	1.074	5.45	0.894	0.942	0.926	0.904	6.9	−2.3	−3.5	1.7	0.0	−2.4
	0.803	0.823	5.57	0.839	1.101	5.36	0.839	0.879	0.846	0.811	9.2	−3.8	0.0	4.8	0.8	−3.3
	0.981	0.674	5.39	0.682	1.116	5.16	0.682	0.761	0.702	0.678	10.4	−4.3	0.0	11.6	2.9	0.6
	1.13	0.460	5.15	0.506	1.120	4.90	0.505	0.568	0.476	0.481	10.7	−4.9	−0.2	12.3	−5.9	−4.9
	1.10	0.278	4.90	0.355	1.110	4.63	0.351	0.372	0.277	0.291	9.9	−5.5	−1.1	4.8	−22.0	−18.0
	1.26	0.107	4.62	0.191	1.092	4.42	0.183	0.156	0.099	0.119	8.4	−4.3	−4.2	−18.3	−48.2	−37.7
	1.53	0.043	4.43	0.102	1.072	4.34	0.080	0.064	0.037	0.050	6.7	−2.0	−21.6	−37.3	−63.7	−51.0
	1.49	0.000	4.04	0.000												
苯(1)-正戊烷(2)	0.933	1.000	5.32	1.000												
	1.06	0.723	5.66	0.925	1.084	5.64	0.903	0.868	0.889	0.941	7.7	−0.4	−2.4	−6.2	−3.9	1.7
	0.967	0.623	5.35	0.907	1.029	5.47	0.865	0.805	0.829	0.907	2.8	2.2	−4.6	−11.2	−8.6	0.0
	1.08	0.369	5.29	0.741	1.056	5.10	0.687	0.594	0.620	0.769	5.3	−3.6	−7.3	−19.8	−16.3	3.8
	1.22	0.207	5.01	0.571	1.040	4.79	0.508	0.396	0.412	0.589	3.8	−4.4	−11.0	−30.6	−27.8	3.2
	1.42	0.100	4.49	0.425	0.961	4.58	0.341	0.218	0.224	0.372	−4.1	2.0	−19.8	−48.7	−47.3	−12.5
	1.42	0.044	4.63	0.218	1.034	4.30	0.172	0.102	0.103	0.191	3.3	−7.1	−21.1	−53.2	−52.8	−12.4
	1.58	0.016	4.37	0.116	0.994	4.22	0.080	0.039	0.038	0.079	−0.6	−3.4	−31.0	−66.4	−67.2	−31.9
	1.66	0.000	4.29	0.000												

续表

蒸气混合物	实验值					预测值					预测值偏差/%					
	ΣP_i	Y_1	Σn_i	X_1	$\Sigma \dfrac{\overline{V_i}}{V_i^0}\dfrac{n_i}{n_i^0}$	$\Sigma n_i^{\text{X-G}}$	$X_1^{\text{X-G}}$	X_1^{L}	X_1^{BET}	X_1^{IAST}	式 (3-97)	$\Sigma n_i^{\text{X-G}}$	$X_1^{\text{X-G}}$	X_1^{L}	X_1^{BET}	X_1^{IAST}
正己烷(1)-正戊烷(2)	0.555	1.000	3.54	1.000												
	0.670	0.693	3.56	0.949	1.005	3.90	0.893	0.786	0.859	0.944	0.5	9.6	−5.9	−17.2	−9.5	−0.5
	0.523	0.509	3.49	0.896	0.983	3.74	0.767	0.626	0.728	0.900	−1.7	7.2	−14.4	−30.1	−18.8	0.4
	0.599	0.284	3.68	0.722	1.032	3.69	0.580	0.392	0.503	0.791	3.1	0.3	−19.7	−45.7	−30.3	−9.6
	0.846	0.140	3.49	0.570	0.972	3.78	0.366	0.209	0.291	0.617	−2.9	8.3	−35.8	−63.3	−48.9	8.2
	0.663	0.073	3.70	0.377	1.023	3.59	0.241	0.114	0.165	0.486	2.2	−3.0	−36.1	−69.8	−56.2	28.9
	0.696	0.024	3.65	0.186	1.003	3.52	0.080	0.040	0.060	0.257	0.3		−57.0	−78.5	−67.7	38.2
	0.648	0.009	3.68	0.091	1.008	3.48	0.047	0.015	0.023	0.127	0.8	−5.4	−48.4	−83.5	−74.7	39.6
	0.693	0.000	3.66	0.000												
											4.8av	4.2av	16.4av	34.0av	32.1av	14.7av

如表 3-12、表 3-13 所列，扩展的 X-G 方程可以满意地预示总吸附量，其平均偏差约 5%；扩展的 X-G 方程预示吸附相中摩尔分数的平均偏差（$X_1^{\text{X-G}}$）约为 15%。

业已表明：当具有吸附剂的孔结构参数和吸附质的物化数据时，用扩展 X-G 方程结合扩展 Lewis 关系可以预示二元蒸汽混合物在微孔吸附剂上的吸附平衡。从表 3-12 及表 3-13 看：苯-正己烷和苯-正戊烷以及正己烷-正戊烷在 J-1 和 GH-28 活性炭吸附剂上的实验吸附平衡数据和预示值比较，扩展的 X-G 方程比扩展的 Langmuir 方程、扩展的 BET 方程和 IAST 方程更准确。

第二节
吸附动力学

一、 床层外部流出浓度变化——透过曲线

在大多数吸附分离情况下，诸过程系在动态系统下进行，连续气流通过吸附剂（活性炭等）床层，虽然吸附等温线能表示吸附剂对特定吸附质脱除效率，但是吸附等温线未能直接提供降低污染浓度至低于所要求限度所需的吸附剂数量。因此，测定动力学吸附容量，研究吸附动力学是十分必要的。

在活性炭固定床吸附分离中，吸附质连续地从载气流中被吸附，并聚集于固相（活性炭），吸附波或传质带移转并通过吸附柱，相应地流出浓度发生变化。Treybal 对此是这样描述的：当溶质连续流动，吸附带以波的形式通过，对透过曲线而言，如图 3-29，在位置 1，流出浓度 c_b 为零；在位置 2，此时吸附带刚达到吸附器（柱）底，流出浓度首次达到一个可观的数值（据特定要求而定），我们说该系统已达透过点；在位置 3 已达初始浓度。这种流出浓度随时间变化的关系曲线，通称透过曲线或浓度历程（concentration history）。

事实上，观察到许多透过曲线保持固定的形状而不管吸附柱的长度，这说明传质区的各部分

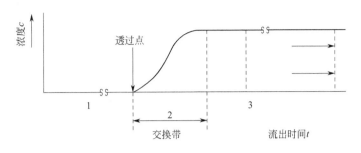

图 3-29　透过曲线示意图

以恒定的速度通过吸附柱，这是优惠吸附等温线，活性炭对有机污染物的吸附就属于这种情况。

显然，透过曲线的预示和分析是吸附器（柱）设计中的关键问题。

二、 应用吸附动力学方程

吸附动力学方程可分为两类：一类是经验或半经验的，如班厄姆（Banghun）公式、Langmuir 公式、伊洛维奇（Elovich）公式、麦克林柏格（Mechlenburg）方程、克劳兹（Klotz）方程、惠勒（Wheeler）方程等。另一类是建立在传递模型基础上的，由于吸附质分子碰撞吸附表面而发生物理吸附过程是很快的，所以，宏观吸附过程实际上是各种传递所控制。该模型是一组偏微分方程，包括：①吸附床微分质量衡算方程；②各组分在吸附剂颗粒内的微分质量平衡方程；③各组分在吸附剂颗粒外表面气（液）膜中的传质方程；④各组分的吸附等温线；⑤吸附床微分热平衡方程；⑥吸附剂颗粒内的微分热平衡方程；⑦吸附剂颗粒外表面气（液）膜传热方程；⑧吸附热关系式等。根据各种具体情况对该模型及其边界条件经过充分简化，可得到各种解析解而作为实际情况的近似，但在一般情况下，需要用正交配置法、力矩法或有限差分法等进行数值解。

1. 应用吸附动力学方程

当流体流过固定床吸附时，流体浓度和床内固定相浓度取决于时间和位置，于是固定床操作在数学上比连续、稳态吸收或蒸馏要困难得多，它属于非稳态过程，它的基础方程可用式（3-98）表示。

$$D_{Aa}\frac{\partial^2 c}{\partial^2 z} = u\left[\frac{\partial c}{\partial z}\right]_\tau + \left[\frac{\partial c}{\partial \tau}\right]_z + \frac{1-\varepsilon}{\varepsilon}\left[\frac{\partial q}{\partial \tau}\right]_z \tag{3-98}$$

关于固定床的设计，传统的方程是由 Micheals 基于离子交换树脂过程提出的传质带（MTZ）概念为基础的。随后，Weber 和 Micheals、Lukchis 用于活性炭固定床，Hutchius 对炭接触器的设计作了仔细的说明，这些方法被称为层厚防护期（BDST）方法。北京东方红炼油厂在解决炼油废水深度处理时就应用 Weber 方程，经 25 天运转求传质带。而上述这些研究可以说是以 Bohart 和 Adams、Klotz 和 Dole 等人的研究为基础的，后来 Sillen 和 Wheeler 又作了发展，Van Bongen 也推导了数学形式与 Wheeler 方程类似的方程。这些方程的一种形式如下。

Klotz 方程：

$$t = \frac{w_s\rho_c A}{Qc_0}\left[z - \frac{1}{a_c\rho_c}\left[\frac{dG}{\eta}\right]^{0.41}\left[\frac{\eta}{\rho_a D}\right]^{0.67}\ln\frac{c_0}{c_b}\right] \tag{3-99}$$

它是第二次世界大战期间，美国有关炭吸附理论和透过性质研究的成果，是

Mecklenburg 基于物料衡算的一种变形。

Sillen 方程：

$$t_b = \frac{B}{c_0 V_0}\left[V - KV_0\ln\frac{c_0}{c}\right] \tag{3-100}$$

修改的 Wheeler 方程：

$$t_b = \frac{W_s}{c_0 Q}\left[W - \frac{\rho_h Q}{K}\ln\frac{c_0}{c_b}\right] \tag{3-101}$$

Van Dongen 方程：

$$t_b = E_g EPH\left[\frac{L}{V} - \frac{d\rho}{bE_g K}\ln\left(\frac{c_0}{c}\right)\right] \tag{3-102}$$

Humeniek 建议方程：

$$t = \frac{N_0 X}{c_0 N} - \frac{1}{c_0 K}\ln\left(\frac{c_0}{c_b} - 1\right) \tag{3-103}$$

Dubinin-Nikolaeb 方程：

对高挥发性物质（如氯乙烷）蒸气吸附时，在吸附剂床层较长一段上出现不稳定阶段（不线性），有研究者应用它，则是在简化吸附过程的。

$$t = \frac{a\alpha}{c_0 V}\left(L - 2.3\frac{V}{\beta_e^*}Lg\frac{c_0}{c_p}\right) \tag{3-104}$$

Charles N Satterfield 方程：

对于传质控制，用 Charles N Satterfield 提出的方程。Chakles N. Satterfield 对于固定床外部传质过程提出了以下关联式，它特别还关联了固定床的孔隙率（ε），由于测定的麻烦少被引用，但它有实际意义。

$$\ln\frac{c_0}{c_b} = \frac{0.357az}{\varepsilon Re^{0.359}Sc^{2/3}} \tag{3-105}$$

式中　　a ——单位体积颗粒的几何表面积；

　　　　z ——所需最小床高。

利用式（3-105），我们求得 CNCL 由于不同粒度传质过程所造成的由入口浓度 $c_0 = 1.5\text{mg/g}$ 衰减至允许浓度 0.008mg/g 所需要的床层高度如表 3-14。

计算所用数据：

空气 20℃时 $\mu = 1.81\times10^{-5}\text{kg/(m·s)}$，$\rho = 1.21\text{kg/m}^3$，$\nu^* = 0.074\text{kg/(m}^2\cdot\text{s)}$

CNCL：$D_p = 0.111\times10^{-4}\text{m}^2/\text{s}$

表 3-14　不同物料（粒度不同）所需床高的计算

名称	当量直径 D_p/mm $D_p = \sqrt{D_c H_c + \frac{1}{2}D_c^2}$	单位体积颗粒的几何表面积/m² $a = \frac{5\Delta}{\delta}\times\frac{1}{D_c}$	固定床孔隙率 $\varepsilon = 1 - \frac{\Delta}{\rho}$	$Re = \frac{D_p G}{\mu}$	$Sc = \frac{\mu}{\rho\nu}$	滤毒罐所需最小床高/mm
1110 浸渍炭	1.18	4066	0.35	4.82	1.35	2.77
1110 型毒剂过滤板	约0.3	10166	约0.4	1.23	1.35	0.8
69 炭纱布	10×10^{-3}	3.05×10^5	约0.4	0.04	1.35	0.75×10^{-2}

活性炭吸附技术及其在环境工程中的应用

1110 活性炭催化剂 $D_c = 0.75mm$，$\Delta = 660kg/m^3$，$\rho = 1010kg/m^3$，如上计算表明，吸着剂床层颗粒下降对于外部传质是有利的，这与有关报告是一致的，当然，对于 CNCL 的反应，临界床层的极限值是由化学反应决定的，图 3-30 表明，不同比速下随颗粒度降低，传质过程不起控制，临界床层厚度（I）接近于极限值（I_r/V），表面反应变成重要因素。

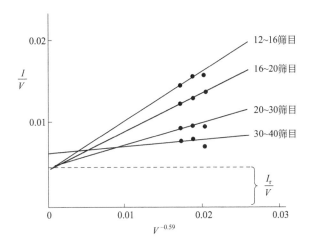

图 3-30　临界床层厚度和颗粒度关系（不同比速）

基于上述化工过程的分析，设想在新滤毒罐中，于浸渍炭颗粒床层的下游，置类似 69 炭纱布的过滤材料（由于颗粒变小有潜力）将有可能使吸附波前阵被炭布（或纤维炭层）吸着，而使防毒时间延长。因为炭布（纤维）床层不仅附加它本身的容量给浸渍炭颗粒床层，而且使颗粒床层的容量更充分的利用，因此，效率提高。据此设想，我们对 1110 浸渍炭及其下游方向附加 1110 毒剂过滤板和 6901 炭纱布，其试验如表 3-15 所示。

表 3-15　复合材料的防 CNCl 性能

项目[①]	气流比速 $v/[\text{L}/(\text{cm}^2 \cdot \text{min})]$	防 CNCl 时间 (80-80) /min	阻力/mmH$_2$O
65 元件	30 [1/min]	35.0	
1.0cm 的 30～40 目 111 浸渍炭	0.4	9.5	
二层 0.63cm1110 毒剂过滤板	0.4	27.7	
0.5cm 1110 浸渍炭后续 0.63cm 1110 毒剂过滤板	0.4	27.5	
0.5cm 1110 浸渍炭后续 0.96cm1110 毒剂过滤板	0.4	53.0	3+10.0=13.0
1.0cm 1110 浸渍炭后续 0.63cm 1110 毒剂过滤板	0.4	61.0	6.0+7.0=13.0
1.5cm 1110 浸渍炭	0.4	30.0	8.0

项目[①]	气流比速 $v/\left[\mathrm{L}/\left(\mathrm{cm}^2 \cdot \min\right)\right]$	防 CNCl 时间 (80-80) /min	阻力/mmH$_2$O
0.98cm 1110 毒剂过滤板后续 8 层 6901 炭纱布	0.4	59.0	10+1.2=11.2
1.0cm 浸渍炭后续 8 层 6901 炭纱布	0.4	51.0	6+1.2=7.2

① 表中所列 111 浸渍炭粒度均指 30～40 目。

如表 3-15，1.0cm 111 浸渍炭（30～40 目）后续 0.63cm 1110 过滤板，在 80-80 条件下，则此 65 元件性能为高，但阻力较大。而 1.0cm（30～40 目）111 浸渍炭后续 8 层炭布也有较高性能，这些结果符合理论上的考虑。

2. 恒定模式透过曲线的实际应用

它涉及微观近似的应用（包括线性平衡下的贝塞尔函数解以及线性平衡下的拉普拉斯变换）和宏观传质区近似的应用。本书结合实际应用讨论宏观传质区的近似应用。

由恒定模式透过曲线计算吸附器（柱）的宏观计算方程：

$$t = \frac{\rho_b q_0}{u c_0}\left(z - 0.5 z_a\right) \tag{3-106}$$

根据传质区概念，可把恒定模式透过曲线用于吸附器（柱）的计算，现结合具体问题作一分析：DMMP-P（甲基膦酸二甲酯模拟剂）在活性炭上的吸附，条件是 $t=20{}^\circ\!\mathrm{C}$，流动相 $c_0=0.3\mathrm{mg/L}$，$v=1.0\mathrm{L}/\left(\min \cdot \mathrm{cm}\right)$ 时，固定相 $\rho_b=0.64\,\dfrac{\mathrm{g}}{\mathrm{cm}^3}$，$D_c=0.075\mathrm{cm}$，$D_p=0.118\mathrm{cm}$，当 $c_b=1\times10^{-6}\,\dfrac{\mathrm{mg}}{\mathrm{L}}$ 时，求吸附器（柱）最小床层高度。

（1）判别吸附等温线类型　$\dfrac{\partial^2 q}{\partial c^2} \geqslant 0$

① 理论亲和系数　由摩尔极化度（R）之比值，求得待预示的 DMMP-P 理论亲和系数。

$$R = \frac{n^2-1}{n^2+2} \times \frac{M}{d} = \frac{1.3830^2-1}{1.3830^2+2} \times \frac{140.1}{1.089} = 29.8$$

式中，R 为摩尔极化度；n 为折射率（$n_{\mathrm{D}}^{20}=1.3830$）；$M$ 为相对分子质量；d 为相对密度。

而氯仿 $R=21.20$，所以 $\beta=\dfrac{29.8}{21.20}=1.41$

氯仿对苯的 $\beta=0.88$，则所求 $\beta=\dfrac{1.41}{\dfrac{1}{0.88}}=1.24$

② 吸附等温线　根据方程式：

$$a = \frac{W_0}{V} \mathrm{e}^{-\frac{BT^2}{\beta^2}\left(\lg R\frac{p_s}{p}\right)^2} \tag{3-107}$$

求得该蒸气在活性炭上的吸附等温线，如表 3-16 和图 3-31 所示，其中，活性炭 $W_0=0.445\mathrm{mL/g}$，$B=1.75\times10^{-6}$，DMMP-P 的 $\beta=1.24$。

表 3-16　DMMP-P 在活性炭上的吸附等温线

c /(mg/L)	p /mmHg	$\dfrac{p}{p_s}$	$\left(\lg\dfrac{p}{p_s}\right)^2$	$D\left(\lg\dfrac{p}{p_s}\right)^2$	$\lg a$	a /[mmol/(g·L)]	$\dfrac{p}{a}$
0.002	2.78×10^{-4}	1×10^{-4}	16.00	0.70	7.84	0.69	4.02×10^{-4}
0.01	1.39×10^{-3}	5×10^{-4}	10.90	0.48	0.06	1.15	1.20×10^{-3}
0.02	2.78×10^{-3}	1×10^{-3}	9.00	0.40	0.146	1.40	1.99×10^{-2}
0.10	1.39×10^{-2}	5×10^{-3}	5.29	0.23	0.31	2.04	0.68×10^{-2}
0.20	2.78×10^{-2}	1×10^{-2}	4.00	0.18	0.36	2.29	1.21×10^{-2}
1.00	1.39×10^{-1}	5×10^{-2}	1.69	0.07	0.47	2.95	0.47×10^{-1}
2.00	2.78×10^{-1}	1×10^{-1}	1.00	0.04	0.50	3.16	0.88×10^{-1}
4.00	5.56×10^{-1}	2×10^{-1}	0.49	0.02	0.52	3.31	1.68×10^{-1}
6.00	8.34×10^{-1}	3×10^{-1}	0.27	0.01	0.53	3.38	2.47×10^{-1}

注：$c=\lg\dfrac{W_0}{V}=0.541$，$D=0.434\times BT^2/\beta^2=0.0439$，$\lg a=c-D\left(\lg\dfrac{p_s}{p}\right)^2$。

由图 3-31 预示等温线表明，该系统等温线为优惠等温线，其透过行为属恒定模式。

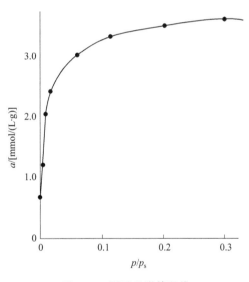

图 3-31　预示吸附等温线

（2）利用恒定模式和线性推动力的简化

将连续性方程变为：

$$U\left(\frac{\partial c}{\partial z}\right)_\tau+\left(\frac{\partial c}{\partial \tau}\right)_Z=-\frac{1-\varepsilon}{\varepsilon}\left(\frac{\partial q}{\partial \tau}\right)_Z \tag{3-108}$$

式（3-108）必须和另一个代表固相的特性方程联解：

$$\rho_B \frac{\partial q}{\partial \tau} = KaF(c, q) \tag{3-109}$$

由恒定模式 $\frac{q}{q_0} = \frac{c}{c_0}$ 得：

$$\rho_B \frac{\partial q}{\partial t} = kaF(c, \frac{q_0}{c_0}c) \tag{3-110}$$

所以，欲求透过曲线需确定推动力 F，而推动力 F 依赖于吸附总过程的阻力，如图3-32吸附总过程的阻力系由多个阶段所组成。

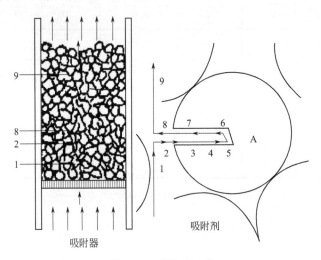

图 3-32　吸附总过程
1—吸附质被送到吸附剂附近；2—到达吸附剂附近流体膜；
3—分子扩散—孔扩散；4—吸附；5—浓度分布—表面扩散；
6～9—不被吸附物返回主体流；A—吸附剂微孔

显然，考虑联合阻力是麻烦的。例如，总传质系数代表值涉及表面扩散通量（J_s）的问题，而 $J_s = -\frac{D_S}{\tau_S} \rho_p S_g \frac{\partial c_s}{\partial x}$，式中 τ_s 为表面扩散曲折路径，D_S 为表面扩散系数；又 $\lg D_S \sim \frac{q}{mRT}$ 呈线性关系，其中 m 取决于表面键和固体的性质。

CN. Sctterfield 指出：除非吸附量很可观，否则表面扩散不可能是显著的，况且吸附质被吸附是如此强有力，以至于基本上是不可移动的。对于 DMMP-P 在活性炭上的吸附这一特定条件，认为传质阻力主要在外扩散上：

$$KaF(c, \frac{q_0}{c_0}c) = K_f a(c - c^*) \tag{3-111}$$

对于活性炭吸附，可能存在 $c^* \to 0$，故

$$-\frac{1-\varepsilon}{\varepsilon} \left(\frac{\partial q}{\partial \tau}\right)_z = K_f ac \tag{3-112}$$

此微分方程的解：$t < t_0$ 时，

$$\frac{c_b}{c_0} = e^{-\frac{K_f a z_{min}}{\alpha \rho V}} = e^{-\frac{K_f a z_{min}}{G}} \tag{3-113}$$

式中，c_b 为透过浓度；c_0 为进料浓度；K_f 为外扩散控制传质系数；a 为单位体积颗粒的

几何表面积；$z_{\min}$ 为传质中最小床层长度；G 为气流比速。

（3）求最小床层长度

由题意，在 20℃时，$\mu = 1.81 \times 10^{-5}\,\text{kg/(m·s)}$，$\rho = 1.21\,\text{kg/m}^3$，$v = 0.202\,\text{kg/(m}^2 \cdot \text{s)}$，$D = 5.9 \times 10^{-6}\,\text{m}^2/\text{s}$，故

$$Re = \frac{D_p v}{\mu} = 13.2, \quad Sc = \frac{u}{\rho D} = 2.53$$

又 $\varepsilon J_D = \frac{K_F}{u/\varepsilon} S_C^{2/3} = 1.15 \left(\frac{Re}{\varepsilon}\right) \frac{1}{2}$

得 $K_F = \frac{1.15}{\sqrt{\varepsilon}} u Re^{-0.5} Sc^{-\frac{2}{3}} = 1.92 u Re^{-0.5} Sc^{-\frac{2}{3}} = 0.056\,\text{kg/(m}^2 \cdot \text{s)}$

或用 Chu 式分区计算：

$$\frac{Re}{1-\varepsilon} = \frac{13.2}{0.64} < 30\,(\rho_{\text{表观}} = 1.01\,\text{g/cm}^3),$$

得 $\frac{K_f}{u} Sc^{\frac{2}{3}} = 5.7 \left(\frac{Re}{1-\varepsilon}\right)^{-0.78} = 5.7 \left(\frac{13.2}{0.64}\right)^{-0.78}$

则 $K_f = 5.7 u Sc^{-\frac{2}{3}} \times 0.09 = 0.0557\,\text{kg/(m}^2 \cdot \text{s)}$

又，$\frac{c_b}{c_0} = e^{\frac{K_f a z_{\min}}{G}}$，而 $a = \frac{3.05}{D_c} = 4.7$（cm^{-1}），故 $\frac{1 \times 10^{-6}}{0.3} = e^{-\frac{0.056 \times 40.7}{0.202} z_{\min}}$

得 $Z_{\min} = 1.1$（cm）

对于 Langmuir 吸附等温线，吸附带（z_a）剩余吸附能力分率（f）等于 0.5，则 $z_{\min} = 0.5 z_a$。

对于某一吸附器（柱），当柱长（z）已知，则可利用上述式（3-106）$t_B = \frac{\rho_b q_0}{u c_0}(z - 0.5 z_a)$ 求透过时间。

（4）理论计算和实验结果的比较

在相同条件下，由上述恒定模式所进行的理论计算（最小床层长度）和由实验结果（表 3-17）所求得的最小床层长度进行比较，如下所示。

表 3-17　透过时间和透过浓度的关系

t_b	105	135	165	195	225	255	285	315
$\lg \frac{c_b}{c_0}$	-5.39	-4.92	-4.58	-4.13	-3.76	-3.46	-2.92	-2.56

Wheeler 和 Robell 的吸附动力学方程式已被证明，可以很好应用于活性炭对有机蒸气的吸附，这种方程也可以这样表达：

$$t = \frac{a_k}{c_0 V}\left(L - \frac{V \times 10^3}{K_v} \ln \frac{c_0}{c_b}\right) \tag{3-114}$$

式中，t 为透过时间；a_k 为动态饱和吸附容量；c_0 为初始浓度；V 为气流比速；L 为层厚；K_v 为拟一级反应速率常数。

式（3-114）可写成 $t = A + B \lg \frac{c_b}{c_0}$。

由表 3-17 的实验数据求得：$A = 510$，$B = 75.6$

故 $K_v = 15.5 \times 10^3 \, \text{min}^{-1}$，$h = \dfrac{V \times 10^3}{K_v} \ln \dfrac{c_0}{c_b} = \dfrac{1.0}{15.5} \ln \dfrac{0.3}{10^{-6}} = 0.81 \, (\text{cm})$，可见，它与理论计算的 $z_{\min} = 1.1 \, \text{cm}$ 颇为接近。

（5）吸附动力学计算的应用——吸附器单元操作

对于Ⅰ型、Ⅱ型或Ⅲ型吸附平衡等温线，特别是Ⅰ型（优惠吸附等温线），吸附作为一个单元操作一般是经济的。

若含载气的吸附质是处于较高温度或吸附质仅被微弱吸附，那么对气流进行冷却是必要的，应测定吸附等压线（吸附容量同温度的关系）以确定经济上最优的吸附条件所需的冷却或制冷条件。根据吸附动力学计算，吸附器柱截面和表面气体流速也可以确定，并且可以计算穿透时的吸附容量。如果没有原位再生，吸附循环时间也可以确定。同时用 Eurgen 方程计算床层阻力。

在活性炭吸附剂、操作温度、表面气流速度及大致透过时间确定以后，可以用实际吸附质的组分进行柱子试验研究，以确定吸附柱尺寸（典型的柱子尺寸是 5.0cm 内径和 4~5 个传质长度），从而进行吸附器设计和吸附过程的系统分析。

三、 用理论塔板数和改进 Said 方程来表征吸附透过行为

从化学工程的概念出发，利用逆流吸收理论塔板的概念，据某一板上的微分物料衡方程，求出固定床在某一条件的理论塔板数。从而，用改进的 Said 方程来表征活性炭固定床上的透过行为。

1. 异丙醇在活性炭上的吸附等温线和透过曲线测定

（1）吸附等温线测定

① 实验条件

吸附剂

ZH-30 活性炭　　太原新华化工厂

ZZ-15 活性炭　　太原新华化工厂

PJ-20 活性炭　　太原新华化工厂

异丙醇　分析纯　北京化工厂

实验温度　　（25±3）℃

磨口塞三角锥瓶，取一定量异丙醇水溶液，加入经干燥的活性炭，在振动机上振动并放置一定时间，测滤水的浓度。异丙醇的浓度用 Sigma 2B 气相色谱仪测定，火焰离子检测器，12ft 外径 1/8in 不锈钢填充柱装 80~100 目 GDX-403 高分子小球，柱温 200℃，进样器温度 240℃，检测器温度 240℃，载气高纯氮。

② 实验结果　　三种活性炭对异丙醇的吸附等温线如图 3-33 所示。对这三种活性炭的吸附等温线，用 Langmuir 和 Freundlich 方程线性处理，回归系数如表 3-18。

表 3-18　Langmuir 和 Freundlich 方程线性回归

活性炭	Langmuir 方程回归系数	Freundlich 方程回归系数
ZH-30	0.9927	0.9945
ZZ-15	0.9546	0.9948
PJ-20	0.9958	0.9977

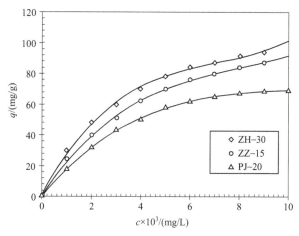

图 3-33　三种活性炭对异丙醇的吸附等温线

（2）吸附透过曲线实验部分

① 试验条件

吸附质：异丙醇水溶液，浓度（6400±100）mg/L

吸附剂：ZH-30　活性炭

　　　　ZZ-15　活性炭

　　　　PJ-20　活性炭

吸附柱：$\phi 20\text{mm} \times 3000\text{mm}$（在一般过程设计范围内）

炭床速度：$1.0 \times 10^{-3}\text{m/s}$（在一般过程设计范围内）

试验温度：（23±3）℃

活性炭固定床在常温下经低真空脱气 10min，异丙醇水溶液以一定速度由下而上流经固定床，固定床出口的异丙醇用 Sigma 2B 气相色谱仪分析，条件如上所述，固定床吸附的示意图如图 3-34。

② 试验结果　ZH-30 活性炭、ZH-15 活性炭和 PJ-20 活性炭固定床对异丙醇吸附透过曲线如图 3-35～图 3-37，吸附剂未饱和分率 $f = (c_0 - c)\mathrm{d}V / c_0(V_e - V_b)$，应用 Weber 方程进行处理，求得三种活性炭固定床对试验条件下异丙醇的传质区分别为 4.4m、1.6m 和 1.3m，显然，这仅仅是一种很近似的计算。

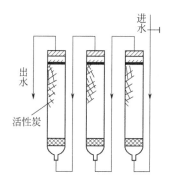

图 3-34　固定床吸附示意图

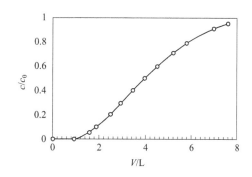

图 3-35　ZH-30 活性炭固定床上异丙醇透过曲线

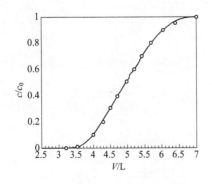 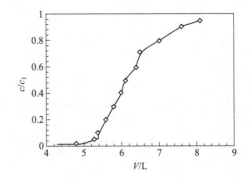

图 3-36 ZZ-15 活性炭固定床上异丙醇透过曲线　　　图 3-37 PJ-20 活性炭固定床上异丙醇透过曲线

2. 活性炭固定床上液相污染物吸附透过行为的分析

（1）由 A. S. Said 方程计算不同活性炭固定床的理论塔板数——活性炭固定床上异丙醇透过行为的分析

Mayer 和 Tompkins 应用理论塔板的概念去确定洗出液的组分并用不连续模型去预示不同物质在吸附柱上的分布。Glueckauf 指出 Mayer 和 Tompkins 的模型不能代表过程内在特性，他基于连续模型导出偏微分方程，但他的方程只限于有限理论塔板数。A. S. Said 假定线性吸附等温线，得出吸附柱上洗涤剂浓度分布按 Poisson 分布，他假定吸附柱相当于包括有 N 理论塔板数的柱，得出在一块板上的方程，后来，H. A. Mostafa 和 A. S. Said 导出从透过曲线斜率求理论塔板数的公式

$$\left(\frac{\mathrm{d}Y_n}{\mathrm{d}V}\right)_i = Y_0 \frac{n}{C\overline{V_b}} \mathrm{e}^{1-n} \frac{(n-1)^{n-1}}{(n-1)!} \tag{3-115}$$

式中，Y_0、n、V_b、C 对特定系统是已知的；$\left(\dfrac{\mathrm{d}Y_n}{\mathrm{d}V}\right)_i$ 可用透过曲线在半高斜率表示。

Y_0——入口流体浓度；

n——总理论塔板数；

C——$(1-\varepsilon)K+\varepsilon$，而 $K=q/y_0$；

V_b——固定床体积；

Q——固相吸附量。

由透过曲线图（图 3-35～图 3-37）可求得 $\left(\dfrac{\mathrm{d}Y_n}{\mathrm{d}V}\right)_i$，由吸附等温线可求得 K 值，有关数值如表 3-19 所示。

表 3-19　活性炭固定床有关参数

活性炭固定床	颗粒表观密度/(g/mL)	装填密度/(g/mL)	固定床孔隙度（ε）	Y_0		$\left(\dfrac{\mathrm{d}Y_n}{\mathrm{d}V}\right)_i \times 10^3 /\mathrm{L}^{-1}$	K
				mg/L	%		
ZH-30	0.83	0.49	0.41	6400 ± 100	0.81	1.7	8.0
ZZ-15	0.84	0.51	0.39	6400 ± 100	0.81	3.9	9.9
PJ-20	0.91	0.46	0.49	6400 ± 100	0.81	4.5	10.7

活性炭吸附技术及其在环境工程中的应用

据式（3-115），求出 ZH-30 和 ZZ-15、PJ-20 活性炭固定床的理论塔板数，见表 3-20。

表 3-20　不同活性炭固定床的理论塔板数

活性炭固定床	ZH-30	ZZ-15	PJ-20
理论塔板数	4	49	55

显然，表 3-20 中，在相同条件下，三种活性炭的固定床吸附分离异丙醇的能力的差异，由不同的理论塔板数得以表征，它很直观地反映出透过曲线的形状，并且和透过曲线出现的时间有关，即反映了异丙醇在三种活性炭固定床上的吸附透过行为。

（2）一种透过曲线简易计算方法——改进的 A.S.Said 方程式只需要测定两个透过浓度比下的流体体积即可求出床层的理论塔板数 n 和整条透过曲线。

A. S. Said 透过曲线方程式（3-116）可作进一步改进，由于通常流出曲线中当 $c/c_0 = 0.5$ 时，流经吸附柱的吸附质的总量接近于固定床中吸附剂在实验条件下对该吸附质的平衡吸附量，因此据 u 的物理意义：$V_{0.5} = BVb$，经推导可将式（3-116）改进为式（3-117）

$$c = c_0\left[1 - e^{-u}\left(1 + u + \frac{u^2}{2!} + \frac{u^3}{3!} + \cdots + \frac{u^{n-1}}{(n-1)!}\right)\right] \tag{3-116}$$

$$c/c_0 = 1 - e^{n\left(\frac{\overline{V}}{V_{0.5}}\right)}\left[1 + n\left(\frac{\overline{V}}{V_{0.5}}\right) + \frac{1}{2!}\left(n * \frac{\overline{V}}{V_{0.5}}\right)^2 + \cdots + \frac{1}{(n-1)!}\left(n\frac{\overline{V}}{V_{0.5}}\right)^{n-1}\right] \tag{3-117}$$

于是从 $V_{0.5}$ 和某一透过浓度比（c/c_0）下的 V，即可由改进式（3-117）计算 n 值和透过曲线，如表 3-21、表 3-22 和图 3-38～图 3-40 所示。

表 3-21　改进方程计算塔板数

活性炭	$V_{0.5}/L$	$V_{0.05}/L$	N_1	$V_{0.95}/L$	N_2	N 平均
ZH-30	4.0	1.5	4	7.7	4	4
ZZ-15	5.0	3.8	41	6.4	38	40
PJ-20	6.2	5.2	96	8.1	33	65

表 3-22　改进方程计算透过曲线

活性炭	V/L	1	2	3	4	4.5	5	5.5	6	6.5	7	7.5	8
ZH-30	c/c_0	0.02	0.14	0.35	0.57	—	0.73	—	0.85	—	0.92	—	0.96
ZZ-15	c/c_0	—	—	—	0.10	0.27	0.52	0.75	0.89	0.96	0.99	1.00	—
PJ-20	c/c_0	—	—	—	—	0.01	0.05	0.18	0.41	0.66	0.85	0.95	0.98

显然，改进的方程与 H. A. Mostafa 和 A. S. Said 原方程（MS）的不同在于以 $V_{0.5}$ 替代原方程中 BV_b 值，从而避免实验测定 k 和 ε 值，它不仅简化了实验操作，特别是可以避免 k、ε 所带来的误差。并且，改进方程式计算值和实验值（EXP）很一致，它表明只需测定

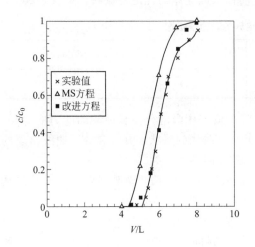

图 3-38 异丙醇在 ZH-30 活性炭上的试验
透过曲线与 MS 方程和本改进方程
计算值的比较

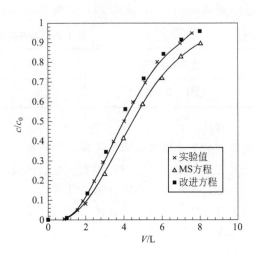

图 3-39 异丙醇在 ZZ-15 活性炭上的试验
透过曲线与 MS 方程和本改进方程
计算值的比较

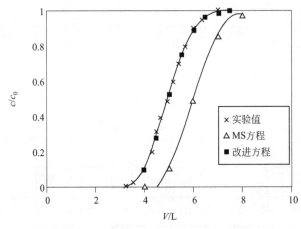

图 3-40 异丙醇在 PJ-20 活性炭上的试验
透过曲线与 MS 方程和本改进方程计算值的比较

两个透过比下的流体体积即可求出理论塔板数 N 和一条完整的透过曲线。无疑，这是一种透过曲线的简易计算方法。

四、 用 Thomas 模型和 Yoon 模型表征

1. 试验部分

（1）迎头色谱法测定硫醇蒸气在活性炭上的吸附等温线

25℃时的硫醇蒸气压仅为 3mmHg，用重量法真空吸附仪需配套高精度、低量程的 MKS 产品测压系统。用迎头色谱法测定硫醇蒸气在五种活性炭（ZX-15，ZZ-30，GH-28，GH-16 和上海炭）上的吸附等温线，试验流程如图 3-41 所示。硫醇浓度分析用 SP-2308 气相色谱仪，用氢焰离子化检测器检测。检测器温度 120℃，柱温 80℃，氢气为燃气，以氧气作助燃气，氮气做载气，流量 100mL/min，吸附管内径为 4mm，装样量 0.12～0.25g。五

种活性炭的吸附等温线测试结果换算到 25℃，如图 3-42 所示。

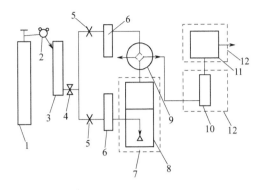

图 3-41　色谱法吸附等温线试验流程

1—氮气钢瓶；2—减压阀；3—干燥器；4—稳压阀；
5—针形阀；6—流量计；7—恒温器；8—发生器；
9—四通阀；10—样品管；11—氢焰检测器；
12—恒温装置

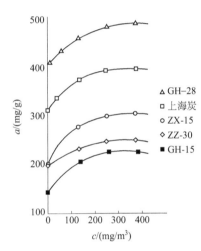

图 3-42　硫醇蒸气在五种活性炭的吸附等温线

　　其中，吸附量是依据透过洗提脱附曲线求得，用 Dubinin 吸附理论进行处理，所得活性炭结构常数如表 3-23 所示。

表 3-23　活性炭结构常数

样品	$W_0 /$ (cm^3/g)	$a_0 /$ [mmol/ (g·L)]	B/K^{-2}
ZX-15	0.402	2.53	1.94×10^{-6}
ZZ-30	0.300	1.99	1.13×10^{-6}
GH-28	0.593	3.72	0.74×10^{-6}
GH-16	0.358	2.25	1.47×10^{-6}
上海炭	0.496	3.12	1.02×10^{-6}

$$a = a_0 e^{-\frac{B\varepsilon}{R^2 \beta^2}}$$ 　　　　(3-118)

$$a_0 = W_0/V \tag{3-119}$$

$$\varepsilon = RT\ln\frac{c_s}{c} \tag{3-120}$$

（2）迎头色谱法测定硫醇在活性炭固定床上吸附透过曲线

吸附质：硫醇

吸附质浓度：760mg/m^3

吸附剂：ZX-15 活性炭（10～20 目），太原新华化工厂；ZZ-30 活性炭（10～20 目），太原新华化工厂。

吸附柱内径：$\phi2\text{cm}$。

吸附柱高度：1cm。

吸附质浓度用 SP-2308 气相色谱仪分析，用氢焰离子化检测器检测，其他条件同前。试验流程如图 3-43 所示。

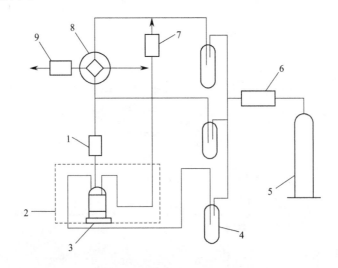

图 3-43　吸附透过曲线测定流程图

1—吸附管；2—恒温器；3—发生器；4—毛细管流量计；
5—氮气钢瓶；6—过滤器；7—放空过滤器；8—四通阀；9—检测器

其中，高沸点有机硫化物分析是气相色谱分析的难点，为克服有机硫的沉积，对 SP-2308 气相色谱仪的进样系统进行改装，用四通阀在加温条件下于柱头进样，对管内壁进行钝化处理。试验结果如图 3-44、图 3-45 所示。

2. 活性炭对硫醇吸附行为的分析

（1）硫醇在活性炭上的吸附等温线

本试验的吸附等温线范围为 $p/p_s = 0.002\sim0.07$，它的下限比 BET 方程的为低（低浓度允许透过的需要），并且，BET 方程是对无孔吸附剂多分子层吸附推导出来的，实际上对活性炭微孔吸附、吸附势增强，不可能产生 BET 所假定的连续多分子层吸附（已有研究试验表明 BET 方程对于活性炭吸附不适宜）。本研究用 Langmuir 方程处理得到满意结果。

（2）不同活性炭吸附柱上硫醇的分配系数和传质单元数

硫醇蒸气通过固定床时，流动相和固定相浓度都在不断地变化，其固定床操作是复杂的

活性炭吸附技术及其在环境工程中的应用

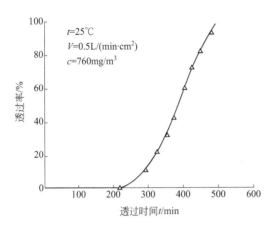

图 3-44　在 ZZ-30 活性炭上硫醇的透过曲线

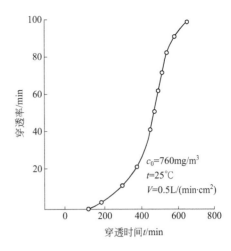

图 3-45　在 ZZ-15 活性炭上硫醇的透过曲线

非稳态过程。

硫醇在活性炭床层上的质量守恒方程为：

$$\varepsilon\left(\frac{\partial c}{\partial \tau}\right)_z + \rho_B\left(\frac{\partial q}{\partial \tau}\right)_z + \varepsilon u\left(\frac{\partial c}{\partial Z}\right)_\tau = 0 \tag{3-121}$$

传质速率方程为：

$$\rho_B(\partial q/\partial \tau) = KaF(c, q) \tag{3-122}$$

借助 Thomas 研究离子交换树脂所得吸附速率模式和 Vermeulen 理论可得：

$$\rho_B\frac{\partial q}{\partial \tau} = Ka\left[c\left(1-\frac{q}{q_m}\right) - \frac{1}{K}(c_0-c)\frac{q}{q_m}\right] \tag{3-123}$$

式中，$c\left(1-\dfrac{q}{q_m}\right) - \dfrac{1}{K}(c_0-c)\dfrac{q}{q_m}$ 为推动力。

对式（3-123）变量置换 $\hat{t} = \tau - (Z/u)$，式（3-121）和式（3-123）变成：

$$\frac{\rho_B}{\varepsilon}\left(\frac{\partial q}{\partial \hat{t}}\right)_z + u\left(\frac{\partial c}{\partial Z}\right)_\tau = 0 \tag{3-124}$$

$$\rho_B\left[\frac{\partial q}{\partial \hat{t}}\right] = K_a\left[c\left(1-\frac{q}{q_m}\right) - \frac{1}{K}\frac{q}{q_m}(c_0-c)\right] \tag{3-125}$$

按 Thomas 方法，式（3-124）、式（3-125）变成：

$$\frac{c}{c_0} = \frac{J(n/K, nT)}{J(n/K, nT) + [1-J(n, nT/K)]\exp[(1-K^{-1})(n-nT)]} \tag{3-126}$$

$$\frac{q}{q_m} = \frac{1-J(nT, n/K)}{J(n/K, nT) + [1-J(n, nT/K)]\exp[(1-K^{-1})(n-nT)]} \tag{3-127}$$

若 $K=1$，则式（3-125）中的推动力变成 $c-(c_0/q_m)q$，则式（3-126）、式（3-127）变成：

$$c/c_0 = J(n, nT) \tag{3-128}$$

$$q/q_m = 1-J(T, n) \tag{3-129}$$

一般对任意 n 和 T，由式（3-128）可得

$$\frac{\partial J(n, nT)}{\partial(nT)} = e^{-n(T+1)}T^{1/2}I_1(2n\sqrt{T})$$

又因

$$nT = \frac{K_a c_0 \hat{t}}{q_m \rho_B}, \qquad \hat{t} = \tau - \frac{Z}{V} \tag{3-130}$$

所以

$$\frac{\partial (c/c_0)}{\partial \tau} = \frac{K a c_0}{q_m \rho_B} e^{-n(T+1)} \frac{I_1(2n\sqrt{T})}{\sqrt{T}} \tag{3-131}$$

当 $T=1$，据 Bessel 函数性质得：

$$\frac{\partial (c/c_0)}{\partial \tau} = \frac{c_0}{2\sqrt{\pi} q_m \rho_B} \frac{V \varepsilon}{Z} \sqrt{n} \tag{3-132}$$

利用式（3-130）、式（3-132），按图 3-44、图 3-45 上的数据，求得在上述试验条件下，硫醇在 ZX-15 和 ZZ-30 活性炭固定床上于气固两相的分配系数（Λ）和传质单元数（n）。从而和 Vermeulen 所开创起来的整套理论相联系。如表 3-24 所示。

表 3-24 硫醇在活性炭固定床的分配系数（Λ）和传质单元数（n）

吸附剂	$\frac{\partial (c/c_0)}{\partial \tau}$	$\hat{t}_{1/2}$ /min	n	Λ
ZZ-30	0.0047	397	44	198500
ZX-15	0.0053	445	77	222500

（3）透过曲线的预示

Yoon 提出吸附率和透过率的概念，并认为吸附率的减小速率和透过率成比例，经推导得到一个描述污染物透过的显式：

$$P = \frac{1}{1 + e^{k'(\tau - t)}} \tag{3-133}$$

$$\lg t = \lg K_{w_0} - \lg F - a \lg c \tag{3-134}$$

此关系式注意到浓度效应和流量效应。利用下面变形，可进行透过时间和透过率的处理：

$$t = \tau + \frac{1}{K'} \ln \frac{P}{1-P} \tag{3-135}$$

$$K' = \frac{KcF}{W_e} = \frac{K}{\tau} \tag{3-136}$$

$$\frac{t_1}{t_2} = \frac{\tau_1}{\tau_2} = \left(\frac{c_2}{c_1}\right)^a \tag{3-137}$$

用硫醇在活性炭上的吸附透过曲线上的两个点求出 τ、K' 两参数，从而预示了 0～100% 透过率下的透过曲线。结果表明：预示的透过曲线和实测的透过曲线很一致，如图 3-46 所示。并且，利用在第一种浓度下的两个试验点及另一个浓度下的一个试验点，三个参数即可预示第二种浓度下的透过曲线，如图 3-47 所示，它与实测值也很好吻合。

综上所述，借助 Thomas 模型和 Bessel 函数，求得在该条件下的分配系数和传质单元数，并与 Vermeulen 所创立起来的一整套吸附理论相关联，为气体净化柱动力学提供了有关参数；利用 Yoon 模型拟合硫醇在活性炭固定床上的吸附透过曲线得到满意的结果，用 Yoon 模型根据测定两种不同浓度同一透过率的数据，可以准确预示不同浓度同一透过率下的透过曲线。

五、 高衰减比下有机蒸气透过行为

文献上已有很多关于有机蒸气吸附透过行为的研究报道，但大都是基于活塞流的假设，

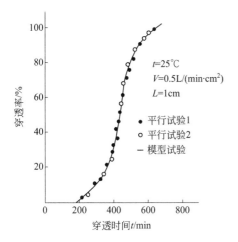

图 3-46 硫醇蒸气在活性炭固定床上
吸附透过曲线实测和模型预示

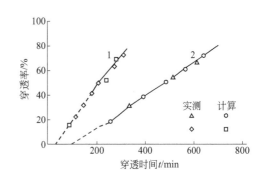

图 3-47 硫醇蒸气在活性炭固定床上
吸附透过曲线的实测和模型预示
c_0，mg/m³：1—11705；2—418

并且主要研究 $c/c_0 = 0.05 \sim 1.0$ 范围内的透过时间或透过曲线，少见低允许透过浓度、高衰减比 $c/c_0 = 10^{-5} \sim 10^{-1}$ 范围内的研究报道，而这却是特种环境所必需。另外对薄炭层假设活塞流是不合适的，此时应考虑轴向扩散。

我们在研究活性炭层初始吸附过程的基础上，提出了一个在高衰减比范围内从有机蒸气的物化数据、活性炭的特征参数以及操作条件来预示有机蒸气在滤毒罐活性炭床上透过曲线的方程。

1. 理论部分

考虑到化学防护和特种环境的特点，对活性炭床上有机蒸气作微分物料衡算可得：

$$D \frac{\partial^2 c}{\partial l^2} = u \frac{\partial c}{\partial l} + \frac{\partial c}{\partial t} + \frac{\rho_B}{\varepsilon} \frac{\partial a}{\partial t} \tag{3-138}$$

在初始吸附阶段，吸附速率可表示为：

$$\frac{\partial a}{\partial t} = K(c - c^*) \approx Kc \tag{3-139}$$

假设浓度 c 可分离变数：

$$c = c_1 \cdot c_t \tag{3-140}$$

上式 c_1 仅是床深（l）的函数而 c_t 仅是时间（t）的函数。

将式（3-139）、式（3-140）代入式（3-138）可将偏微分方程简化成常微分方程：

$$\frac{d^2 c_1}{dl^2} - \frac{u}{D} \frac{dc_1}{dl} - \frac{1}{D} \left(\frac{\rho_B}{\varepsilon} K + \frac{d\ln c_t}{dt} \right) c_1 = 0 \tag{3-141}$$

式（3-141）具有以下边界条件：

$$\left. \begin{array}{l} c(0, t) = c_0 \\ c(\infty, t) = 0 \end{array} \right\} \tag{3-142}$$

在此边界条件下，对任一给定时刻，解式（3-141）可得：

$$\frac{c}{c_0} = e^{-\varphi l} \tag{3-143}$$

其中

$$\varphi = \frac{u}{2D} \left[\sqrt{1 + \frac{4D}{u^2} \left(\frac{\rho_B}{\varepsilon} K + \frac{d\ln c_t}{dt} \right)} - 1 \right] \tag{3-144}$$

式（3-143）表明，在初始吸附阶段的任一时刻，有机蒸气在活性炭床上的浓度依床层长度呈指数衰减。这一点业已被我们的实验研究所证实。

借此，我们提出在高衰减比条件下（化学防护和特种环境）用下述方程来描述有机蒸气在活性炭床上的透过行为：

$$\frac{c}{c_0} = e^{\frac{1}{\lambda}\left(\frac{Vc_0}{a_0\rho_B}t - 1\right)} \tag{3-145}$$

式（3-145）中：

$$\lambda = f d_p \left(\frac{d_p u\rho}{\mu}\right)^{\frac{1}{2}} \left(\frac{\mu}{\rho D_v}\right)^{\frac{2}{3}} \tag{3-146}$$

$$a_0 = W_0 \rho_a \left[1 + (e^{\frac{1}{N}} - 1)\left(\frac{A}{\beta E_0}\right)^2\right]^{-N} \tag{3-147}$$

$$A = RT \ln \frac{c_S}{c_0} \tag{3-148}$$

2. 实验部分

在高衰减比条件下测定有机蒸气在活性炭床上吸附透过曲线的实验装置如图 3-48 所示。

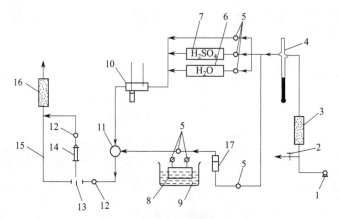

图 3-48　吸附透过实验装置

1—空气压缩机；2—流动调节阀；3—过滤器；4—流量计；5—两通活塞；6，7—湿气调节瓶；
8—蒸发器；9—自动调温器；10—温度计；11—搅拌器；12—取样器；13—三通活塞；
14—动力管；15—阻力调节阀；16—净化器；17—流量计

所用的吸附质为苯和正己烷，其有关物化数据列于表 3-25。

表 3-25　吸附质的有关物化数据

吸附质	β	D_v / (cm^2/s)	ρ_a / (mg/cm^3)	c_s/ (mg/L)
苯	1.00	0.0776	657	320
正己烷	1.32	0.0696	877	570

所用的活性炭为 ZZ-07 和 J-1，其有关特性参数列于表 3-26。

活性炭吸附技术及其在环境工程中的应用

表 3-26　活性炭的有关特性参数

活性炭	W_0/（cm³/g）	E_0/（kJ/mol）	N	ρ_B(g/cm³)	D_p/cm	f
ZZ-07	0.419	14.5	5.2	0.500	0.114	0.073
J-1	0.466	17.4	41.9	0.536	0.048	0.215

实验条件如下：温度 T293.2K；初始浓度 c_0，对苯为 15.0mg/L，对正己烷为 38.0mg/L；气流比速 V0.125L/（min·cm²）或 0.500L/（min·cm²）。

3. 结果与分析

从一条苯吸附等温线和一条苯透过曲线回归出一种活性炭的孔结构参数 W_0、E_0、N 和床层特性系数 f 之后，可由式（3-145）和式（3-148）预示任意有机蒸气任意条件下在该活性炭床上的吸附平衡参数 a_0 和吸附动力参数 λ，结果列于表 3-27。

表 3-27　由式（3-146）和式（3-147）预示的 a_0 和 λ 值

吸附质	吸附剂	c_0/（mg/L）	V/[L/（min·cm²）]	a_0/（mg/g）	λ/cm
苯	ZZ-07	15	0.500	207	0.052
苯	ZZ-07	15	0.125	207	0.026
正己烷	J-1	38	0.500	323	0.055
正己烷	J-1	38	0.500	376	0.045

高衰减比条件下苯和正己烷在 ZZ-07 和 J-1 活性炭上吸附透过曲线的预示值与实测值的比较如图 3-49～图 3-52 所示。可以看出，预示值与实测值吻合良好，表明高衰减比条件下有机蒸气在活性炭床上的吸附透过行为可根据式（3-145）～式（3-148）从有机蒸气的物化数据、活性炭的特性参数以及床层的操作条件来进行满意的描述。

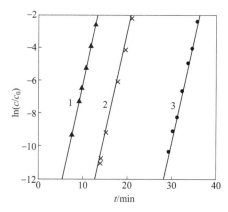

图 3-49　苯在不同床深 ZZ-07
活性炭层上的透过曲线
$V=0.5$L/（min·cm²）
—预示值，▲，×，●实测值
L（cm）：1—1.0；2—1.5；3—2.5

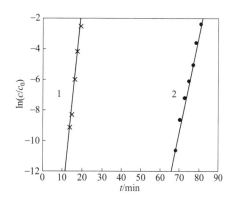

图 3-50　不同气流比速条件下苯在 ZZ-07
活性炭层上的透过曲线（$L=1.5$cm）
—预示值；×，●实测值；
V[L/（min·cm²）]：1—0.5；2—0.125

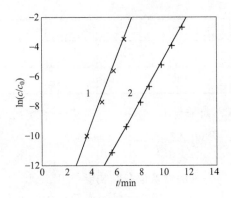

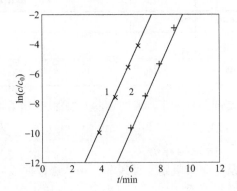

图 3-51　不同蒸气在 ZZ-07
活性炭层上的透过曲线

$[V=0.5L/$（min·cm^2），$L=1.0$cm] 一预示值；
×，+实测值 吸附质：1—正己烷；2—苯

图 3-52　正己烷在不同活性炭
层上的透过曲线

$V=0.5L/$（min·cm^2），$L=1.0$cm；—预示值；
×，+实测值；活性炭：1—ZZ-07；2—J-1

参 考 文 献

［1］　Brunauer S . The Adsorption of Gases and Vapors. Oxford，London，1953.

［2］　Nicholson D，Parsonage N G. Computer Simulation and Statistical Mechanics of Adsorption. Academic Press ，1977.

［3］　Freundlich. Ind. Eng. Chem，1952，44：383.

［4］　Brunaur S，Emmett P，H. ，Tell E. J. Am. Chem. Soc. ，1938，60：309.

［5］　Reid R，C，PrausnitzT，M，Sherwood T，K. The Properties of Gases and Liquid. McGraw-Hill，New York，1977.

［6］　Dubinin M，M，Timofeyev D. P. Zh. Fiz. Khim. ，1948，22：113.

［7］　Young D，M. et al. Physical Adsorption of Gases. Butterworth，London，1962.

［8］　叶振华. 化工吸附分离过程. 北京：中国石化出版社，1992.

［9］　Noll Kenneth E. Adsorption Technology for Air and Water Pollution Control. Lewis Pub，1992.

［10］　Radke C，J，Adsorption of Organic Solutes from Dilute Aqueous Solution on Activated Carbon. Ind. Eng. Chem. Fundam. ，
1972，11（4）：445-449.

［11］　郭坤敏等 . Kinetic Analysis of Thio-alcohol on the Fixed Bed of Activated Carbon. 20th DOE/NRC Nuclear Air Cleaning
Conference ，Boston，August 22-25，1988，1083-1088 .

［12］　Cheng xin-yu，Zhan jia-qiang. Experimental survey of affinity coefficient in DR equation. Adsorption Fundamentals
and Applications Proceedings of China-Japan-USA Symposium on Advanced Adsorption Separation Science and
Technology，Hangzhou，1988，3-6.

［13］　袁存乔等 . 非均一微孔活性炭对有机蒸汽吸附等温线的表征 . 防化学报，1988，（2）：28-34.

［14］　谢自立，郭坤敏 . 重量法真空吸附仪 . ZL 93 1 05554.7，2000.

［15］　Charles N. Satterfield. Mass Transfer in Heterogeneous Catalysis. M. I. T. Press，Cambridge，. Massachusetts and
London，England，1970.

［16］　Dubinin M M. Chemistry and Physics of Carbon，1966，2：51-100.

［17］　Dubinin M M. Carbon，1985，23：373-380.

［18］　黄振兴 . 活性炭技术基础 . 北京：兵器工业出版社，2006.

［19］　谢自立，郭坤敏 . In：Wang Jinqu. New Developments in Adsorption Separation Science and Technology. Dalian：
Dalian University of Technology Press，1994，135-139.

［20］　Jaroniec M，Madey R，Choma J，et al . Comparison of Adsorption Methods for Characterizing the Microporosity of
Activated Carbons. Carbon，1989，27：77-83.

［21］　Choma J，Jaroniec M，Piotrowska J. Distribution Functions Characterzing Structural Heterogeneity of Activated
Carbons. Carbon，1988，26（1）：1-6.

［22］ Jaroniec M. Langmuir，1987，3：795-799.

［23］ Dubinin M M，Stoeckli H F. J Colloid Interface Sci，1980，75：34-42.

［24］ Stoeckli H F. J Colloid Interface Sci，1977，59：184-185.

［25］ 郭坤敏，袁存乔．Журнал Физической Химии，1992，66：1039-1042.

［26］ 谢自立，郭坤敏．In：Suzuki M. Fundamentals of Adsorption. Tokyo：Kodansha Ltd，1993：743-750.

［27］ 谢自立，郭坤敏．In：Chen Huanqin. Proceedings of International Conference on Environmental and Chemical Engineering. Guangzhou：South China University of Technology Press，1992.：309-318.

［28］ 谢自立等．Heteroyeneous Micropore Structure and Vapor Adsorption on Actirated Carbon. Fourth International Conference on Fundamantal of Adsorption. Kyoto，Japan，1992：480.

［29］ 袁存乔等．Expresion of Adsorption Isotherms of Organic Vapor on Activated Carbon with Heterogeneous Micropores. International Symposium on carbon：New Processing and New Application，Japan，1990：9.

［30］ Suwanayuen S.，Danner R，P，. A gas adsorption isotherm equation based on vacancy solution theory. AIChE J.，1980，26：68-76.

［31］ Richter E.，Schutz W.，Myers A，L，. Effects of adsorption equation on prediction of multicomponent adsorption equilibrium by the ideal adsorbed solution theory. Chemical Engineering Science，44（8）：1609-1619.

［32］ Lavanehy A.，Stockli M.，Wirz C.，Stoeekli F，. Dubinin Equation. Adsorption Sci. & Technol.，1996，13：537-545.

［33］ Stoeckli F.，Wingtgens D.，Lavanchy A.，Stbckli M.. Binary adsorption of vapors in active carbons described by the combined theories of Myers-Prausnitz and Dubinin（Ⅱ）. Adsorption Science and Technology，1977，15：677-683.

［34］ Hobson J. P.，Armstorong R. A. A study of physical adsorption at very low pressures using ultrahigh vacuum echniques. J. Phys. Chem.，1963，67：2000-2008.

［35］ Sundaram N，Yang R，T. Incorporating henry's law in the Dubinin isotherm. Carbon，1998，36：305-306.

［36］ 吴菊芳等．有机蒸汽在活性炭上混合吸附测定方法和预示的研究：［硕士学位论文］，防化研究院，1997.

［37］ Lodewyckx P，Vasant E，F，The influence of humidity in the overall mass transfer coefficient of the Wheeler-Jonas equation. AIHA J，2000，61：461-468.

［38］ Lavanehy A.，Stoeckli F. Dynamic adsorption in active carbon beds of vapor mixtures corresponding to miscible and invisible liquids. Carbon，1999，37：315-321.

［39］ Linders M. Prediction of breakthrough curves of activated carbon based sorption systems. PhD. Thesis，Delft University，1999.

［40］ Kapoor A，Ritter J，A，Yang R，T. An extended Langmuir model for adsorption of gas mixture on heterogeneous surfaces. Langmuir，1990，6：660-664.

［41］ Ruthven D. M. Principles of Adsorption and Adsorption Processes. John Wiley & Sons，New York，1984.

［42］ Cochran T，W，Kabel R，L，Danner，R，P. Vacancy solution theory of adsorption using Flory-Huggins activity coefficient equations. AIChE. J.，1985，31：268-277.

［43］ Jaroniec M，Madey R. Physical Adsorption on Heterogeneous Solids. Elsevier，Amsterdam，1988.

［44］ Gao H，Wang D，Ye Y，et al. Binary adsorption equilibrium of benzene-water vapor mixtures on activated carbon. Chinese J. Chem. Eng.，2002，10（3）：367-370.

［45］ 谢自立，郭坤敏．微孔容积填充吸附理论的研究．化工学报，1995，46（4）：452-457.

［46］ Lewis W，K，Gilliland E，R，Chertow B，Cadogan W，P. Adsorption equilibria：hydrocarbon gas mixture. Ind. Eng. Chem.，1950，42：1319-1326.

［47］ Dubinin M，M. Generalization of the theory of volume filling of micropores to nonhomogeneous microporous structures. Carbon，1985，23：373-380.

［48］ Yang R，T. Gas Separation by Adsorption Processes，Butterworths，Boston，1987.

［49］ 吴菊芳．Measurement and predict of the adsorption of binary mixture of organic vapor on activated carbon. Adsorption Sci. & Technol.，2001，19：737-749.

［50］ 郭坤敏．恒定模式透过曲线及其在吸附器（柱）中的应用．防化学报，1993，6（33）：22-35.

［51］ Jonas L A. Predictive Equations in Gas Adsorption Kinetics. Carbon，1973，1：59-64.

［52］ 袁存乔等 . 活性炭装填层传质区的研究 . 中国化学学会第 3 届特种应用化学会议论文集，1990.

［53］ 郭坤敏等 . Study on the Instantaneous Concentration Distribution of Organic Vapour in Activated Carbon Bed. The Proceedings of the Second China-Japan-USA. Symposium on Advanced Adsorption Separation Science and Technology，Haanzhou（China），1991.

［54］ Wheeler A，Robell A J. J. Cat.，1969，13：299.

［55］ Jonas L A. J. Cat.，1972，24：446.

［56］ 袁存乔 . 非均一微孔型活性炭对有机蒸气吸附等温线的表征 . 防化学报，1988（2）：28-34 .

［57］ 郭坤敏，高方 . 透过曲线简易计算方法 . 全国活性炭学术会议文集，烟台，1996.

［58］ Mostafa H，A. Trans. Inst. Chem. Eng.，1976，（54）：2.

［59］ 侯立安等 . 特种废水处理技术及工程实例 . 化学工业出版社，2003.

［60］ 郭坤敏 . 吸附理论条目 . 黄泽铣主编：功能材料词典 . 北京：科学出版社，2002.

［61］ Renmeth，E. Adsorption technology for Air and Water Pollute Control，Lewis Publishers INC，1991.

［62］ 郭坤敏等 . 硫醇在活性炭固定床上的动态分析 . 化学工程，1988（2）：34.

［63］ Дубинин М. М. Адсорбеенты, их Получение, Свойства и Применение, 1978，4.

［64］ PB 274756，1977.

［65］ Yoon Y，H. Amer. Ind. Hyg. Assoc. J.，1984，45：509.

［66］ Nelson G，O. Amer. Ind. Hyg. Assoc. J.，1976，37：514.

［67］ Lyderson A，L. Mass Transfer in Engineering Practice 1983.

［68］ Vermeulen T. Adsorption and Ion Exchange ，1981.

［69］ Humenich M. J. Jr. Water and Wastewater Treatment Calculation For Chemical and Physical Processes，1977.

［70］ Klotz I M. Chem Rev，1946，39，241.

［71］ 郭坤敏等 . Breakthroughs Performance of Organic Warfare on Activated Carbon Bed Of the Filter Canister. Proceedings of the Sixth International Symposium on Protection Against Chemical and Biological Warfare Agents，Stockholm，1998：265-270.

［72］ 郭坤敏等 . 活性炭吸附剂对毒物（氯化氰）的吸附容量透过时间的预示研究 . 国防环境，2003，10：235-240.

［73］ 谢自立等 . Extended XG equation for the prediction of adsorption equilibrium. Chinese Journal of Chemical Engineering，11（4）：395- 398.

［74］ 谢自立 . 第六届国际吸附基础会议 . 化工进展，1999，2：56-57.

［75］ Londer，J，R，Yang，C，L. Physicochemical Measurement by Gas Chromatography，John Wiley and sons，1979.

第四章

固体颗粒相中的扩散系数

在环境保护或有关污染物的吸附操作处理中，颗粒相中的扩散常是扩散的控制步骤，主宰整个从流动相至吸附剂颗粒的扩散流量。当颗粒相内的推动力已知，扩散系数的实测或有效扩散系数 D_e 的测定就尤为重要。吸附剂颗粒的孔结构差异较大，加上成型时添加的黏合剂或生成的杂晶，以及活性炭在炭化和活化时残余的基团，这些都会使颗粒相内的扩散机制发生改变并且复杂化。

通常吸附剂颗粒结构内有几类不同孔径或孔径分布的孔道，各类孔道的有效半径都有一定的范围，一般可分为微孔和大孔两类。Dubinin 认为活性炭的孔道应分为微孔、过渡孔和大孔三类，或微孔、次微孔、次孔和大孔四类。扩散时根据分子运动的平均自由程与孔道直径的相对大小，可分为一般扩散（自由扩散）、Knudsen 扩散、表面扩散及晶体扩散等几类，这些扩散过程可以相继进行或并列进行。因而，有效扩散系数依颗粒内孔道的孔径大小及分布、颗粒的结构均匀度以及扩散机理的不同而异，可以根据表达扩散机制的相关数学模型、相平衡关系以及相应的边界条件，用数学求解（分析解、数值解或图解等）的方法或直接用实验方法取得。

第一节
吸附剂颗粒中的有效扩散系数

设吸附剂是均匀的固体颗粒，各方向或不同的轴对此颗粒的扩散速率均相等。统一考虑其中的扩散过程，不区分各类微孔、大孔等扩散，以颗粒的总有效扩散系数表示。测定的方法主要分成两类，一类称稳态法，气体组分在稳态流状态下通过吸附剂颗粒，从此颗粒组成的短或微分床层产生的压力降或浓度差，以及扩散通量、扩散物质取得其有效扩散系数；另一类为非稳态法，气体组分在非稳定状态下通过吸附剂颗粒，从非稳态传质扩散，测定其吸附量随时间的变化量算出有效扩散系数。

Wicke 和 Kallenbach 所设计的稳态流扩散池是一种经典的测定颗粒内大孔扩散系数的实验设备（图 4-1），扩散池内充填已知厚度的饼状样品，恒温下由上端通入浓度和流率恒定的气体（A＋B），下端通入同温下浓度和流率恒定的气体 A，上端气流中的 B 组分扩散进入下侧气流成 A＋B 组分气流，从气流中 B 组分浓度的变化，算出在一定浓度范围内的有效扩散系数、分子扩散系数和 Knudsen 扩散系数，这种方法测出的颗粒扩散系数一般比同一种吸附剂颗粒类似条件下瞬间流率下取得的要小。另一种非稳定扩散传质的扩散池是 A. П. Тимофиев 提出的双通旋塞式扩散池（图 4-2），此为二通道的锥形旋塞，加工精密厚度已知的样品贮槽，用合金密封样品的侧面形成密封体。在旋塞关闭时，通入经精确测定和控制其组成和压力的气流，瞬时转动旋塞使气流扩散通过扩散样品贮槽，从压力降或浓度变化取得有效扩散系数，浓度变化可用色谱或其他物理化学分析方法测出。

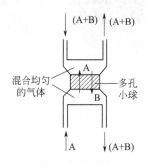

图 4-1　测定颗粒内
Wicke-Kallenbach 扩散池

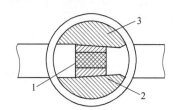

图 4-2　双通旋塞式扩散池
1—样品；2—密封体；3—活塞旋转部分

再有，时间延迟法（time-lag method）是一种求解非稳态扩散过程，测取有效扩散系数的实验方法，设吸附剂样品床层为棒形（图 4-3），非稳态传质方程为：

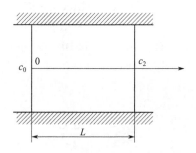

图 4-3　穿过棒杆的扩散

$$\frac{\partial c}{\partial t} = D_e \frac{\partial^2 c}{\partial Z^2} \tag{4-1}$$

式中，D_e 为有效扩散系数。

吸附剂样品床层长度为 L，其一侧的气体最初浓度为 c_0，另一侧气体浓度为零，故边界条件为：$c(0, Z) = 0$，$c(t, L) = 0$，$c(t, 0) = c_0$，解式（4-1）得：

$$\frac{c}{c_0} = \frac{L-Z}{L} + \frac{2}{\pi} \sum_{n=1}^{\infty} \frac{(-1)^n}{n} \exp(-n^2 \beta t) \sin \frac{n\pi(L-Z)}{L} \tag{4-2}$$

式中：$\beta = \dfrac{\pi^2 D_e}{L^2}$

对 Z 微分，得

活性炭吸附技术及其在环境工程中的应用

$$\frac{\partial c}{\partial z} = -\frac{c_0}{L}\left[1 + 2\sum_{n=1}^{\infty}(-1)^n\exp(-n^2\beta t)\cos\frac{n\pi(L-Z)}{L}\right] \qquad (4\text{-}3)$$

在吸附剂床层另一端组分的浓度梯度为

$$\left(\frac{\partial c}{\partial Z}\right)_{Z=L} = -\frac{c_0}{L}\left[1 + 2\sum_{n=1}^{\infty}(-1)^n\exp(-n^2\beta t)\right] \qquad (4\text{-}4)$$

在时间 t 内，从吸附剂床层另一侧扩散流出量 M 为

$$M = \int_0^t D'\left(-\frac{\partial c}{\partial Z}\right)_{Z=t}\mathrm{d}t \qquad (4\text{-}5)$$

D' 为正常扩散系数，将式（4-4）的浓度梯度代入式（4-5），并积分得：

$$M = \frac{D'c_1}{L}\left\{t - \frac{2}{\beta}\left[(1-\mathrm{e}^{-\beta t}) - \frac{1}{4}(1-\mathrm{e}^{-4\beta t}) + \frac{1}{9}(1-\mathrm{e}^{-9\beta t}) - \cdots\right]\right\} \qquad (4\text{-}6)$$

上式以 M 对 t 作曲线，得相应曲线图（图 4-4），从图可见，最初扩散穿透量 M 随时间 t 迅速增大，至 O 点相应时间 t' 时开始稳定形成一定比例值的直线，成为稳定流。

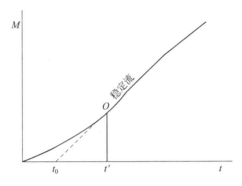

图 4-4　$M\text{-}t$ 曲线

当时间 $t \to \infty$ 时，式（4-6）成为

$$M = \frac{D'c_1}{L}\left[t - \frac{2}{\beta}\left(1 - \frac{1}{4} + \frac{1}{9} - \frac{1}{16} + \cdots\right)\right] \qquad (4\text{-}7)$$

圆括号内级数和总和等于 $\frac{\pi^2}{12}$，即

$$M = \frac{D'c_1}{L} - (t - \frac{\pi^2}{6\beta}) \qquad (4\text{-}8)$$

式（4-8）相当于稳态流下的直线方程与横坐标的交点（在 $M=0$）外的截距，称为稳态下的延迟时间 t_{Lag}，即

$$t_{\text{Lag}} = \frac{\pi^2}{6\beta} \qquad (4\text{-}9)$$

将 $\beta = \frac{\pi^2 D_e}{L^2}$ 代入得

$$t_{\text{Lag}} = \frac{L^2}{6D_e} \qquad (4\text{-}10)$$

因此，有效扩散系数 D_e 为

$$D_e = \frac{L^2}{6t_{\text{Lag}}} \qquad (4\text{-}11)$$

简易的方法是将稳定流 M 对 t 的直线延长，从截距 t_{Lag} 值求得有效扩散系数值。

在测定有效扩散系数时，采用稳态流的方法，测定要数周或更长时间，且要保持气体流动相的流速、组成、浓度和压力等物理参数在一定温度下恒定，工作量较大。时间延迟法大大缩短操作时间减少了实验的工作量，另一优点是它可适用于吸附量大的吸附剂及吸附量小的如石英、黏土等矿物或有机物土壤有效扩散系数的测定，适应范围广。但测试时还要考虑一些参数的校正。

① 在环保中，气体或液体组分对土壤的污染亦日益为人们所重视，剧毒物质污染土壤后，随着雨水的冲刷可能流入江河或大气中重新造成二次污染。因而，应该重视污染物在多孔固体中的分配，其分配系数 K_d 为

$$K_d = \frac{\alpha - \varepsilon}{(1 - \varepsilon)\rho_s} \tag{4-12}$$

式中，ρ_s 为多孔固体物的密度；ε 为床层间隙率；α 称容量因子（capacity factor）。

对于不吸附组分，如取一示踪剂基本不为多孔固体物吸附的试剂，α 值很低，接近其孔隙率 ε，因此 K_d 接近于零。

② 对吸附量弱小的多孔固体，其视扩散系数 D_a 和有效扩散系数 D_e 之间的关系可取

$$D_a = \frac{D_e}{\alpha} \tag{4-13}$$

式中，α 为容量因子，$\alpha = 0 \sim 1$。

吸附量小的多孔固体物 α 值很低，D_e 趋于零，反之高吸附的吸附剂树脂 α 值高，接近 1，则 $D_e \approx D_a$。

第二节
晶粒微孔扩散

吸附剂颗粒中各种微孔的形状、大小分布不同，难于直接求出气体组分的有效扩散系数，为了考虑微孔内气体组分扩散和微孔壁的扩散效应，可以假设此两种扩散同时进行，以气体溶液浓度为基准的柱内有效扩散系数 D_{ec} 或以颗粒内吸附量为基准的柱内有效扩散系数 D_{eq} 表示。

吸附剂微小的晶粒需要加入一定的黏合剂才能成型为一定的形状，从而使晶粒形成的颗粒内的孔道为大小不等的非均一的球体。为简化计算，采用了拟均一态模型（quasi-homogeneous model），此模型提出了下列的一些假设：

① 晶粒是理想的球形微粒结构且呈均一的，在恒温下对单组分的溶液进行吸附扩散。对非球形晶粒可用球形的当量直径代替，计算其扩散速率。

② 颗粒在性能上具各向同性（isotropic），吸附量（或溶液浓度）仅为其半径 r 的函数。

③ 吸附过程是可逆的，解吸速率可以忽略不计。

④ 有效扩散系数 D_e 是恒定的，和组分浓度变化无关，平均有效扩散系数不随球形颗粒半径位置变化。

⑤ 吸附器溶液经强烈搅拌，整个溶液浓度是均匀的，颗粒外表面的液膜阻力忽略不计，

活性炭吸附技术及其在环境工程中的应用

外表面吸附质瞬间可以达到所指定的浓度。

设在球形颗粒内，微孔扩散和孔壁的 Knudsen 扩散同时并列进行，微孔内的分子扩散流 J_p 为：

$$J_p = -D_p \left(\frac{dc}{dr} \right) \tag{4-14}$$

沿着微孔内壁的分子扩散流 J_s 为

$$J_s = -\rho_a D_s \left(\frac{d\rho}{dr} \right) \tag{4-15}$$

式中，D_p 和 D_s 分别为微孔内通道和孔壁的扩散系数；ρ_a 为吸附剂颗粒的装填密度。

此两种扩散同时进行，则

$$J_A = J_P + J_s = \left[D_p \frac{dc}{dr} + D_s \rho_a \frac{dq}{dr} \right] \tag{4-16}$$

微孔孔壁吸附量和溶液浓度之间处于平衡状态

$$\frac{dq}{dr} = \left(\frac{dq}{dc} \right) \cdot \left(\frac{dc}{dr} \right) \tag{4-17}$$

将式（4-17）代入式（4-16）中，得

$$J_A = -\left[D_p + \rho_a D_s \left(\frac{dq}{dc} \right) \right] \frac{dc}{dr} \tag{4-18}$$

即　$$J_A = -D_{ec} \left(\frac{dc}{dr} \right) \tag{4-19}$$

所以　$$D_{ec} = D_p + \rho_a D_s \left(\frac{dq}{dc} \right) \tag{4-20}$$

式中，D_{ec} 为以溶液浓度为基准的粒内有效扩散系数。

设颗粒为拟均一的球形颗粒，其半径 r，溶液内溶质 A 扩散进入量 Q_2，主要颗粒半径 dr 处断面扩散流出量 Q_3，积累量 Q_1，从物料平衡算，得知：

$$Q_1 = 4\pi r^2 dr \left[\varepsilon_s \frac{\partial c}{\partial t} + \rho_a \left(\frac{\partial q}{\partial t} \right) \right] \tag{4-21}$$

$$Q_2 - Q_3 = -\left[4\pi r^2 D_p \left(\frac{\partial c}{\partial r} \right)_r - 4\pi r^2 D_p \left(\frac{\partial c}{\partial r} \right)_{r+dr} \right] \tag{4-22}$$

$$= -\left[4\pi r^2 \rho_a D_s \left(\frac{\partial q}{\partial r} \right)_r - 4\pi r^2 \rho_a D_s \left(\frac{\partial q}{\partial r} \right)_{r+dr} \right] \tag{4-23}$$

因 $Q_1 = Q_2 - Q_3$　及 $dr \rightarrow 0$，则：

$$\varepsilon_s \frac{\partial c}{\partial t} + \rho_a \frac{\partial q}{\partial t} = D_p \left(\frac{\partial^2 c}{\partial r^2} + \frac{2}{r} \frac{\partial c}{\partial r} \right) + \rho_a D_s \left(\frac{\partial^2 q}{\partial r^2} + \frac{2}{r} \frac{\partial q}{\partial r} \right) \tag{4-24}$$

设颗粒内微孔扩散系数 D_p 和孔壁扩散系数 D_s 为定值，液膜无阻力，并设 $\frac{\partial q}{\partial c} = $ 定值，$\frac{\partial q}{\partial c} \gg \varepsilon_s$，则式（4-24）可近似表示为

$$\frac{\partial q}{\partial t} = \left[\frac{D_p}{\left(\frac{\partial q}{\partial c} \right) \rho_a} + D_s \right] \left(\frac{\partial^2 q}{\partial r^2} + \frac{2}{r} \frac{\partial q}{\partial r} \right) \tag{4-25}$$

或表示为 $$\frac{\partial q}{\partial t} = D_{eq} \left(\frac{\partial^2 q}{\partial r^2} + \frac{2}{r} \frac{\partial q}{\partial r} \right) \tag{4-26}$$

取 $D_{eq} = \dfrac{D_p}{(\dfrac{\partial q}{\partial c})\rho_a} + D_s$ （4-27）

式中，D_{eq} 为颗粒内以吸附量为基准的柱内有效扩散系数。

如 D_e 非定值，随着溶液浓度改变而变化，则式（4-26）改为

$$\frac{\partial q}{\partial t} = \frac{1}{r^2} \cdot \frac{\partial}{\partial r}(r^2 D_e \frac{\partial q}{\partial r})$$ （4-28）

式（4-28）为典型的不稳态传热的方程式，只是以 q 改为温度 T，D_e 改为总传热系数 K，此方程式在传热学中有各种解法，可参考使用。

对式（4-26）求解，加入边界条件和初始条件

$$r = \frac{d_p}{2}, \ t = 0, \ q(r, \ 0) = q_0$$ （4-29）

$$0 \leqslant r \leqslant \frac{d_p}{2}, \ t = t, \ q(r, \ t) = q_t$$ （4-30）

$$(\frac{\partial q}{\partial r})_{r=0} = 0$$ （4-31）

得式（4-26）的解为

$$E = \frac{m_t}{m_\infty} = \frac{q - q_0}{q_m - q_0} = 1 - \frac{1}{\pi^2} \sum_{n=1}^{\infty} \frac{1}{n^2} \exp(-\frac{n^2 \pi^2 D_e t}{r^2})$$ （4-32）

式中，q_m 为平衡吸附量，以吸附等温线和溶液的初始浓度求得的对应值；q_t 为瞬时吸附量。

将式（4-32）中的 E 与 kt ($k = \dfrac{\pi^2 D_e}{r^2}$) 的关系，绘成曲线（图4-5）以 kt 和 t 的关系作线，从此直线的斜率（图4-6），可以求得晶粒的扩散系数（有效扩散系数 D_e）。式（4-32）在时间较长时，可以迅速收敛，但此级数项中各高次项算总和值很小，可忽略不计。

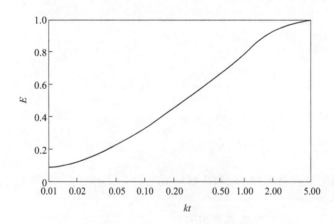

图 4-5　E 和 kt 的关系曲线

颗粒内有效扩散系数均以 D_e 表示，推动力 $\dfrac{dc}{dr}$ 时指以溶液浓度为基准，推动力为 $\dfrac{dq}{dr}$ 时，指以吸附量为基准。

活性炭吸附技术及其在环境工程中的应用

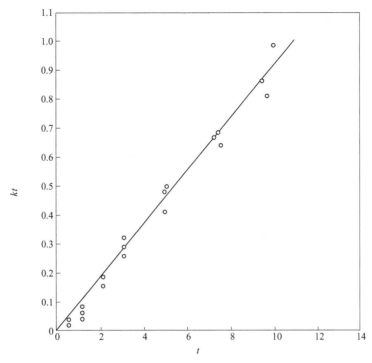

图 4-6　kt 和 t 关系曲线——求扩散系数

当提取率大于 70% 时，取级数中第一项，精度已足够，在 $\dfrac{q_t}{q_m} = 70\%$ 时，误差小于 2%，取

$$1 - \frac{q_t}{q_m} \cong \frac{6}{\pi^2} \exp\left(-\frac{\pi^2 D_e t}{r^2}\right) \tag{4-33}$$

晶粒在溶液中接触进行扩散的时间较长时，取式（4-32）中的 q 及 q_t，以表示晶粒的吸附量随时间变化值。对式（4-33）两边取对数，得

$$1.64\ln(1 - E^2) = -kt \tag{4-34}$$

以 $1.64\ln(1 - E^2)$ 和 t 作图，得通过原点的直线，从所得直线的斜率 k 求得 D_e 值。用此扩散方程校正实验提取曲线（uptake curve）也是当扩散时间为一定时，校验此现象是是否符合扩散方程的最简便的方法。

吸附过程吸附速率为微孔扩散控制时，微孔扩散的阻力是主要的，恒温下浓度均一的溶液通过球形颗粒时，其吸附速率与颗粒的大小无关，此时球形颗粒可以看成是单独的微粒，提取曲线为单个微晶的处理曲线。吸附过程如果温度变化较大，扩散系数仍当作恒定值，误差较大。对合成沸石，其扩散系数和溶液浓度的关系，可以用 Darken 关系表示：

$$D = BRT\frac{\mathrm{d}\ln a}{\mathrm{d}\ln c} = D^0\left(\frac{\mathrm{d}\ln p}{\mathrm{d}\ln c}\right) \tag{4-35}$$

非理想溶液的浓度可用活度表示，气体溶液在压力不太高时可用压力代替。式内的自扩散系数 D^0 与溶液的浓度无关。

第三节
颗粒的大孔扩散

扩散过程如为大孔扩散控制，大孔扩散阻力是主要的，大孔扩散一般指孔道的直径远比扩散分子的运动平均自由程大时，分子扩散为一般的扩散。流体在大孔孔道中的流动状态为黏滞流，溶液的浓度和大孔道表面的吸附量均随时间不断地变化，因而浓度均一的流体溶液通过吸附剂颗粒引起的浓度曲线和提取曲线均与颗粒的大小和形状有关。这涉及扩散的阻力大小，吸附为物理吸附或化学吸附为主，活性点占据程度（覆盖率），脱附的难易。吸附过程推动力，扩散推动力的表达方式可以形成不同的大孔扩散机制。浓度均一的流体流过颗粒所得的浓度曲线和提取曲线与颗粒的形状、颗粒大小有关。

为了简化吸附机理，便于数学描述及取得数学解，假设过程在等温下进行，不考虑温度对扩散和物质传递，体系物性的影响，流动体系是单组分溶液，忽略各组分之间互相干涉、排斥、置换等各种现象。对流体相和固定相之间溶质浓度分配的关系，简单的方法是不考虑扩散传质阻力，完全忽略扩散传质，吸附和化学反应所需的推动力大小，假设两相之间溶质完全互相平衡的局部平衡理论，认为固定相吸附剂颗粒非常小，分离位势最大，组分得以透彻的分离。另一种简化模型是拟稳定态模型（quasi-steady-state models），即在实验过程或间歇吸附剂分离操作是不稳态过程，床层中某位置两相中溶质浓度随操作时间变化而改变，同时传质扩散速率和两相的物理性质及两相溶质的浓度，都随流动相的流动而变化。为了便于描述此现象，提出校正的瞬间传质速率模型，即拟稳定态模型。这两种局部平衡模型和拟稳定态模型在一定条件下使用，都有利于简化吸附机制。维持恒温恒浓度的溶液和吸附剂颗粒接触，直至单组分溶液进入大孔孔道时，溶液浓度和孔道表面的吸附量才随时间不断变化，要保持恒定浓度的溶液就要假定吸附柱截面各点的流速一致不存在返混现象，微分柱的两端浓度相同，排除轴向浓度差造成的轴向扩散，从而使描述大孔扩散的偏微分方程除去二阶项，使其边界条件简化，减少解此微分方程的困难。

一、 线性平衡

低浓度溶液组分在两相接触中的平衡关系可遵守 Henry 定律 $q = k_H c$ 成线性的关系，以质量均匀单个球形吸附剂颗粒作物料衡算。设 ε_p 为颗粒的孔隙率，$(1-\varepsilon_p) = \rho_p$ 为颗粒的密度，D_p 为大孔孔道溶液的扩散系数，D_s 为孔道壁吸附相的扩散系数。列出物料衡算微分方程，得：

$$(1-\varepsilon_p)\frac{\partial q}{\partial t} + \varepsilon_p \frac{\partial c}{\partial t} = \frac{\varepsilon_p}{r^2}\frac{\partial}{\partial r}(D_p r^2 \frac{\partial c_p}{\partial r}) + \frac{\rho_p}{r^2}\frac{\partial}{\partial r}(D_s r^2 \frac{\partial p}{\partial r}) \tag{4-36}$$

式（4-36）中右边第一、二项指溶质扩散进入颗粒大孔内的通量等于大孔内液相中溶质量（左边第二项）和吸附相内溶质持留量（左边第一项）之和，取 $r=0$ 时，即颗粒中心，$\frac{\partial c_p}{\partial r}=0$，$\frac{\partial c}{\partial t}=0$。简化，得

$$\frac{\partial q}{\partial t} = \frac{1}{r^2} \frac{\partial}{\partial r}(D_s r^2 \frac{\partial q}{\partial r}) \tag{4-37}$$

取线性吸附平衡 $q = k_H c$ 代入式（4-36），得

$$\frac{\partial c}{\partial t} = \frac{\varepsilon_p D_p}{\varepsilon_p + (1-\varepsilon_p)k_H} \cdot (\frac{\partial^2 c}{\partial r^2} + \frac{2}{r} \frac{\partial c}{\partial r}) \tag{4-38}$$

式（4-37）、式（4-38）与式（4-28）形式上完全相同，只是晶粒有效扩散系数 D_e 改为有效大孔扩散系数 $\frac{\varepsilon_p D_p}{\varepsilon_p + (1-\varepsilon_p)k_H}$，当颗粒在时间为零时，吸附剂颗粒投入温度和浓度恒定的溶液中，以此时开始，颗粒表面至内部初始条件和边界条件类似式（4-31）为：

$$\left.\begin{array}{l} c(r, 0) = c_0, \quad q(r, 0) = q_0 \\ c(r_p, t) = c_t, \quad q(r_q, t) = q_t \\ (\frac{\partial c}{\partial r})_{r=0} = (\frac{\partial q}{\partial r})_{r=0} = 0 \end{array}\right\} \tag{4-39}$$

对于式（4-37）和式（4-25）类似，可转换成

$$\frac{\partial q}{\partial t} = \frac{D_e}{r^2} \frac{\partial}{\partial r}(r^2 \frac{\partial q}{\partial r}) \tag{4-40}$$

其中：有效扩散系数 $D_e = D_s + \frac{D_p}{\rho_p} \frac{\partial c_p}{\partial q} \tag{4-41}$

同样可得解：

$$\frac{q - q_0}{q_m - q_0} = \frac{m_t}{m_\infty} = 1 - \frac{1}{\pi^2} \sum_{n=1}^{\infty} \frac{1}{n^2} \exp(-\frac{n^2 \pi^2 D_e t}{r_p^2})$$

式中，D_e 为晶粒微孔有效扩散系数，相当以 $\frac{D_e}{r^2}$ 代替 $(\frac{D_p}{r_p^2})[1 + (1-\varepsilon_p)\frac{k_H}{\varepsilon_p}]$。温度的影响，从分母中的 Henry 定律平衡常数 k_H 按照 Vant Hoff 方程 $k_H = k_0 \exp(-\frac{\Delta H}{RT})$ 可看出，兼考虑活化能的影响，温度升高平衡常数下降。虽然温度对大孔扩散系数 D_p 的影响较小，但有效扩散系数却强烈受温度变化所左右。即变温度将使传质阻力得到调整。

除温度外，溶液浓度对扩散系数也有影响，如以等温线的局部斜率 $\frac{dq^0}{dc}$ 代替平衡常数 k_H，随着浓度增高一般等温线斜率下降，即溶质浓度提高，有效扩散系数 $D_e = \frac{D_p}{[1 + (1-\varepsilon_p)(\frac{dp^0}{dc})\frac{1}{\varepsilon_p}]}$ 随之增加。

二、 非线性平衡

溶液浓度较大时，吸附等温线不呈线性，对已知组分常用 Langmuir 方程表示。在环保中一些未知组分如颜色、BOD 值等可用 Freundlich 方程表示：

Langmuir 方程 $\frac{q^0}{q_m} = \frac{k_L c}{1 + k_L c} \tag{4-42}$

或 Freundlich 方程 $\frac{q}{q_m} = k_f c^{\frac{1}{n}}$

上述两个方程同样表示物理吸附的等温线方程，吸附分子在活性点上不缔合或解离，以

Langmuir 方程为例，取

$$\frac{\mathrm{d}q^0}{\mathrm{d}c}=\frac{k_c q_\mathrm{m}}{(1+k_\mathrm{L}c)^2}=k_\mathrm{L}q_\mathrm{m}\left(1-\frac{q}{q_\mathrm{m}}\right)^2 \tag{4-43}$$

对优惠吸附等温线，曲线向上凸起，$q\gg c$，因之

$$\frac{\partial c}{\partial r}=\left(\frac{\partial q}{\partial r}\right)\left(\frac{\mathrm{d}c}{\mathrm{d}q^0}\right) \tag{4-44}$$

则式（4-36）可写成为：

$$\frac{\partial c}{\partial t}=\frac{\varepsilon_\mathrm{p}D_\mathrm{p}}{(1-\varepsilon_\mathrm{p})\left(1-\dfrac{q}{q_\mathrm{m}}\right)^2 k_\mathrm{L}q_\mathrm{m}}\left(\frac{\partial^2 q}{\partial r^2}+\frac{2}{r}\frac{\partial q}{\partial r}\right) \tag{4-45}$$

取与吸附量 q 有关的有效扩散系数表示的扩散方程，则有效扩散系数为：

$$D_\mathrm{e}=\frac{\varepsilon_\mathrm{p}D_\mathrm{p}}{(1-\varepsilon_\mathrm{p})\left(1-\dfrac{q}{q_\mathrm{m}}\right)^2 k_\mathrm{L}q_\mathrm{m}}=\frac{\varepsilon_\mathrm{p}D_\mathrm{p}}{(1-\varepsilon_\mathrm{p})\dfrac{\mathrm{d}q^0}{\mathrm{d}c}} \tag{4-46}$$

此式类似非恒定扩散系数情况，微孔扩散方程取如下：

$$\frac{\partial q}{\partial t}=\frac{D^0}{r^2}\times\frac{\partial}{\partial r}\left[\frac{r^2}{\left(1-\dfrac{q}{q_\mathrm{m}}\right)}\cdot\frac{\partial q}{\partial r}\right] \tag{4-47}$$

从式（4-46）可见有效扩散系数 D_e 也与浓度的非线性度有关。$\dfrac{q}{q_\mathrm{m}}$ 越小，体系越接近线性，其极限值为 $D_\mathrm{e}\approx\dfrac{\varepsilon_\mathrm{p}D_\mathrm{p}}{(1-\varepsilon_\mathrm{p})k_\mathrm{L}q_\mathrm{m}}$ 值。

以 C_3H_8、C_3H_6 和 C_4H_8 吸附于 5A 分子筛圆球颗粒为例（图 4-7），吸附剂的吸附量（浓度变化量）较小时，吸附和解吸曲线一致，浓度变化加大，此两曲线的差别相应增大。随着浓度（吸附量）的增加，吸附等温线的斜率减少，有效扩散系数迅速增大［图 4-7 (b)］。大孔扩散系数和压力的关系，从其理论曲线的线段可见，随着压力的加大，D_p 值逐渐下降［图 4-7 (c)］。

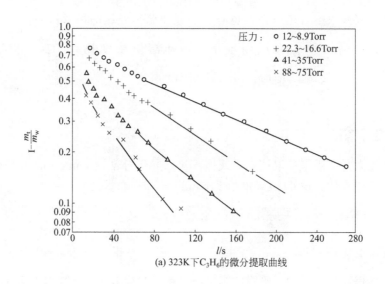

(a) 323K 下 C_3H_6 的微分提取曲线

活性炭吸附技术及其在环境工程中的应用

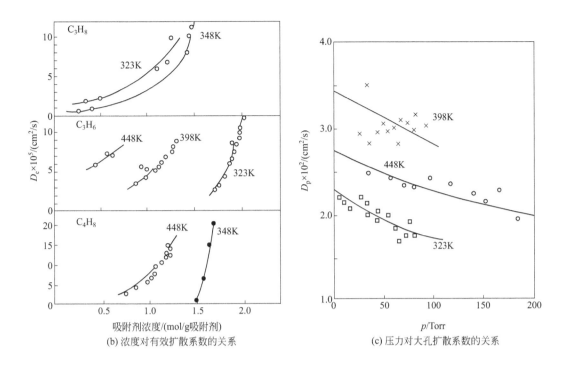

(b) 浓度对有效扩散系数的关系　　　　(c) 压力对大孔扩散系数的关系

图 4-7　大孔控制扩散时，烷烃吸附于 5A 分子筛圆球的曲线

(1Torr＝133.3224Pa)

第四节
大孔扩散的实验测定

简化吸附理论便于建立描述扩散过程的偏微分方程［式（4-32）和式（4-36）］取得数字解，因而按照上节所述简化机理前提下，建立测试设备和相应的操作方法。

吸附质为环保中可遇到的污染物质如酚、氯酚、烷烃、氯化烷烃等气态或液态化合物，在吸附剂聚合物树脂 XAD-4、XAD-2、活性炭和分子筛颗粒中的吸附扩散以大孔扩散为主。从 Freundlich 等温方程表征吸附质和吸附剂颗粒两相间的吸附平衡关系。测试设备分别采用短的填充柱（微分柱），混合玻璃搅拌槽和弹簧吸附重力柱等几种方法。用上述的偏微分方程，加入相应的最初条件和边界条件求解，代入相当的实验数据取得有效扩散系数，求取影响其数值大小的参数和因素。

一、微分填充床法

吸附剂为聚苯乙烯系列的 Amberlite XAD-4 和 XAD-2。其颗粒直径 XAD-4 为 0.388mm、XAD-2 为 0.3mm，经蒸馏水和甲醇洗涤后，贮于 4℃ 的干燥器中待用。吸附质为对氯酚和酚，用波长为 300nm 和 288nm 的紫外光谱在碱性溶液 pH＝6.7 及 pH＝6.5 中测定其浓度。在（25±0.5）℃ 分别用搅拌槽和微分柱测取对氯酚/XAD-4 酚/XAD-4 和对氯酚/XAD-2 的吸附等温线，并以 Freundlich 方程表示。发现酚在 XAD-4 上的吸附容量要比对氯酚在 XAD-4 上的低。XAD-4 比 XAD-2 的吸附容量要高。各溶质一定量溶于蒸馏水中配成一定浓度的溶液，加入吸附剂混合后放置两周待平衡后，依照 Freundlich 方程回归得相应各常数（表 4-1）。

表 4-1　Freundlich 吸附等温方程常数

体系	方法	范围/（mg/L）	K	n	相关常数
对氯酚/XAD-4	槽式	全浓度	12.96	2.653	0.99
	槽式	$c>88.6$	19.02	2.774	0.98
	槽式	$c<88.6$	10.53	2.024	1.00
	微分柱	全浓度	13.80	2.534	0.98
酚/XAD-4	槽式	全浓度	2.01	1.734	0.99
	槽式	$c>100$	2.84	1.920	0.99
	槽式	$c<100$	1.02	1.346	1.00
	微分柱	全浓度	1.55	1.664	0.98
对氯酚/XAD-2	槽式	全浓度	3.23	1.970	0.99
	槽式	$c>44.0$	3.85	2.089	0.96
	槽式	$c<44.0$	1.61	1.409	1.00
	微分柱	全浓度	2.25	1.846	0.98

溶质在树脂中扩散试验柱，采用流动法。微分填充床为一玻璃柱。柱内放置支网后加入树脂床后厚度 1.0cm，溶液自上向下以不同的进料速度流过，减少浅床内的浓度梯度，使之出料和进料浓度几乎相等，以减少颗粒的液膜阻力和使浅床上下两端的浓度差为零，以至不考虑轴向扩散效应，当取进料流速为 13.0cm/s 最佳。解吸液用 NaOH 液 500mL，从床层内吸附质量的变化，作出吸附量在不同流速下不同时间的变化曲线（图 4-8）。

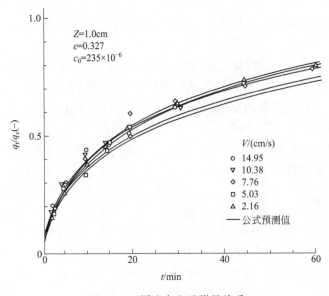

图 4-8　不同流率和吸附量关系

再由式（4-32），相应的 $E = \dfrac{q_t}{q_e}$ 求得 D_e 或 D_s 值。

经多次重复试验，以任意时间观察吸附值 $q_{t,\,obs}$ 和计算值 $q_{t,\,cal}$ 之间目标函数 ϕ 定义为：

$$\phi = \dfrac{\sum (q_{t,\,obs} - q_{t,\,cal})^2}{\sum (q_{t,\,obs})^2} \tag{4-48}$$

二、 搅拌槽法

要点是流过微分填料床的溶液，送入为水浴维持恒定温度的贮槽，槽内并有搅拌器不断旋转保持其溶液的浓度均一，微分床流出液返回贮槽混合后以恒定流速送回微分床并定期取出 2mL 溶液作样品分析（图 4-9）。

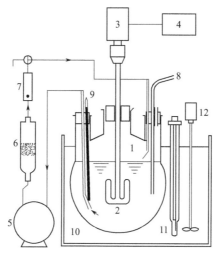

图 4-9　微分混合槽反应器

1—反应器；2—搅拌器；3—马达；4—速度控制器；5—泵；6—颗粒床；7—流速计；
8—样品管；9—温度计；10—水浴；11—温度控制器；12—搅拌器

此时，微分方程式（4-28）的边界条件为：

在 $r = 0$，$\dfrac{\partial q}{\partial r} = 0$

当 $t = 0$，$q = 0$

另加入：

$$\rho_p a_p D_s \dfrac{\partial q'}{\partial r} = -\dfrac{V_1}{W_s} \dfrac{\partial c}{\rho t} \tag{4-49}$$

在 $r = R_p$

当 $t = 0$，$c = c_0$

式中，V_1 为溶液容量；W_s 为吸附剂重量。

因边界条件包含微分方程式（4-49），须用正交配点求解。

参 考 文 献

[1]　Satterfield，C，N，Sherwood，T，K，. The Role of Diffusion in Catalysis. Addison-Wesley Pub，1963.

［2］　Crank，J，. The Mathematics of Diffusion. Oxford University Press，1965.

［3］　Hirschfelder J，O，et al. Molecular Theory of Gases and Liquids. Wiley. New York，1954.

［4］　Liapis Ed A，I，. Fundamentals of Adsorption. Engineering Foundation Pub，1986.

［5］　Yang，R，T. Gas Separation by Adsorption Process. Butterworth Pub，1987.

［6］　Carman，P，C，. Flow of Gases Through Porous Media Academic Press. New York，1984.

［7］　Ruthven，D，M，. Principles of Adsorption and Adsorption Processes. Wiley. New York，1984.

［8］　叶振华. 化工吸附分离过程. 北京：中国石化出版社，1992.

［9］　Noll，Kenneth E. Adsorption Technology for Air and Water Pollution Control. Lewis Pub，1992.

活性炭吸附技术及其在环境工程中的应用

第五章

气体吸附系统固定床模拟和设计

吸附技术对处理环保中的污染气体和液体是一种有效的方法，特别对脱除恶臭、气味、颜色以及微量剧毒物质、回收溶剂和化学物质等，都有适应性强的优点。吸附剂种类繁多，可满足脱除不同性质与结构的污染组分的需要。

吸附剂的结构和性质是复杂的，常受制备条件的微小差异变化很大，甚至有些窍门为制备者保密。一般吸附剂颗粒强度不高，常不耐磨、易于粉碎。吸附过程工艺众多，床层各异，如 流化床、移动床、悬浮床等，但仍以固定床为主。不同的工艺床层可从固定床衍变发展而来，如模拟移动床、旋转床等。考虑到固定床中颗粒磨损较小，吸附剂不易脱粉、堵塞床层与管道，并且吸附剂颗粒可以仔细填充于床塔中，减少流动相的沟流和返混，使床层的理论板数增大，分离效率增高，为此，本书着重以固定床为基础展开讨论。

第一节
固定床吸附理论

吸附法常用于分离不含或仅含少量固体颗粒的废气中浓度较低的污染组分，特别是对于含微量或痕量（浓度 10^{-6} 以下）毒物的去除，吸附法较为优异。它同样适用于浓度较高的溶剂 蒸气或高浓度组分与本体的分离。吸附法的优点是：

① 可以全部脱除或回收污染组分；

② 改变过程很容易；

③ 节能，吸附法是无相变过程，可节约大量组分的汽化潜热（如蒸馏或吸收过程所需的大量的汽化热），故是节能的；

④ 无化学废物，冲洗剂可以返回流程，重复使用；

⑤ 过程可以全部自动化控制或计算机管理；

⑥ 可将空气或气体污染物脱除降至最低。

而需注意的是：

① 产品常需另加蒸馏或萃取回收，特别是吸附剂解吸是用某一溶剂冲洗再生时，所得

浓度较高的碳氢化物溶液用蒸馏或萃取回收溶剂，改进办法是选用沸点较高的溶剂冲洗，使少量回收物汽化，溶剂不汽化保留釜底，降低蒸馏过程的热耗量；

② 吸附剂性能随循环次数增加而下降，除选用抗毒性较强的吸附剂外，可经过灼烧再生活化；

③ 在吸附循环过程，须用蒸气或抽真空再生，由此形成各种吸附工艺流程；

④ 须先将废气中的灰尘固体物去除以免堵塞床层，以致流动相流动状况变坏；

⑤ 吸附循环用加热再生时，对分子量大的碳氢化物解吸，相对要消耗较多的蒸汽加热；

⑥ 污染物和吸附剂吸附时呈放热反应，须用冷气流冷却，以维持其吸附量，如呈强烈的放热反应，可考虑改用其他吸附剂。

一、 固定床吸附分离

吸附器（柱）的操作可以按吸附柱是固定不动的填充床、固定床或是移动的床层如移动床、流化床、喷射床进行。吸附剂颗粒不移动的固定床可减轻颗粒磨损和微粉堵塞床层和管道的弊病，同时吸附剂经仔细的填充后，使其分离效果好，分离理论板数高，床层的阻力不大，流动相返混现象减轻。缺点是由于吸附剂的吸附容量有限，必须频繁吸附和解吸，缩短操作周期，以增大吸附器的处理量。而在快速变压吸附柱操作中，已可将吸附、解吸和再生周期减至仅 18.5s，大大提高柱的处理能力。为了使床层能连续操作（并流或者逆流），以提高柱的处理能力和自动化水平，从而采用了颗粒自柱顶向下移动逆流解吸的移动床，但其存在的问题是颗粒磨损，设备运行困难。它只有在液相吸附分离过程，颗粒在液体中运动速度较低，磨损较轻时采用。

为了克服吸附强度不高，易于粉碎，既吸取固定床的优点又兼取连续性操作移动床的长处，而开发的模拟移动床工艺，即大大加大设备的处理量，成为处理百万吨原料的大型设备。

环境保护中，活性炭脱除废气中的 SO_2，活性炭自上而下徐徐下降，含 SO_2 的烟道气和床层中活性炭接触，在烟道气中去除 SO_2 外，还要吸附水和氧气，吸附了 SO_2 的活性炭加热至 350℃解吸，得到 10% 浓度的 SO_2，经转化得浓度 98% 的硫酸。

二、 吸附柱的解吸

固定床吸附柱可以单个或多个，气流方向自上而下。操作中以吸附和吸附剂的解吸再生顺序进行，构成循环周期，周期愈短，床层和吸附剂的利用效率越高。要适当选择解吸的方法，以期再生所消耗能量较低，解吸容易、迅速，设备简单，投资少。通常解吸的方法有：①变温法，即柱温低时进行吸附，温度升高时，依照吸附等温线或吸附等压线解吸，其设备简单，在一般环保或分离操作中广为采用。②变压法，又称无热源法，从吸附等温线可见压力下降吸附剂解吸再生，压力变化迅速，不需考虑吸附剂加热时热阻的影响，因而周期可大大缩短，变压吸附是在空气中制取富氧、富氮、分离 H_2 的优良工艺之一，规模可达每天百万立方米的处理量。不仅对气体混合物，液体混合物也可以经汽化后成气相采用变压吸附，如醇类的脱水，烷烃的分离等。③冲洗和顶替解吸，冲洗法用冲洗剂冲洗时降低了吸附剂表面吸附组分浓度，使之再生，顶替法用吸附能力较强的组分，将已吸附在吸附剂内的组分顶替出来，吸附剂颗粒得以解吸，这是模拟移动床的基本解吸方法，以使分离操作连续进行。各种再生方法优缺点可见表 5-1，各种再生

活性炭吸附技术及其在环境工程中的应用

方法的工艺条件和再生切换时间如表 5-2，变压吸附再生温度变化小，为了提高床层的效率，可包括升压吸附、逆流下吹等几个步骤。

表 5-1　各种再生方法的选择

方法	优点	缺点
变温	适用于强吸附组分，温度变化小，而吸附容量改变很大的吸附剂 可得到高浓度的解吸物	吸附剂不断加热再生易老化 热损失意味在能量使用上效率不高 由于热阻存在，不适用于快速循环，因而吸附剂不能在最高效率下使用
变压	适用于需要取得高纯度的弱吸附组分 回收的解吸物纯度高，快速循环，吸附剂的利用率高	需要一定的压力，对热能来说，机械能的费用更高
冲洗解吸	适用于取得高纯度的弱吸附组分，回收率高 快速循环，吸附剂和解吸剂的利用率高	需要选取适当的冲洗解吸剂 产品和解吸冲洗剂需再一次分离回收
顶替解吸	适用于强吸附的组分 再生过程不致有裂解反应 避免在加热解吸时吸附剂老化的危险	需选取适当的解吸剂，产品和解吸剂需再分离回收 解吸剂在吸附剂上的解吸需要加热或其他方法

表 5-2　变温再生、变压吸附与变温变压法的比较

操作条件	变温再生法	变压吸附法	变温变压法
吸附塔的尺寸	1.0	变温再生法 3/4～1/2	变温再生法 1/3
吸附剂的种类	硅胶、活性氧化铝等	活性氧化铝、分子筛等	活性氧化铝、分子筛等
空气的处理量/（m³/h）	100～50000	1～1000	1～5000
压力/kPa	0～2941.8	500～1501	294.2～1961.2
水分量	20～40℃（饱和）	20～35℃（饱和）	20～40℃（饱和）
塔的切换时间	6～8h	5～10min	30～60min
出口气体露点/℃	−20～−40	−40 以下	−40 以下
再生温度/℃	150～200	20～30	40～50
再生用空气消耗/%	0～8	15～20（686.47kPa）	4～8（686.47kPa）
加热设备	大	无	小

　　变压吸附干燥一般来都用 Skarstrom 循环，基本流程为双塔，带节流器、止逆阀和三通阀的床层，一个在吸附另一个在清洗吸附，每一循环分两个阶段，即升压吸附然后逆流下吹和清洗。在变压吸附干燥中，要考虑各种循环因素。

　　超临界吸附是利用超临界状态下的流体从固体吸附剂提取某些吸附物质而使吸附剂再生分离的方法。超临界流体指处于临界温度和压力以上，即使压力提高也不会成为液体（如 CO_2，$T_c = 31.1℃$，$p_c = 74.8 \times 10^5 \, Pa$），它有气态和液态的双重优点和很高的溶解能力，

只需略为改变压力就能在近常温下分离取得解析物和再生吸附剂。

三、 进料方法

固定床柱端进入原料，因进料方法不同，床层的操作条件而异。在恒温吸附时，代表柱内组分浓度变化偏微分方程解的边界条件和初始条件，是解出物料衡算扩散模型偏微分方程所必需的。进料的方法有迎头法（阶跃法）、冲洗法、脉冲法和三角函数进料法等各种方法，其中阶跃法和脉冲法在环保中最常采用。其条件分别为：

（1）迎头法（阶跃法）

$$c=0，\quad t=0，Z>0$$
$$c=c_0，\quad t>0，Z>0$$

其中，c_0 为进料气流中组分的初始浓度。

（2）冲洗法

$$c=c_0，\quad t=0，Z>0$$
$$c=0，\quad\ \ t>0，Z=0$$

（3）脉冲法

迎头法和脉冲进料法是对应的，相当于积分和微分的关系。

① 单位脉冲法： $\quad c=0，\quad t=0，Z>0$
$$c=\delta(t)，t>0，Z=0$$

② 矩形波脉冲法：$c=0，\quad t<0，t>\tau$
$$c=c_0，\quad t\geqslant\tau\geqslant0$$

③ 迎头脉冲法：$c=c_0，t=0，Z>0$
$$c=c_0+\Delta c，Z=0$$
$$\Delta c=\delta(t)$$
$$\Delta c=\begin{cases}0 & t<0，t>\tau\\ \Delta c & 0\leqslant\tau\leqslant t\end{cases}$$

④ 三角函数进料法：其中有正弦函数进料、误差函数进料和任意函数进料各种不同的方法，此法由于要准确进料比较困难，进料用的设备和仪器复杂，而且得出的边界条件和初始条件也很复杂。在实际操作中很少采用。

其中，单位脉冲进样法在吸附参数测定和机理研究中经常使用。

四、 恒温或绝热吸附柱

吸附过程是放热反应，吸附热的大小随组分不同和吸附剂的种类而异。由于柱温的变化影响吸附等温线的形状使吸附机理复杂起来。故常以柱温是恒定（恒温）下考虑，使吸附等温线及相应的扩散传质机制维持不变。

五、 单组分和复杂组分吸附

环保排出的废气中有各种不同的组分，其浓度大小不等，因各组分和吸附剂的亲和力不同，产生互相排斥、竞争的现象，使吸附和解吸机理复杂化。为简化计算本章取单组分进料为基准。

其他还有不同的外力场，如电场、磁场或各种条件下的吸附。

第二节
连续性方程和平衡级段模型

恒温低浓度脉冲进料于连续恒速冲洗剂时，可得到钟形的浓度分布曲线（色谱带）。从色谱平衡级段模型，流出载气中 i 组分的浓度和时间函数的关系为：

$$C_{ig} = \frac{F_i}{V_g + (V_L/K_i')} \cdot \frac{1}{\sqrt{2\pi N}} \cdot \exp\left[-\frac{(V_i - N)^2}{2N}\right] \tag{5-1}$$

式中　V_g，V_i——每一级段中气相和固定液（或吸附剂）的体积；

$\quad\quad K_i'$——i 组分在两相间的平衡常数；

$\quad\quad F_i$——零级脉冲进料内 i 组分的物质的量；

$\quad\quad N$——级段数或理论板数。

一、色谱柱的速度理论

吸附柱的平衡级段模型假设分成许多段，各段中气液达到平衡，移动相和固定相接触进行物质传递时，表征色谱柱分离效果的理论板当量高度 H 受流动相的流速分布、涡流扩散和分子扩散的影响。其中常用的方程式为 Van Deemter 方程：

$$H = A + \frac{B}{\bar{U}} + C_L\bar{U} + C_g\bar{U} \tag{5-2}$$

式中，涡流扩散项 $A = 2\lambda d_p$，λ 为床层颗粒填充均匀性有关的因数，d_p 为颗粒平均直径；分子扩散项 $B = 2\gamma D_g$，γ 为和填充物有关的因数，对填充固定床 $\gamma < 1$，D_g 为溶质组分在载气流中的分子扩散系数。上式中的前两项合称为轴向扩散系数。分子扩散是由于色谱柱内溶质浓度梯度产生的。液相传质速率系数 C_L、气相传质速率系数 C_g，此二项表示流动相对固定相界面传质时阻力大小，阻力大引起谱带扩张，载气流速越大，H 随之增大，柱效率下降。

恒温恒浓度等速阶跃进料，得到相应的透过曲线，在柱 dz 段取物料衡算，得连续性方程：

$$\left(\frac{\partial C}{\partial t}\right)_z + U_c\left(\frac{\partial C}{\partial z}\right)_t = 0 \tag{5-3}$$

此双曲线方程加入相应的初始条件，可以解出相平衡和传质速率方程。设床层的长度为 L，则其平均保留时间 t_R 从下述式（5-4）得：

$$t_R = \frac{L}{U}\left[1 + \left(\frac{1-\varepsilon_B}{\varepsilon_B}\right)\left(\frac{dq}{dc}\right)\right] \tag{5-4}$$

进料的流速越高，在一定的长度下，组分在床层中的持留即保留时间 t_R 越短。

各种操作条件除进料方法外，都基本相同，阶跃进料得到的流出曲线（透过曲线）和脉冲进料得到的流出曲线（色谱带）（图5-1）有许多类似之处，分析色谱用于分析时，要求所得组分纯度很高，各组分之间分离度好，这和制备色谱及阶跃进料不同，制备色谱在保证产品一定的纯度的同时，尽量增大进料量以提高生产率。要点如下。

① 进料温度要较低，吸附等温线在线性范围操作，色谱流出曲线的色谱峰两边对称，

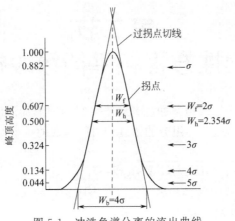

图 5-1　冲洗色谱分离的流出曲线
（高斯塞浦的特征宽度）

符合对称的正态分布函数规律，一臂是吸附前沿，另一臂是冲洗解吸。组分基于和吸附剂或涂层固定液的亲和力或溶解度大小分离，各组分在固定相中的持留特性即保留值不同，如进料中的空气亲和力最小，保留时间 t_R^0 最短，首先流出。出现此惰性组分谱带浓度最高点所需时间称死时间 t_R^0，此值大小取决于床层间隙体积，间隙越小，所需 t_R^0 越长。从死时间后至流出曲线中某组分谱带浓度最高点所需时间 t_R 为此组分的保留时间，保留值的大小可作为组分的定性依据，也是吸附分离透过曲线中各组分分离的基础。

② 吸附等温线的影响是大的，线性或优惠等温线（指线形向吸附量坐标倾斜，反之为非优惠），相平衡关系的溶质和吸附剂（或固定液）形成的传质区较窄，对透过曲线的中点作切线，斜率 S，则其理论板数 N 为

$$\zeta S = KN(N-1)^{-0.5} \tag{5-5}$$

式中，$\zeta = (1-\varepsilon)k + \varepsilon$，$k$ 为相平衡常数；K 为和柱的体积及溶液浓度有关的常数。

该透过曲线前沿中点切线的斜率越高，塔板数越大，对于色谱分离峰近似高斯分布时，色谱峰的标准偏差 σ 是表征谱带扩展的一个参数，理论板数 N 和标准偏差 σ 的关系为：

$$N = \left(\frac{t_b}{\sigma_b}\right)^2 \tag{5-6}$$

在保留时间 t_b 一定时，偏差 σ 越小，理论板数越多。在实用中常以峰高一半处的宽度长度又称为半峰宽表示，半峰宽越小，谱峰越尖，分离效果越好，半峰宽也反映了溶质在流动相和固定相之间的平衡和传质过程、流动相的运动状况和时间的关系。

③ 分离选择性，用于分离性质接近的组分时，类似组分的色谱谱带常连接在一起，研究其谱带性质可了解此两组分能否分离，是否要进一步改变固定相组成或其操作条件。这可以用分离因数 γ 和总分离度 R_2 表示。

分离因数 γ 可用 a 和 b 双组分流出曲线的保留时间 t_a 和 t_b 扣除不吸附组分保留时间 t_m（如空气峰保留时间 t_R^0）后的比值表示。

$$r = \frac{t_b - t_m}{t_a - t_m} \tag{5-7}$$

一般分离因数 γ 必须大于 1。也可以用总分离度 R_2 表示，它是相邻两组分的保留时间 t_a 和 t_b 的差值与各自半峰宽的一半（$\Delta t_{1/2,a}$，$\Delta t_{1/2,b}$）之和的比值，即

活性炭吸附技术及其在环境工程中的应用

$$R_2 = \frac{t_a - t_b}{\Delta t_{1/2,\,a} + \Delta t_{1/2,\,b}} \tag{5-8}$$

R_2值越大，相邻两组分分离得越好，反映色谱柱选择性大小的二组分的保留值差别越大，组分相平衡的差别越远，分离效果越好，也说明表征传质速率等动力学因素的色谱峰的宽窄（$\Delta t_{1/2a}$，$\Delta t_{1/2b}$）也影响R_2的大小，能较完善地反映色谱分离过程的操作条件和热力学因素的机理。

双组分的吸附透过曲线在流干点附近常有排斥取代现象。最好兼顾考虑解吸透过曲线前沿，吸附优惠等温线在解吸阶段可能成非优惠的解吸等温线以致前沿拖尾，不利于双组分的分离，选择吸附剂及操作条件能使其吸附等温线呈线性较为适宜，避免波峰拖尾现象的发生。

脉冲进料得到的色谱峰，其双臂吸附和解吸流出曲线的波形变化机理可用平衡级段模型或物料衡算方程描述。

二、连续性方程

恒温下固定床吸附分离在阶跃进料时是一个不稳态分离过程，操作过程床层各点的流动相流速、浓度及固定相吸附剂中的吸附量等各种参数都随床层的位置和时间而变化。即浓度c和吸附容量q都是时间t和床层轴向坐标z的函数。而流动相的流速分布和轴向及径向弥散的大小有关。如果是绝热过程，上述物化参数还受温度变化的影响。

假设在理想情况下：①恒温下流动相和固定相的密度恒定，两相互相密切接触，并在流动方向连续；②流动相的线速度在床层中各点均为一定，浓度曲线不受吸附剂装填紧密的影响。

对床层的某一截面，取 A 组分输入的流速减去 A 组分输出速率等于 A 组分在床层微元区段内流体和固体颗粒内积累的速率，从此物料衡算（图 5-2）得：

$$D_L \frac{\partial^2 c}{\partial z^2} = u \frac{\partial c}{\partial z} + \frac{\partial c}{\partial t} + \frac{1 - \varepsilon_B}{\varepsilon_B} \cdot \frac{\partial q}{\partial t} \tag{5-9}$$

式中　ε_B——床层间隙率，指床层颗粒之间的孔隙体积和同单元床层体积的比值；

D_L——$D_L = D_{Am} + E_A$，指组分在流动相流动方向的轴向扩散系数，其中包括流动相中组分 A 的双元扩散系数 D_{Am} 和弥散扩散系数 E_A 两项，轴向弥散效应是因流体的边壁效应和沟流，颗粒之间的间隙流速不均匀及组分浓度沿轴向变化引起的；

u，c——流动相在相应位置的流速及浓度；

q——相应床层位置 z 及时间 t 颗粒的吸附量。

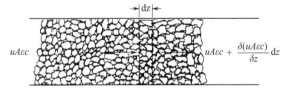

图 5-2　固定床吸附柱的物料衡算

由物料衡算得到的连续性方程，是描述恒温恒浓等速阶跃进料应答曲线透过曲线的二阶多参量的偏微分方程，除包含轴向扩散系数 D_L 的二阶项外，$\dfrac{\partial q}{\partial t}$ 是涉及相平衡、物质传递等机理的偏微分项。因此要解出连续性方程除初始条件和边界条件，还要相平衡和传质方程，或为了简化该方程的解，加入相应的简化假设如瞬间平衡等模型。又设定床层填充良好，不考虑轴向扩散，取轴向扩散系数 $D_L=0$，将二阶偏微分方程化简为一阶微分方程，使之易取得解。

简化取床层为活塞流，线性等温相平衡，符合亨利定律 $q=k_H c$，传质速率方程为线性推动力一阶方程，易得到分析解。

连续性方程根据边界条件之不同解法很多，除一般分析解或拉氏变换法得用贝塞尔函数表示的表达式外，有仿照不稳定传热解法的图解法、矩量分析解、数值积分解法、正交配点解以及在各种特定条件下的恒定图形的分析解和特征解法等。

透过曲线直接表达连续性方程、相平衡和传质扩散机理（各种扩散控制）对波形的影响。

固定床吸附连续性方程在统计力学中是 Hamilton 运动方程的特殊表达形式。此方程式中的 $\dfrac{\partial q}{\partial t}$ 微分项和传质速率方程包括吸附相平衡、吸附推动力（传质速率表达式）、传质系数及其界膜物质扩散等因素，是信息非常丰富的参量。其最简单的解是设气体在床层中忽略其压力降成活塞流 $D_L=0$，线性的等温相平衡，即符合 Henny 方程 $q=k_H c$，传质速率推动力为外扩散控制（表面扩散系数恒定）的一阶方程。将连续性方程化为双曲线方程，加入相应的初始和边界条件，用解微分方程的分析算法，得含贝塞尔函数在内、浓度 c、平衡浓度 c^* 和进料浓度 c_0 之间的关系：

$$\frac{c}{c_0}=1-\mathrm{e}^{-\xi-\tau}\sum_{n=1}^{\infty}\xi^n\,\frac{\mathrm{d}^n J_0\left(2i\sqrt{\xi\tau}\right)}{\mathrm{d}\left(\xi\tau\right)^n}\tag{5-10}$$

及

$$\frac{c^*}{c_0}=1-\mathrm{e}^{-\xi-\tau}\sum_{n=0}^{\infty}\xi^n\,\frac{\mathrm{d}^n J_0\left(2i\sqrt{\xi\tau}\right)}{\mathrm{d}\left(\xi\tau\right)^n}\tag{5-11}$$

式中，$\xi=\dfrac{k}{\varepsilon_B}\dfrac{Z}{\nu}$

$$\tau=\frac{k}{K}\left(t-\frac{Z}{\nu}\right)$$

已知 ξ 和 τ 值可从贝塞尔函数表查表或从级数求和取得 c/c_0 及 c^*/c_0 值，也可以作图求取。根据 Rosen 推导的公式，在一般床层高度，其近似计算式为：

$$\frac{c}{c_0}=\frac{1}{2}\left(1+erfE\right)\tag{5-12}$$

式中，$E=\dfrac{\tau-\xi}{2\sqrt{\xi}}$，$\tau=\dfrac{K_F a_\nu}{\beta\rho_B}\left(t-\dfrac{2\varepsilon_B}{\nu}\right)$ 及 $\xi=\dfrac{K_F a_\nu Z}{\nu}$。由此可得线性平衡（定形前沿）下传质区的长度。用不同的传质推动力表达式和非线性等温线得各种复杂的解。

三、 简化和应用实例——床层内瞬时浓度分布、 有效传质系数及透过曲线预示

由于空气中蒸气吸附过程的复杂性，尽管有许多学者从事这方面的研究，但至今仍不能对吸附动力学问题得到完善的解决，透过曲线只在 $c/c_0=0.05\sim1.0$ 之间进行描述。我们在研究活性炭床层对有机蒸气初始阶段的吸附动力学的基础上，针对特殊需要，对空气净化领域中所要求的高衰减比 $c/c_0=10^{-4}\sim0.1$ 的范围内透过曲线的表征和预示进行研究，将所研究测得的有效传质系数 K_a 应用到透过曲线的预示方程中，从而达到在已知活性炭的孔结构

常数以及待脱除的有机蒸气时，用有效传质系数 K_a 即可预示出透过曲线。

1. 理论部分

在以活性炭吸附剂作固定相、以含有害蒸气的空气为流动相的吸附分离过程中，吸附平衡的吸附等温线及其描述透过行为的透过曲线是工艺设计的基础参数，也是鉴定或评价吸附剂性能优劣的依据。吸附平衡直接影响透过曲线的形状和传质区的大小。当含有一定浓度 c_0 的有害物质的空气连续地通过活性炭吸附柱时，对吸附柱中的活性炭来说，沿吸附柱长度各点位置上的活性炭所吸附有害物质的数量各不相同，从而形成负荷曲线。负荷曲线中 S 形的一段称为前沿，前沿占有吸附柱的一段长度即传质区（MTZ），传质过程仅在前沿的传质区内进行。实际上，我们是通过测定与负荷曲线成镜面相似的透过曲线即流动相中浓度的变化，来研究吸附传质过程及体系的性能。

研究工作借助于气相色谱方法以活性炭床层对有机蒸气初始阶段的吸附动力学为出发点，在求得活性炭吸附有机蒸气的有效传质系数的基础上预示透过曲线。

有效传质系数的推导主要是依据吸附连续性方程：

$$D\frac{\partial^2 c}{\partial L^2} = V\frac{\partial c}{\partial L} + \frac{\partial c}{\partial t} + \frac{\partial a}{\partial t} \qquad (5\text{-}13)$$

及吸附动力学方程：

$$\begin{cases} \dfrac{\partial a}{\partial t} = K[c - f(a)] \\ K = K(a) \end{cases} \qquad (5\text{-}14)$$

对活性炭体系，活性炭对有机蒸气的吸附系优惠等温线，故将其进行简化，并考虑边界条件和初始条件，经数学变换，最终得到吸附动力学起始阶段方程式：

$$\frac{c}{c_0} \approx \exp\left(-\frac{K_a}{V}L\right) \qquad (5\text{-}15)$$

式中，c_0 为气流中有机蒸气的初始浓度，mg/L；K_a 为吸附速率常数（有效传质系数），min^{-1}；V 为蒸气空气混合气流线速度，cm/min；L 为炭层厚度，cm。

根据式（5-15），在专用吸附特性测定仪上测得有效传质系数 K_a。

所测得的有效传质系数 K_a 同 Wheeler 吸附动力学方程式中的拟一级吸附速率常数能很好地一致。尽管有效传质系数和拟一级吸附速率常数的名称不同，实验证明两者对活性炭有机蒸气体系的传质过程表征是一致的。

大量实验数据表明，活性炭对有机蒸气的吸附，在 $c/c_0 = 10^{-4} \sim 10^{-1}$ 范围内，当透过浓度一定时，透过时间与炭床层厚度成直线关系；当炭层厚度一定时，透过时间与 $\ln(c_0/c)$ 也呈线性关系。所以选用在防护技术中广泛应用的表面吸附为一个拟一级反应出发导出的 Wheeler 方程，来表征透过曲线，即

$$t = \frac{a_0 \rho_B}{u c_0}\left[L - \frac{u}{K_a}\ln(c_0/c)\right] \qquad (5\text{-}16)$$

式中，t 为透过时间，min；ρ_B 为炭层堆积密度，g/L；a_0 为动态饱和吸附容量，mg/L。在本研究范围内，因为本体系是微孔发达的活性炭对有机蒸气的吸附，其吸附等温线属 Ⅰ型，故 a_0 用 D-R 方程式表征：

$$a_0 = \frac{MW_0}{V}e^{-B\frac{T^2}{\beta^2}(\lg\frac{c_s}{c})^2} \qquad (5\text{-}17)$$

式中，M 为吸附质的分子量；W_0 为微孔吸附体积，cm^3/g；B 为微孔结构常数，K^{-2}；

T 为温度，K；β 为亲和系数；c_S 为 T 温度下的饱和浓度，mg/L；c 为有机蒸气的透过浓度；V 为液相吸附质在 T 温度下的摩尔体积，cm^3/mol。

式（5-16）中的 K_a 是拟一级吸附速率常数，其值同实测的有效传质系数较好地一致，并用于透过曲线的预示。

2. 实验验证

（1）炭样及试剂

炭样的主要性能见表 5-3。

表 5-3　炭样的主要性能

炭样	$W_0/$（cm^3/g）	$B\times10^{-6}$	$\rho/(g/cm^3)$	$d_p^{①}/cm$	形状	原料	来源
J-1	0.425	1.00	0.536	0.048	球状	沥青	日本
ZZ07	0.334	1.09	0.500	$0.114^{②}$	圆柱	无烟煤	中国太原

① 概率统计结果。

② 流体力学直径 $d_p = \left(dL + \dfrac{d^2}{2}\right)^{1/2}$。

所用试剂：苯、正己烷均为分析纯，纯度为 99.5% 以上，其性能见表 5-4。

表 5-4　吸附质的特性

吸附质	M	$t_b/℃$	p_{20}/Pa	p_{25}/Pa	纯度
苯	78.046	80.1	1.00×10^4	1.27×10^4	分析纯
正己烷	86.170	63.7	1.61×10^4	2.01×10^4	分析纯

（2）透过曲线的测定

① 仪器装置　装置、流程如图 5-3 所示。

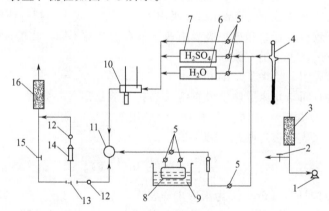

图 5-3　吸附特性测定仪

1—压缩空气机；2—流量调节阀；3—过滤罐；4—流量计；5—两通活塞；
6，7—湿度瓶；8—舟形瓶；9—恒温水浴；10—干湿球温度计；
11—混合器；12—取样球；13—三通活塞；14—动力管；
15—阻力调节阀；16—吸附罐

② 实验条件　实验所用有机蒸气的初始浓度 c_0（mg/L）及透过浓度 c（mg/L）均用气相色谱仪的氢焰检测器检测，条件为：

载气：N_2，30 mL/min；燃烧气：H_2，60mL/min；助燃气：空气，200mL/min；柱子：内径 5mm×1mm 不锈钢，长 70cm，内装 60～80 目石英砂；柱温：140℃；汽化室温度：150℃。

③ 有效传质系数的测定　实验所用吸附剂及吸附质特性分别在表 5-3 和表 5-4 中列出。其具体实验方法是在 $t \approx 0$ 时测取吸附质沿活性炭吸附柱的瞬时浓度分布，借助气相色谱仪的氢焰离子化检测器，在宽广范围（$c/c_0 = 10^{-5} \sim 10^{-1}$）内测定吸附质的浓度，其检测条件亦与透过曲线的测定条件完全相同。

3. 有效传质系数和透过曲线预示

（1）透过曲线的表征

我们在瞬时浓度分布及有效传质系数的研究中，测定了所研究体系的有效传质系数 K_a，为了对其进行考察，又测定了其对应条件下的透过曲线，将所测定的 K_a 值用于透过曲线的预示。

在防毒领域（高洁净环境）中所关心的是 $c/c_0 = 10^{-4} \sim 10^{-1}$ 的高衰减比范围（高毒性低允许透过浓度）。本研究在 $c/c_0 = 10^{-5} \sim 1.0$ 的范围内进行测定，其结果用 $t - \ln(c/c_0)$ 进行描述，如图 5-4～图 5-9 所示。

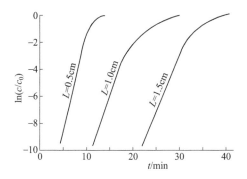

图 5-4　苯在活 J-1 性炭上的透过曲线
$u - 500\text{cm/min}$；$d_p - 0.048\text{cm}$，
$c_0 - (15 \pm 0.5)\text{mg/L}$

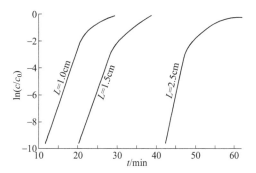

图 5-5　苯在 ZZ-07 活性炭上的透过曲线
$u - 500\text{cm/min}$，$d_p - 0.114\text{cm}$，
$c_0 - (15 \pm 0.5)\text{mg/L}$

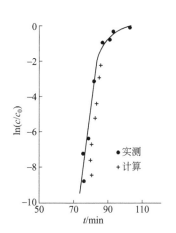

图 5-6　苯在 ZZ-07 活性炭上的透过曲线
$u - 125\text{cm/min}$，$d_p - 0.114\text{cm}$，
$c_0 - 15.0\text{mg/L}$，$L = 1.5\text{cm}$

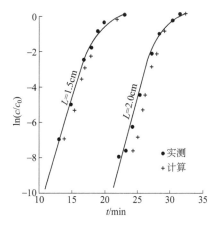

图 5-7　苯在 ZZ-07 活性炭上的透过曲线
$u - 500\text{cm/min}$，$d_p - 0.048\text{cm}$，
$c_0 - (15 \pm 0.5)\text{mg/L}$

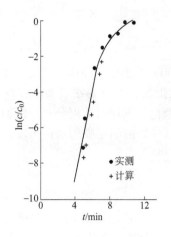

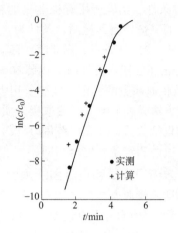

图 5-8　正己烷在 J-1 活性炭上的透过曲线
$u-500\text{cm/min}$，$d_\text{p}-0.048\text{cm}$，
$c_0-38.0\text{mg/L}$，$L-1.0\text{cm}$

图 5-9　正己烷在 ZZ-07 活性炭上的透过曲线
$u-500\text{cm/min}$，$d_\text{p}-0.114\text{cm}$，
$c_0-38.0\text{mg/L}$，$L-1.0\text{cm}$

（2）有效传质系数 K_a 的考察

由方程式（5-16）及实验结果看出，$t\text{-ln}(c_0/c)$ 以及 $t\text{-}L$ 之间分别存在 2 种直线关系，并且可以求得吸附容量 a_0 及速率常数 K_a。我们进行了此项工作，并同由式（5-17）预示的吸附容量 a_0 及实测的有效传质系数 K_a 作一比较，见表 5-5。

表 5-5　不同方法求得的 K_a 及 a_0 值比较

项目	K_a/min^{-1}			$a_0/(\text{mg/g})$		
炭样	实测	方法 1	方法 2	方法 1	方法 2	方法 3
ZZ07	9843	9712	9560	246	250	236
J-1	14000	12109	12983	305	267	315

注：$u=500\text{cm/min}$；方法 1 表示 $t\text{-ln}(c_0/c)$；方法 2 表示 $t\text{-}L$；方法 3 表示 D-R。

由表 5-5 看出，在 2 种炭样上，不管是由 $t\text{-}L$ 关系还是由 $t\text{-ln}(c_0/c)$ 关系求得 K_a，同实测值的最大偏差为 13.5%；由 D-R 方程求得的吸附容量 a_0 同 $t\text{-}L$ 关系及 $t\text{-ln}(c_0/c)$ 关系求得的吸附容量 a_0 亦比较接近，最大偏差为 15%。

对不同炭样、不同吸附质、不同实验条件下的透过曲线进行了实验与预示比较，结果颇为接近，见图 5-6～图 5-9。

（3）防护时间的预示

当已知活性炭的孔结构常数 W_0 和 B 值、待吸附的有机蒸气以及其动态使用条件（如比速、浓度等），并测得传质系数 K_a 时，则可直接预示出透过曲线，因而也可以求出防护时间。以苯在 J-1 活性炭上的吸附为例，如表 5-6 所示。

表 5-6　防护时间的预示

L/cm	$c_0/(\text{mg/L})$	$T_实/\text{min}$	$T_计/\text{min}$
1.5	14.4	31.3	30.8

L/cm	c_0/ (mg/L)	$T_{实}$/min	$T_{计}$/min
1.0	13.7	19.1	19.6
0.5	14.4	9.2	9.1

注：$u=500$cm/min，$c/c_0=0.1$，$T=25℃$，$\varphi = 50\%$。

由图 5-10 更清楚地看出预示防护时间的误差。在实验条件下，绝大多数误差均在 10％ 以内，其结果是令人满意的。

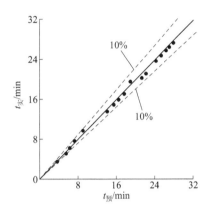

图 5-10　实测与预示防护时间之比较

综上所述：我们在瞬时浓度分布研究的基础上，在一定的实验条件下，测得沿吸附柱长度的瞬时浓度分布曲线，就可由短时间所测得的有效传质系数，结合 Wheeler 方程，预示出长时间的整个透过曲线（而 Wheeler 方程中的拟一级速率常数，目前只能由长时间的透过曲线测定。）

第三节
传质区模型、吸附等温线对透过曲线的影响

一、 传质区模型

向颗粒大小均匀、填充紧实的垂直吸附柱，恒温下以浓度 c_0 的稀溶液恒速送入时，因边壁效应等原因，溶液在床层内的流速会发生变化。流动快的溶液和吸附剂颗粒接触的时间短，床层吸附量 q_R 小 [图 5-11 （a）的 d 点]，流得慢的部分吸附量 q_e 高，

其中，图 5-11 （a）图中的 a 点，自 a 点至 d 点（即 bd 前沿）占有床层的一段长度为床层负荷曲线的传质区（MTZ），$\overline{adkh}$ 面积是已吸附饱和的床层。传质区愈小表明吸附剂的活性愈高，传质阻力小，至前沿 ad 成直线 cf 时，传质阻力最小，床层得以充分利用。因从床层中取颗粒固定相分析，会干扰床层操作，一般自床层或柱端取流体相分析其浓度变化，瞬间平衡状态下，此浓度和颗粒吸附量成相平衡的关系，得流体相透过曲线 [图 5-11

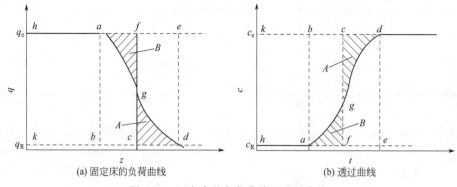

图 5-11 固定床的负荷曲线和透过曲线

(b)]，它和负荷曲线上的各点都是对应的，面积也相对应，$\overline{ae}$ 和 $\overline{bd}$ 的长度为透过曲线的传质区，同样其 MTZ 表示吸附传质过程、相平衡，浓度、流出时间和流量等各参量的关系。透过曲线的前沿一段各物理量的变化可用连续性方程描述，具体表现为试验曲线。当以溶液是恒速入柱，故溶质到达柱某点所需的时间，溶液通过量和相应柱长都在恒温下成比例，透过曲线的横坐标可相应用时间、流量或柱长表示。图 5-11（b）曲线前沿传质区下方的面积 $\overline{agdea}$ 表示床层相应区段内具有吸附溶质能力的区段，吸附饱和率 $1-f=\dfrac{\overline{agdcb}}{\overline{abcdef}}$，

相应传质区内剩余吸附能力分率 $f=\dfrac{\overline{agdef}}{\overline{abcdef}}$，当 $\overline{agdef}$ 面积为零，即 MTZ＝0，前沿成垂线时，$f=0$，床层的利用率最高。反之，当传质区透过点 a 在柱进口端，流出点延长至柱末端，溶质透出柱外，工艺已不许可，吸附饱和率 $1-f$ 小至某一限度，吸附剂已不能再用，须更新。为此，在操作中流出点对床层出口要有一定的距离，使透过曲线保留相应的安全系数。

传质区的简化描述可假设在恒温恒速阶跃进料时，床层填充良好，不考虑轴向扩散，$D_L=0$，溶液（流体）的浓度低，其吸附等温方程为线性。传质波前沿形成后，前沿波保持恒定不变（定形前沿），以恒定速度向前移动，$\dfrac{\mathrm{d}z}{\mathrm{d}t}=$ 定值。在传质区取物料衡算，在 $\mathrm{d}t$ 时间内，送入床层的溶液中溶质浓度的变化值 $\varepsilon \nu A c_0 \mathrm{d}t$ 应等于此段 $\mathrm{d}z$ 床层内吸附剂的吸附量和该床层颗粒间隙内溶液（流体）浓度的变化值，即

$$\varepsilon \nu A c_0 \mathrm{d}t = A\left[(1-\varepsilon)q_\mathrm{m}+\varepsilon c_0\right]\mathrm{d}z \tag{5-18}$$

移项得

$$\mathrm{d}u_\mathrm{c}=\frac{\mathrm{d}z}{\mathrm{d}t}=\frac{\varepsilon \nu}{\left[(1-\varepsilon)(q_\mathrm{m}/c_0)+\varepsilon\right]} \tag{5-19}$$

式中 ε——床层间隙率；

ν——溶液（流体）在床层内流动的线速度；

q_m——在床层吸附平衡区相应溶液浓度 c_0 颗粒吸附剂的最大平衡吸附量。

前沿波上任一点均能保持吸附剂的吸附量和相应溶液浓度之间保持一定的比例

$$\frac{q}{c}=\frac{q_\mathrm{m}}{c_0}=定值 \tag{5-20}$$

前沿各点的移动速度 $dU_c = \dfrac{dz}{dt}$ 随着恒浓溶液以恒速加入并维持固定的形状向前移动。其条件是要使其吸附等温线保持线性 $q = k_H c$，低浓度稀溶液可认为是符合线性等温线的。否则式（5-19）中的 u_c 不是定值，前沿波形随着溶液的加入，上端移动速度比下端快，波形不断变更伸延（变形前沿）。

定形前沿曲线方程（5-19）只是连续性方程（5-9）的特例，在痕量低浓度组分恒温活塞流状态，阶跃送入填充紧实的固定床，不考虑轴向扩散和传质阻力，式（5-9）的二阶项可忽略不计，得

$$U \frac{\partial c}{\partial z} + \frac{\partial c}{\partial t} + \left(\frac{1-\varepsilon_B}{\varepsilon_B}\right)\frac{\partial q}{\partial t} = 0 \tag{5-21}$$

吸附等温线方程为线性，$q = k_H c$，将传质项改用新的参量表示：

$$\left(\frac{\partial q}{\partial t}\right)_z = \left(\frac{\partial q_m}{\partial t}\right)_z = \frac{dq_m}{dc}\left(\frac{\partial c}{\partial t}\right)_z \tag{5-22}$$

则

$$\left(\frac{\partial c}{\partial t}\right)_z = \frac{\nu}{\left[1 + \left(\dfrac{1-\varepsilon_B}{\varepsilon_B}\right)\left(\dfrac{dq_m}{dc}\right)\right]} \cdot \left(\frac{\partial c}{\partial z}\right)_t \tag{5-23}$$

床层内前沿的移动速度 u_c 和式（5-19）一致。

$$u_c(c) = \left(\frac{\partial c}{\partial t}\right)_c = -\frac{(\partial c/\partial t)_z}{(\partial c/\partial z)_t} = \frac{\nu}{\left[1 + \left(\dfrac{1-\varepsilon_B}{\varepsilon_B}\right)\left(\dfrac{dq_m}{dc}\right)\right]} \tag{5-24}$$

式（5-21）可改成浓度波前沿方程，这是标准的双曲线方程。

二、 吸附等温线和其他参数对透过曲线的影响

Brunauer 将吸附等温线分成五种类型，简单地又可以分成优惠的、线性的和非优惠吸附等温线三种，它们对阶跃输入形成的透过曲线的形状及传质区的大小都有密切的关系。

① 优惠吸附等温线 $\partial^2 f(c)/\partial c^2 < 0$，吸附等温线向 q 坐标上方凸起。$\dfrac{q^* - q_0{}'}{q_0 - q_0{}'} > \dfrac{c - c_0{}'}{c_0 - c_0{}'}$，此种曲线斜率的增长随被吸附组分平衡浓度的增大而减少［图 5-12（a）］，即吸附质分子和吸附剂分子之间的亲和力随吸附质组分平衡浓度的增大而下降。当 $t = 0$ 时，在床层进口随着进料的输入先形成直线的浓度波，随着继续进料，浓度波向前移动。从优惠吸附等温线的上一段可以看出，组分浓度增加，吸附剂固相的吸附量相应减少，故浓度波中高浓度的一端相应比低浓度的一端移动得要快。随着时间的增加，传质区变得越来越窄小，所谓浓度波产生"自转"的现象。传质区变短对吸附操作有利，床层的有效利用率增加。在实际操作过程中，进料溶液和吸附剂颗粒之间进行传质时，有一定的传质阻力，浓度波的"自转"现象因进料溶液的流动和时间增长而停止。传质区不再缩短，成为一定波形的浓度波（定形前沿和恒定图形浓度波），此波在床层内移动，直至浓度波前沿到达床层的出口为止。

② 线性吸附等温线 $\dfrac{q^* - q_0{}'}{q_0 - q_0{}'} = \dfrac{c - c_0{}'}{c_0 - c_0{}'}$，这种曲线的斜率为定值，不因吸附组分浓度的

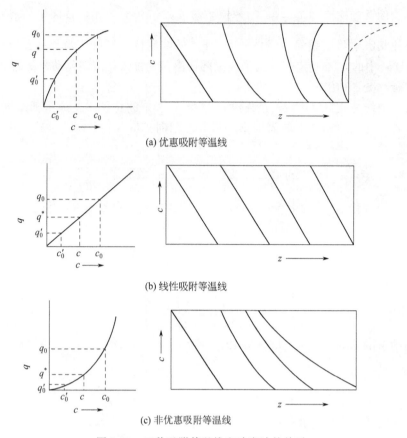

图 5-12　三种吸附等温线和浓度波的关系

增加而变化［图 5-12（b）］。即 $\partial^2 f(c)/\partial c^2=0$，为通过坐标轴原点的一条直线，为线性吸附等温线。吸附质分子和吸附剂分子之间的亲和力和溶液中组分的浓度无关。

③ 非优惠吸附等温线 $\dfrac{q^*-q_0'}{q_0-q_0'}<\dfrac{c-c_0'}{c_0-c_0'}$，这种曲线斜率的增长趋势，随吸附组分浓度的增加而变化［图 5-12（c）］。即 $\partial^2 f(c)/\partial c^2>0$，指向吸附组分平衡浓度 c 坐标下凹的吸附等温线，为非优惠的吸附等温线，吸附质分子和吸附剂分子之间的亲和力随平衡浓度的增大而升高。当吸附塔床层开始进料时，在床层入口处形成直线的浓度波。当浓度波向前移动时，从非优惠吸附等温线可以看到，吸附组分浓度增加，吸附剂的吸附量迅速加大，浓度波中浓度较高的一端比低浓度的一端移动得慢。随着时间的推延以及传质阻力的影响，传质区不断变宽，浓度波前沿不断伸延，成为变形前沿和非恒定图形的浓度波，对吸附操作不利。

吸附和解吸的分离系数是互为倒数的。吸附时为优惠的吸附等温线，解吸时则为非优惠的吸附等温线。从曲线图可见，当 q-c 两坐标上下颠倒时向上凸的吸附等温线就变成解吸时向下凹的非优惠等温线，只有线性等温线不论是吸附和解吸都一样，故在选择吸附剂时，要兼顾吸附和解吸过程，不一定都要选取强优惠吸附等温线的吸附剂，要参考选用的解吸方法和吸附分离操作的工艺条件而定。

④ 除了吸附平衡对吸附透过曲线的形状有较大的影响外，颗粒的直径大小和形状直接

活性炭吸附技术及其在环境工程中的应用

涉及床层空隙率 ε_B，使床层压力降和流动相颗粒的扩散改变，流体的流动状况和流速分布发生变化。从图 5-13 可见，随着颗粒直径尺寸的减少，透过时间相应增加。原因是由于传质系数和每单位容积颗粒外表面积改变引起的，颗粒增大，气流阻力和组分分子的内扩散路径随之增加所致。

⑤ 颗粒内扩散系数 D_s 的影响。如果 D_s 加大，透过曲线可变得更为陡峭（图 5-14），较大的 D_s 值，表明内扩散阻力下降，MTZ（传质区长度）缩短。

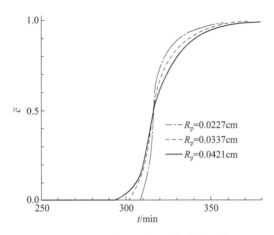

图 5-13　颗粒大小对透过曲线的影响

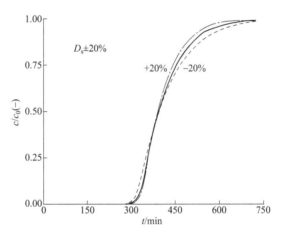

图 5-14　有效扩散系数对特定透过曲线的影响

⑥ 外传质系数 k_f 的影响。气-固体系的 k_f 值，如用 Petrovic 和 Thodos 式表示时

$$k_f = 0.355 v_s \left(\frac{1-\varepsilon_B}{\varepsilon_B} \right) Re^{-0.359} Sc^{-0.67} \tag{5-25}$$

式中，v_s 为流体的表面流速。

从图 5-15 可见，当 k_f 值变化，透过点延迟，透过曲线变陡峭。

⑦ 进料浓度的影响：因平衡关系的改变，低浓度混合气相平衡关系接近 Henry 定律，更符合优惠吸附曲线的情况，使透过曲线陡峭，见图 5-16。

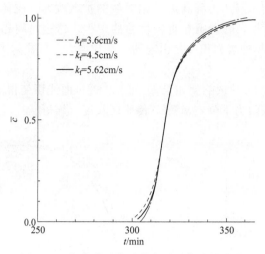

图 5-15　气体膜阻力对指定透过曲线的影响

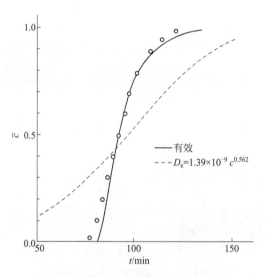

图 5-16　进料浓度和扩散系数关系
对透过曲线的影响

第四节
传质区和透过点的求取

一、　由透过曲线求取

在环境保护吸附分离中较常采用的是阶跃操作法，从而要考虑其前沿波的移动速度，计算其吸附和剩余吸附量。溶液浓度可以用单位体积内的溶质量 c（mg/L）表示，吸附量用相应体积吸附剂的最初吸附质量 q_0 和最终吸附量 q_e 表示，在 t 至 $t+\Delta t$ 间隔内，从溶液中提取出的溶质量（图 5-17）为：

活性炭吸附技术及其在环境工程中的应用

$$溶质量 = G_f(c_e - c_0)A\Delta t \tag{5-26}$$

式中　c_e、c_0 和 G_f——溶液通过柱最终、最初的浓度和流量。

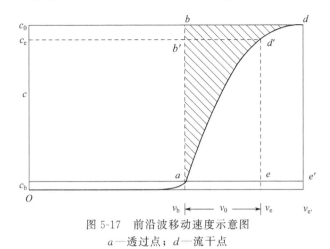

图 5-17　前沿波移动速度示意图

a—透过点；d—流干点

设 q/c＝定值是线性，传质区长短不因前沿波移动而变形，当前沿移动 Δz 距离，吸附剂得到的溶质量为

$$溶质量 = A\rho_B(q_e - q_0) \tag{5-27}$$

二者相等式（5-26）和式（5-27）相等，则

$$\Delta z = \frac{G_f \Delta c \Delta t}{\zeta_B \Delta q} \tag{5-28}$$

设前沿波的移动速度 u_c 恒定（定形前沿），因 $\Delta z = u_c \Delta t$，得传质区（MTZ）的移动速度

$$\nu_c = \frac{G_f \Delta c}{\rho_B \Delta q} \tag{5-29}$$

这说明前沿波是定形前沿模式，前沿移动速度和进柱溶液的重量流速、$\Delta c = c_e - c_0$ 浓度差成正比，和柱内吸附剂的吸附量 $\Delta q = q_e - q_0$ 差值成反比。

设最初浓度的溶液 c_0 以恒速通过床层，在柱入口经过一定时间 t_f 形成定形的前沿，继续移动，前沿在 a、e 二点间等速移动所需时间 t_a 为

$$t_a = \frac{\nu_e - \nu_b}{G_f} = \frac{\nu_a}{G_f} \tag{5-30}$$

式中　ν_b，ν_e——溶液达到透过点 a 和流干点 d 时的溶液量。

如床层长度 L，形成前沿需要时间 t_f，前沿移至床层末端需要时间 t_e，即 $t_e = \nu_e/G_f$，则传质区 MTZ 的长度 L_{ma}：

$$L_{ma} = L\frac{t_a}{t_e - t_f} \tag{5-31}$$

式中，t_a 为前沿移动同一波长所需时间。

A. S. Michaels 提出 MTZ 内仍可吸附溶质的波形面积所占比率，称残余吸附容量分率 f，而 $1-f$ 为已吸附溶质所占面积的容积分率，当 $f=0$，MTZ 内的吸附剂已完全饱和，因此

$$L_{ma} = L\left[\frac{t_e - t_b}{t_e - (1-f)(t_e - t_b)}\right] \tag{5-32}$$

一般取 $f = 0.4 \sim 0.5$ 左右。

设溶液中溶质通过液膜扩散进入吸附剂颗粒的传质速率表示为

$$\rho_B \frac{dq}{dt} = k_f a_v (c - c^*)$$

对定形前沿 $q/c = q_0/c$，即 $dq = q_0 dc/c_0$ 代入上式，则

$$dt = \frac{\rho_B q_0}{k_f a_v c_0} \cdot \frac{dc}{c - c^*} \tag{5-33}$$

分别从 t_e 至 t_b 和 c_e 至 c_b 积分，得：

$$t_e - t_b = \frac{\rho_B q_0}{k_f a_v c_0} \int_{c_b}^{c_e} \frac{dc}{c - c^*} \tag{5-34}$$

透过曲线上 c_b 和 c_e 分别是透过点和最终流干点浓度，传质区 MTZ 的移动速度为

$$u_f = \frac{v}{\varepsilon + \rho_B (q_0/c_0)} \cong \frac{vc_0}{\rho_B q_0} \tag{5-35}$$

因一般 $\rho_B \dfrac{q_0}{c_0} \gg \varepsilon$，上式近似成立。传质区长度 L_{ma} 可表示为

$$L_{ma} = v_f(t_e - t_b) = \frac{v}{K_f a_v} \int_{c_b}^{c_e} \frac{dc}{c - c^*} = \frac{v}{K_f a_v} N_{tog} \tag{5-36}$$

式中，HTU 传质单元高度 $H_{tog} = \dfrac{v}{K_f a_v}$

传质单元数 $N_{tog} = \displaystyle\int_{c_b}^{c_e} \frac{dc}{c - c^*}$。

即 $\qquad\qquad L_{ma} = H_{tog} N_{tog} \tag{5-37}$

说明传质区（MTZ）的长度为 HTU 传质单元高度 H_{tog} 和传质单元数 N_{tog} 的乘积。操作条件越差，$k_f a_v$ 变小，表征吸附传质效果减低，所需的 MTZ 长度加大。直至柱出口溶液浓度即透过为 c_b，柱末端浓度为流干点 c_e 时，此柱已不能操作直至更换新鲜的吸附剂或重新再生。

在 a 至 d' 点前沿曲线内，吸附剂中已吸附溶质的总量 W 为

$$W = \int_{v_b}^{v_e} (c_e - c) \, dv \tag{5-38}$$

当传质区前沿相应曲线内所有吸附剂均已饱和时，其最大的吸附量为 $c_0 dv_a$，但事实仅吸附 W 量，故在曲线 ad' 点之间残余吸附容量分率 f 应为

$$f = \frac{W}{c_0 dv_a} = \int_{v_b}^{v_e} \frac{(c_0 - c) \, dv}{c_0 (v_e - v_b)} \tag{5-39}$$

在传质区的吸附剂已全部饱和，残余吸附能力分率为零，$f = 0$，如 s 形前沿是垂直的直线时，传质区内的吸附剂可以说没有溶质存在，残存吸附能力分率为 1，即 $f = 1$。在稳定的吸附操作下，前沿不可能是垂线，故一般 $0 < f < 1$ 之间，f 值越小，传质区能吸附溶质的能力越低，最初形成传质区所需要的时间越短，$\tau_f = (1-f)\tau_a$，在多数情况下，前沿曲线是对称的。$f = 0.5$，则

$$\tau_f = (1-f)(\tau_e - \tau_b) = (1-f)\frac{L_{ma}}{v_a} \tag{5-40}$$

活性炭吸附技术及其在环境工程中的应用

或 $\quad \tau_f = 0.5(\tau_e - \tau_b) = 0.5 \dfrac{L_{ma}}{\nu_a}$

从图 5-18 得

$$\tau_b - \tau_f = \frac{L - L_{ma}}{\nu_a} \tag{5-41}$$

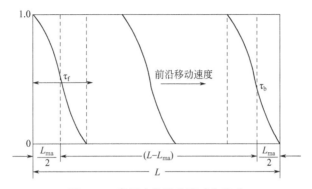

图 5-18 床层中前沿的形成和移动

将式（5-40）代入上式，得

$$\tau_b = \frac{L - fL_{ma}}{\nu_a} \tag{5-42}$$

把 $f = 0.5$ 和式（5-40）代入式（5-42），得：

$$\tau_b = \frac{\rho_B q_0}{\nu c_0}(L - 0.5 L_{ma}) \tag{5-43}$$

将式（5-36）中的 L_{ma} 代入上式，得透过时间 τ_b 为

$$\tau_b = \frac{\rho_B q_0}{\nu c_0}\left[L - \frac{0.5\nu}{K_f a_\nu} N_{tog}\right] \tag{5-44}$$

透过时间 τ_b 一般取进料浓度之 $2\% \sim 3\%$，K. E. Noll 提出 $x = 0.1$ 时气体浓度的经验公式：

$$\tau_b = \frac{L}{\nu_c} - \frac{0.4}{(dx/dt)_{x=0.5}} \tag{5-45}$$

式中，$x = c/c_0$，$(dx/dt)_{x=0.5}$ 指透过曲线中点的斜率。

二、 由 D-R 方程和有效传质系数求取和实验验证

1. 由 D-R 方程和有效传质系数求取

（1）理论分析

吸附过程涉及外扩散、内扩散、吸附、脱附等多个步骤，影响因素复杂，每一步都将不同程度地影响总吸附速率。对活性炭床层的吸附认为属扩散模型，我们基于前述活性炭对苯蒸气的有效传质系数 K_a 的实测结果，将其用于传质区的预示。

在吸附床内取一微元高度 dL，则床层微元内单位时间吸附质的物料衡算如下：

$$Vdc \cdot A = K_a(c - c^*)dL \cdot A \tag{5-46}$$

式中，V 为污染空气流线速度，cm/min；c 为气流中吸附质的初始浓度，mg/L；A 为床层截面积，cm^2；K_a 为有效传质数，min^{-1}；c^* 为平衡浓度，mg/L；L 为炭床厚度。

将上式整理：

$$dL = \frac{V}{K_a} \frac{1}{(c-c^*)} dc \qquad (5-47)$$

由透过浓度 c_b 到饱和浓度 c_e 积分即得：

$$L_e - L_b = \frac{V}{K_a} \int_{c_b}^{c_e} \frac{1}{c-c^*} dc = HN \qquad (5-48)$$

N 为床层传质区内的传质单元数：

$$N = \int_{c_b}^{c_e} \frac{dc}{c-c^*} \qquad (5-49)$$

H 为传质单元高度；

$$H = \frac{V}{K_a} \qquad (5-50)$$

所以传质长度

$$L_m = L_e - L_b = HN \qquad (5-51)$$

传质区 L_m 的预示：

对于稳态连续气流的吸附波成恒定模式，通常用新的活性炭，所以操作线方程为：

$$\frac{a}{c} = \frac{a^*}{c_0} \qquad (5-52)$$

式中，c 为有机蒸气浓度 mg/L；a 为在 c 浓度下的吸附量，mmol/（L·g）；c_0 为气流中有机蒸气的初始浓度，mg/L；a^* 为与 c_0 对应的平衡吸附量，mmol/（L·g）。

对活性炭吸附有机蒸气污染空气流体系，属优惠吸附等温线，相平衡关系用 D-R 方程表征：

$$a = w_0 e^{-B\frac{T^2}{\beta^2}\left(\lg\frac{c_s}{c_0}\right)^2} \qquad (5-53)$$

式中，a 为在 c 浓度下的吸附量，mmol/（L·g）。

这样，只要已知所用活性炭的孔结构参数 W_0 和 B 值，无需测定吸附平衡曲线，也省略了化工上所用的图解积分。只要用式（5-52）和式（5-53）联立，用程序计算，即能方便地求得传质区内的传质单元数的积分解，从而获得传质区长度 L_m 值。

（2）理论计算

我们在 286K 及 1atm 下，将含有 15.0mg/L 浓度苯的空气以 500cm/min 的流速通过 1.5cm 高的活性炭床，以脱除苯，并以透过气流中浓度分别为 0.72mg/L、13.68mg/L 作为透过点和最终饱和点，该体系的有效传质系数 $K_a = 3120min^{-1}$，活性炭为直径 0.48mm 的微球，其结构常数 $W_0 = 4.904$ mmol/（L·g），$B = 1.00 \times 10^{-6} K^{-2}$，床层均匀装填，装填密度为 $\rho_B = 0.576g/cm^3$，求传质区长度 L_m。

解：本体系为活性炭对苯的吸附，用 D-R 方程式表示吸附平衡。当 $T = 286K$，$c_s = 231.9mg/L$

$$a = 4.904 e^{-1 \times 10^{-6} \times 286^2 \left(\lg\frac{c_s}{c_0}\right)} \qquad (5-53-1)$$

由上式可求得：$a^* = 4.524$mmol/（L·g），而 $c_0 = 15.0$mg/L，故由式（5-52）可得：

$$a/c = 0.302 \text{ 或 } a = 0.302c \qquad (5-52-1)$$

传质单元数计算结果见表 5-7。

表 5-7 传质单元数计算计算结果

序号	1	2	3	4	5	6	7	8	9
c / (mg/L)	0.72	2.34	3.96	5.58	7.20	8.82	10.44	12.06	13.68
a /[mmol/(L·g)]	0.217	0.707	1.196	1.686	2.175	2.664	3.153	3.642	4.131
c^* / (mg/L)	0.00016	0.0032	0.0163	0.0565	0.1631	0.4305	1.1003	2.8716	8.2637
$\dfrac{1}{c-c^*}$	1.389	0.428	0.254	0.181	0.142	0.119	0.107	0.109	0.185
$\displaystyle\int_{c_b}^{c_e}\dfrac{1}{c-c^*}$	0	1.472	2.024	2.377	2.638	2.850	3.033	3.208	3.446

表 5-7 中说明：

第一列为 c_b 与 c_e 之间的 c 值，取 $\Delta c=1.62$。

第二列为用第一列的 c 由式（5-52-1）求得的 a。

第三列为第一列各 c 值所对应平衡曲线上的 c^* 值，用第二列的各 a 值由式（5-53-1）求得。

第四列为第一、三列各值对应的计算结果。

第五列以第四列相邻数据为上下底、以第一列两值间差 $\Delta c=1.62$ 为高的近似梯形求面积，并累加求得，$c_b=0.72\text{mg/L}$ 到 $c_e=1.368\text{mg/L}$ 之间的面积积分为 3.446，该值即传质单元数。

另由式（5-50）：

$$H=\frac{V}{K_a}=\frac{500}{3120}=0.16(\text{cm})$$

则传质区长度 $L_m=HN=0.16\times3.446=0.55(\text{cm})$

2. 预示传质区长度的实验验证

在吸附床层中，吸附波形成以后其波形保持固定不变，并以恒定速度向前移动，$\mathrm{d}t$ 时间内进入床层有毒物的量应等于在此段 $\mathrm{d}z$ 床层内吸附剂所吸附的量和床层颗粒间隙浓度的变化量，物料衡算：

$$VAc_0\mathrm{d}t=A(\rho_B a_0+\varepsilon c_0)\mathrm{d}z \tag{5-54}$$

$$\frac{\mathrm{d}z}{\mathrm{d}t}=\frac{V}{\rho_B\dfrac{a_0}{c_0}+\varepsilon} \qquad 因 \qquad \rho_B\frac{a_0}{c_0}\gg\varepsilon$$

$$故 \quad \frac{\mathrm{d}z}{\mathrm{d}t}=\frac{V}{\rho_B\dfrac{a_0}{c_0}}$$

由定义可知，传质区的移动速度

$$U=\frac{\mathrm{d}z}{\mathrm{d}t}=\frac{V}{\rho_B\dfrac{a_0}{c_0}} \tag{5-55}$$

式中，ε 为床层的空隙度，其他符号同前。

传质区的移动速度乘以形成传质区所需时间 (t_e-t_b) 即得传质区的长度 L_m，即

$$L_m = \frac{V}{\rho_B \dfrac{a_0}{c_0}} (t_e - t_b) \qquad (5\text{-}56)$$

式中，t_e、t_b值通过透过曲线测定可以得到。

按上例中的条件进行 3123cm/min、500cm/min、125cm/min 三种流速下的透过曲线测定，其结果见图 5-19 及表 5-8。

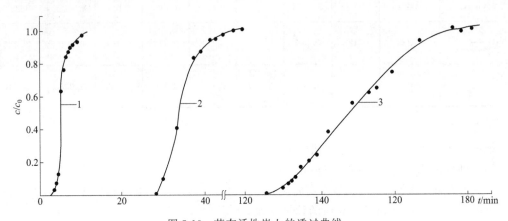

图 5-19　苯在活性炭上的透过曲线

$T = 286\text{K}$，$c = (15.0 \pm 0.5)$ mg/L；$L = 1.5\text{cm}$；1—3123cm/min；2—500cm/min；3—125cm/min

综上所述，将实测的有效传质系数及 D-R 方程用于活性炭对有机蒸气的吸附体系，求得传质区长度，并实验验证，表明预示值同实测值最大相对误差在 10% 以内，这无疑为工程设计提供一简捷可靠的计算方法。

表 5-8　传质区预示值同实测值的比较

	V/（cm/min）	3123	500	125	备注
预示值	K_a/min^{-4}	9076	3120	984	$N = 3.446$ $U = \dfrac{V}{\rho_B \dfrac{a_0}{c_0}}$ $c_0 = 15\text{mg/L}$ $a^* = 0.340\text{mg/g}$
	H/cm	0.34	0.16	0.18	
	L_m/cm	1.18	0.55	0.45	
实测值	U/（cm/min）	0.238	0.038	0.01	
	t_e/min	8.7	43.6	171.8	
	t_B/min	4.0	30.3	130.2	
	L_e/min	1.12	0.51	0.40	
误差	$\dfrac{L_m - L_e}{L_e} \times 100\%$	5.8	8.7	9.8	

活性炭吸附技术及其在环境工程中的应用

第五节
吸附器设计的主要参数

一、 气-固两相界面的传质

间歇式吸附是不稳态操作过程，吸附和解吸的有效传质速率除须考虑溶质的传质机理和流体的流动状态外，还取决于床层内某一点和某一瞬间的浓度分布。传质过程是在一定的浓度差推动力下，吸附质先扩散到吸附质颗粒表面，然后穿过气或液膜界面到达颗粒内大孔孔道表面，两相间吸附质按相平衡关系分配，并从颗粒大孔和微孔表面向晶体内扩散，称为颗粒相扩散。当高浓度气体与吸附剂颗粒接触时，因颗粒相内扩散阻力较大，总传质速率由颗粒相控制，称为内扩散控制；低浓度气体或液体因床层返混涡流及颗粒外表面的浓度差产生的浓度推动力控制的总传质速率称外扩散控制，对外扩散控制可改善流体流动状况，以提高总传质效率。

二、 传质速率表达式

气体或液体溶液中的溶质由于浓度差推动力（$c_f - c_i$）向固体吸附剂颗粒表面扩散。溶质穿过界面（界膜）到达固体表面，在界面上溶质在两相中的浓度大小，按照相平衡关系 $q_{si} = f(c_i)$ 分配。传质速率方程中推动力的表达式有以下几种。

① Glueckauf 以吸附相浓度表示的线性推动方式

$$\frac{\partial q}{\partial t} = kA(q^0 - q) \tag{5-57}$$

② 以流体相浓度表示的膜扩散控制推动力式

$$\frac{\partial q}{\partial t} = kA(c^0 - c) \tag{5-58}$$

③ Vermeulen 二次推动力式

$$\frac{\partial q}{\partial t} = kAx\left[\frac{q^{0^2} - q^2}{2q - q_0}\right] \tag{5-59}$$

$$x = \frac{1}{[r + 15(1 - r)\pi^2]} \tag{5-60}$$

或改写成

$$\frac{\partial q}{\partial t} = \frac{\pi^2 D}{r^2}\left(\frac{q^{0^2} - q^2}{2q}\right) \tag{5-61}$$

④ Thomas 反应动力学近似，指在活性点上反应，如一阶反应动力学的化学吸附，或如一价的离子交换。其反应速率大小为传质推动力：

$$q_m \frac{\partial q}{\partial t} = k\left[c(q_m - q) - \frac{q}{K_c}(c_0 - c)\right] \tag{5-62}$$

式中　K_c——离子交换平衡常数；

　　　k——反应速率常数。

⑤ 当吸附量很低时，取简化动力学近似

$$\frac{\partial q}{\partial t} = kc(q_m - q) \tag{5-63}$$

⑥ 吸附质在吸附剂颗粒内的浓度成抛物线分布，即

$$q = a_0 + a_2 r^2 \tag{5-64}$$

求取传质速率或解出床层和吸附剂颗粒内物料衡算方程的解时，选用适当的推动力模型就可以使该物料衡算偏微分方程的解大为简化。

三、传质系数

1. 流体相传递

传质速率一般用主体流和颗粒表面的浓度差推动力与流体相的传质系数表示：

$$\frac{dq}{dt} = \frac{k_f a_p}{\rho_a}(c - c_i) \qquad 或$$

$$\frac{dq}{dt} = \frac{k_f a_v}{\rho_B}(c - c_i) \tag{5-65}$$

式中　　　　　k_f——流动相的流体传质系数；

$a_p = \dfrac{6}{d_p}$——单位体积吸附剂的传质外表面积；

$a_v = \dfrac{6(1-\varepsilon_B)}{d_p}$——单位体积固定床的传质面积。

在吸附过程中液（气）膜界面决定物质传质阻力的大小，因而流体相侧的传质系数可由下列各经验公式求取。

Chu，J. C.　　$J = \dfrac{k_f}{v}\left(\dfrac{\mu}{\rho D}\right)^{2/3} = 1.77\left[\dfrac{d_p v\rho}{\mu(1-\varepsilon_B)}\right]^{-0.044}, \quad \dfrac{d_p v\rho}{\mu(1-\varepsilon_B)} > 30$

$$J = 5.7\left[\dfrac{d_p v\rho}{\mu(1-\varepsilon_B)}\right]^{-0.79}, \quad \dfrac{d_p v\rho}{\mu(1-\varepsilon_B)} < 30 \tag{5-66}$$

Wilson　　$\dfrac{k_f \varepsilon_B}{v}\left(\dfrac{\mu}{\rho D}\right)^{2/3} = 1.09\left(\dfrac{d_p v\rho}{\mu}\right)^{-2/3}, \quad Re = 0.0016 \sim 55 \tag{5-67}$

J. J. Carberry　　$\dfrac{k_f \varepsilon_B}{v}\left(\dfrac{\mu}{\rho D}\right)^{2/3} = 1.15\left(\dfrac{d_p v\rho}{\mu}\right)^{-0.5} \tag{5-68}$

Frössling　　$\left(\dfrac{k_f d_p}{D}\right)\varepsilon_B = 2.0 + 0.75\left(\dfrac{d_p v\rho}{\mu}\right)^{1/2}\left(\dfrac{\mu}{\rho D}\right)^{1/3} \tag{5-69}$

2. 颗粒相（颗粒侧）传递

颗粒相的物质传递包括吸附剂颗粒微孔内气相和液相的扩散（微孔扩散）、微孔壁的传质扩散和晶粒内的扩散。

颗粒相的物质传递以拟稳态一次推动力表达，则：

$$\frac{dq}{dt} = k_s a_p(q_i - q) \tag{5-70}$$

式中，$k_s = \dfrac{10D_p}{d_p}$ 为颗粒相的传质系数。

3. 总传质系数

用流体相（界膜）或颗粒相（固体颗粒侧）的传质系数表达吸附传质速率方程比较简

单。但是，颗粒相两侧界膜中吸附质的浓度 c_i 和 q_i 难于测定，不能直接使用界膜浓度表示推动力，需要改用平衡浓度 c 和 q，传质系数相应地改用总传质系数来计算吸附速率值。即

$$\rho_a\left(\frac{\mathrm{d}q}{\mathrm{d}t}\right)=K_f a_p(c-c^0)$$

$$\rho_a\left(\frac{\mathrm{d}q}{\mathrm{d}t}\right)=K_s a_p(q^0-q)$$

$$\rho_B\left(\frac{\mathrm{d}q}{\mathrm{d}t}\right)=K_f a_v(c-c^0)$$

和 $\qquad \rho_a\left(\frac{\mathrm{d}q}{\mathrm{d}t}\right)=K_s a_v(q^0-q)$ (5-71)

式中 K_f——流体相浓度为基准的总传质系数；

K_s——颗粒相浓度为基准的总传质系数。

设吸附剂的体积为 V_a、装填密度为 ρ_a 和吸附剂颗粒的外表面积为 A_p，则上式可为

$$V_a\rho_a\mathrm{d}q=k_f A_p(c-c_i)\mathrm{d}t$$

取单位体积吸附剂的外表面积 $a_p=A_p/v_a$，则

$$\rho_a\left(\frac{\mathrm{d}q}{\mathrm{d}t}\right)=k_f a_p(c-c_i)$$

如以床层装填密度 ρ_b 和床层填充体积 V_B 代替 ρ_a 和 V_a，即取 $a_v=A_p/V_B$，得

$$\rho_B\left(\frac{\mathrm{d}q}{\mathrm{d}t}\right)=k_f a_v(c-c_i)$$ (5-72)

相应地 $a_v=\dfrac{\rho_B}{\rho_a}a_p=(1-\varepsilon_B)a_p$，$a_p=\dfrac{3}{R_p}=\dfrac{6}{d_p}$，$a_v=6(1-\varepsilon_B)/d_p$。在求总传质系数时候，界膜浓度可按照吸附等温方程的类型或吸附等温线的形状分成下列几类。

① 设吸附等温线是直线，符合 Henny 定律

$$q_0=\eta c$$

将此关系式代入式（5-72），则

$$\rho_B\left(\frac{\mathrm{d}q}{\mathrm{d}t}\right)=\frac{K_f a_v}{\eta}(q^0-q)$$ (5-73)

固液两侧的扩散过程是串联进行的，稳态传质过程的传质速率相等，没有积累或断裂。将式（5-73）与下式合并

$$\rho_B\left(\frac{\mathrm{d}q}{\mathrm{d}t}\right)=K_s a_v(q_i-q)$$ (5-74)

即 $\qquad \rho_B\left(\dfrac{\mathrm{d}q}{\mathrm{d}t}\right)=\dfrac{(q^0-q)}{\dfrac{\eta}{k_f a_v}}=\dfrac{q_i-q}{\dfrac{1}{k_s a_v}}=\dfrac{q^0-q}{\dfrac{\eta}{k_f a_v}+\dfrac{1}{k_s a_v}}$

得 $\qquad \dfrac{1}{K_s a_v}=\dfrac{\eta}{k_f a_v}+\dfrac{1}{k_s a_v}$

同样，可得 $\qquad \dfrac{1}{K_f a_v}=\dfrac{1}{k_f a_v}+\dfrac{1}{\eta k_s a_v}\times\dfrac{c_0}{q_0}$ (5-75)

② 设吸附等温线符合 Langmuir 方程的校正系数 η，并可从图 5-20 求得，其中横坐标为

$$\frac{q_0}{q_m}=\frac{k_L c_0}{1+k_L c_0}$$

则 $\quad \rho_B \dfrac{\mathrm{d}q}{\mathrm{d}t} = \eta k_s a_v (q_i - q)$ $\hspace{3cm}$ (5-76)

因传质过程是连续稳态和串联的，则式（5-76）和式（5-72）相等，则

$$k_f a_v (c - c_i) = \eta k_s a_v (q_i - q) \hspace{3cm} (5\text{-}77)$$

即 $\quad \dfrac{q_i - q}{c - c_i} = -\dfrac{k_f a_v}{\eta k_s a_v}$ $\hspace{3cm}$ (5-78)

将式（5-71）和式（5-72）联立，得：

$$\frac{1}{k_f a_v} = \frac{1}{k_f a_v} \times \frac{c - c^0}{c - c_i} = \frac{1}{k_f a_v} + \frac{c_i - c_0}{k_f a_v (c - c_i)} \hspace{2cm} (5\text{-}79)$$

将式（5-77）代入式（5-79）中，得

$$\frac{1}{k_f a_v} = \frac{1}{k_f a_v} + \frac{c_i - c}{\eta k_s a_v (q_i - q)} = \frac{1}{k_f a_v} + \frac{1}{\eta k_s a_v} \times \frac{1}{m} \hspace{1.2cm} (5\text{-}80)$$

从图 5-21 可见，m 为 PQ 两点连线的斜率，当 k_s 和 k_f 值一定时，P 点移动 m 值相应地变化，K_f 值随 P 点移动而增减。当 $m=1$ 时，式（5-80）变成式（5-75）。

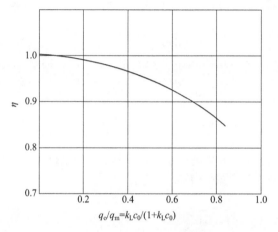

图 5-20　适用于 Langmuir 方程的校正系数

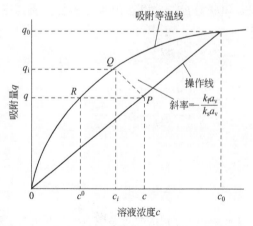

图 5-21　求取平衡浓度 c^0 和液膜浓度 c_i 的图解法

活性炭吸附技术及其在环境工程中的应用

以颗粒相浓度为基准得总传质系数，同样为

$$\frac{1}{K_s a_v} = \frac{\eta}{k_f a_v} + \frac{1}{k_s a_v}$$ (5-81)

如取式（5-81）的倒数为新的参量 ξ，取 $\xi = \dfrac{\eta k_s a_v}{k_f a_v}$。当 $\xi < 0.01$ 时，传质速率为颗粒相内扩散控制；当 $\xi > 10$ 时，为流体外扩散控制。

第六节
扰动应答法测定吸附参数

扰动应答法是流动法测定吸附分离有关参量的方法之一，方法简便能满足工程设计用参量的精确度要求。方法是以严格填充好所需检测球形颗粒吸附剂的固定床吸附柱，避免产生严重的返混现象，在指定柱温下，待测试的低浓度气体（或液体混合物）用脉冲方法进入吸附柱，从应答曲线（流出曲线色谱峰）的波形算出吸附参量，此方法的优点是可以利用现有气体分析仪的进料计量、柱温控制、数据处理系统等附属设备，从应答色谱峰同时取得吸附相平衡常数、有效扩散系数、传质系数和扩散系数等吸附分离参量。

早在 1965 年，Kucera 和 Kubin 将脉冲成矩形波输入所得的应答峰的矩和拉氏变换巧妙地联系在一起，避免了复杂式反演的困难，从而使色谱柱物料衡算式的解和鉴定器得到的应答曲线联系起来，解出了有效扩散系数、气-固传质系数、Knudsen 系数和轴向扩散系数等传递系数。此后又出现了传递函数法、傅式分析法等多种处理方法。目前多数文献仍用矩量法处理。1968 年 Smith 把这种方法用于测定传质系数，并为许多学者采用，通过一阶矩和二阶矩分析法很好地测定了有效扩散系数和吸附平衡常数等参量。

吸附床层在流动状态下的物料衡算方程，如前所述在不稳定的状态下，溶质浓度在任一瞬间沿床层不同位置上的分布，与流动相的流动状态、物质扩散以及两相间的吸附平衡等各种因素有关，为：

$$\frac{D_L}{\varepsilon} \times \frac{\partial^2 c}{\partial z^2} - v \frac{\partial c}{\partial z} - \frac{\partial c}{\partial t} - \frac{\rho_B (1-\varepsilon)}{\varepsilon} \times \frac{\partial q}{\partial t} = 0$$

上式的前三项浓度分布仅与床层的特性有关，如时间 t、床层位置 z、流动相的平均线速度 v、床层间隙率 ε 以及轴向扩散系数 D_L 等各参量。后一项 $\partial q / \partial t$ 却与吸附剂的特性有关，如吸附平衡常数、吸附速率、内扩散中的表面扩散、Knudsen 扩散、膜扩散系数等参量。有效扩散系数与吸附剂的结构和吸附剂的吸附特性有关。

在矩量法中一般设固定床的填充物是球形颗粒的吸附剂，在气相流动相与吸附剂固定相之间的物料衡算方程式分别为：

对气相：

$$\frac{D_L}{\varepsilon} \times \frac{\partial^2 c}{\partial z^2} = v \frac{\partial c}{\partial z} + \frac{\partial c}{\partial t} + \frac{\rho_B (1-\varepsilon)}{\varepsilon} \times \frac{\partial q}{\partial t} = 0$$ (5-82)

式中 $\quad \dfrac{\partial q}{\partial t} = q_0 = k_f (c - c_{iR}) = D_e \left(\dfrac{\partial c_i}{\partial R} \right)_{R=R_f}$ (5-83)

对球形颗粒固定相：

$$D_e\left[\frac{\partial^2 c_i}{\partial R^2}+\frac{2}{R}\times\frac{\partial c_i}{\partial R}\right]=\varepsilon_p\frac{\partial c_i}{\partial t}+\rho_p\frac{\partial c_a}{\partial t} \tag{5-84}$$

设吸附传质速率的推动力为线性一级可逆反应，则其在颗粒表面的传质速率表达式为：

$$\frac{\partial q_a}{\partial t}=k_a\left(c_i-\frac{c_a}{K_a}\right) \tag{5-85}$$

式中　k_a——总传质系数；

　　K_a——线性吸附等温方程的平衡常数。

取吸附等温方程是线性平衡，即

$$q=K_a c \tag{5-86}$$

取边界条件和初始条件为：

$$t>0，R=0，\frac{\partial c_i}{\partial R}=0$$
$$t=0，z>0，c=0$$
$$t=0，R\geqslant 0，c_i=c_a=0 \tag{5-87}$$

式中　c_i——气-液相界面上 A 组分的浓度；

　　c_a——单位体积吸附剂颗粒的孔隙吸附组分 A 的量；

　　K_a——组分 A 的气膜传质系数。

设脉冲进样的信号是矩形波，扰动进样的边界条件是

$$\begin{cases}t<0，t>\tau，c=0\\t\geqslant\tau\geqslant 0，c=c_0\end{cases} \tag{5-88}$$

从式（5-82）~式（5-88）均取拉氏变换，拉氏变换的定义为：

$$f(P)=L[f(t)]=\int_0^\infty f(t)e^{-Pt}dt，\quad \bar{c}=L[c(t)]，\quad \bar{q}=L[q(t)]$$

c 为 $\bar{c}$，q 为 $\bar{q}$，指经拉氏变换后函数，以下各式中的 c 和 q 参量均经拉氏变换。

例如　　$c=\int_0^\infty f(t)e^{-Pt}dt$

则

$$\frac{D_L}{\varepsilon}\times\frac{\partial^2 c}{\partial z^2}-\nu\frac{\partial c}{\partial z}-Pc-\frac{3(1-\varepsilon)}{\varepsilon}q_0=0 \tag{5-89}$$

$$q_0=k_f(c-c_{iR})=D_e\left(\frac{\partial c_i}{\partial R}\right)_{R=R_f} \tag{5-90}$$

$$D_e\left[\frac{\partial^2 c_i}{\partial R^2}+\frac{2}{R}\times\frac{\partial c_i}{\partial R}\right]=\varepsilon_P Pc_i+\rho_P Pc_a \tag{5-91}$$

$$Pc_a=k_a\left(c_i-\frac{c_a}{K_a}\right) \tag{5-92}$$

$$R=0，\frac{\partial c_i}{\partial R}=0 \tag{5-93}$$

$$z=0，c=\frac{c_0}{P}(1-e^{-pt})=\frac{c_0}{P}-\frac{1}{P}e^{-pt} \tag{5-94}$$

活性炭吸附技术及其在环境工程中的应用

将式（5-89）～式（5-94）合并取代为微分方程，得解

$$c = \frac{c_0}{P}(1 - e^{-pt}) e^{\lambda_2 z} \tag{5-95}$$

上式中的特征根 λ_2 与 P 是一个复杂的函数关系，要反演取得参量浓度 c 的关系式是很困难的。由于目的在于取得数学模型中的浓度参量，可以直接利用拉氏变换本身的定义和性质，以避开这种反演的运算。按照拉氏变换的定义，为：

$$c = \int_0^\infty c(t) e^{-pt} dt \tag{5-96}$$

式中，$c(t)$ 为在色谱柱床层 z 处示踪剂应答峰的浓度分布，可以从试验测取。将拉氏变换中的 e^{-pt} 作麦克劳林展开：

$$e^{-Pt} = 1 - Pt + \frac{1}{2!}(Pt)^2 - \cdots\cdots = \sum_0^\infty \frac{(-1)^n}{n!}(Pt)^n$$

即
$$c = \int_0^\infty c(t) \sum_0^\infty \frac{(-1)^n}{n!}(Pt)^n dt = \sum_0^\infty \frac{(-1)^n}{n!}(P)^n \int_0^\infty c(t)(t)^n dt \tag{5-97}$$

如取 n 级矩 m_n 定义为

$$m_n = \int_0^\infty c(t)(t)^n dt \tag{5-98}$$

此 n 级矩 m_n 值可从试验得到的应答曲线获得。

由于不容易确切地测取应答峰的浓度值，所以在实际上不是用 m 值，而是用经归一化的矩表示，其定义为

$$\mu_1 = \frac{m_1}{m_0} = \frac{\int_0^\infty t c(t) dt}{\int_0^\infty c(t) dt} \tag{5-99}$$

和

$$\mu_2' = \frac{m_2}{m_0} = \frac{\int_0^\infty t^2 c(t) dt}{\int_0^\infty c(t) dt} - \left(\frac{\int_0^\infty t c(t) dt}{\int_0^\infty c(t) dt} \right)^2 \tag{5-100}$$

由于高级矩非常繁琐，试验上的误差很大，例如二级中心矩的偏差就比较大。实际上，经常使用的是一级绝对矩 μ_1 和二级中心矩 μ_2'，此一级绝对矩相当于色谱峰的保留时间，二级中心矩相当于色谱峰的离差。

将 c 按照 P 作麦克劳林展开

$$c = c|_{P=0} + \frac{\partial c}{\partial P}\bigg|_{P=0} P + \frac{1}{2!} \frac{\partial^2 c}{\partial P^2}\bigg|_{P=0} P^2 + \cdots = \sum_0^\infty \frac{P^n}{n!} \times \frac{d^n c}{dP^n}\bigg|_{P=0} \tag{5-101}$$

对应式（5-100）与式（5-101）中 P 同次项的系数相比较，则

$$\int_0^\infty c(t) t^n dt = m_n = (-1)^n \frac{d^n c}{dP^n}\bigg|_{P=0} \tag{5-102}$$

上式的左边项表示通过应答试验得到的实验值，而上式的右边项通过式（5-96）和各传递函数相关联，为刺激-应答法计算传递系数的基础公式。

而
$$\frac{d^n c}{dP^n}\bigg|_{P=0} = \frac{d^n}{dP^n}\left[\frac{c_0}{P}(1 - e^{-pt}) e^{\lambda_2 z} \right] \tag{5-103}$$

经过整理得到的一级绝对矩 μ_1 和二级中心矩 μ_2' 对各传递系数的关系为

$$\mu_1 = \frac{L}{\nu}\left[1 + \frac{1-\varepsilon}{\varepsilon}\varepsilon_P\left(1 + \frac{\rho_P}{\varepsilon_P}K_a\right)\right] + \frac{t}{2} \tag{5-104}$$

和 $$\mu_2' = \frac{2L}{\nu}\left[\lambda_1 + \frac{D_L}{\varepsilon}(1+\lambda_0)^2\frac{1}{\nu^2}\right] + \frac{t^2}{12} \tag{5-105}$$

式中：$\lambda_0 = \frac{1-\varepsilon}{\varepsilon}\varepsilon_P\left(1 + \frac{\rho_P}{\varepsilon_P}K_a\right)$

$$\lambda_1 = \frac{1-\varepsilon}{\varepsilon}\varepsilon_P\left[\frac{\rho_P}{\varepsilon_P}\times\frac{K_a^2}{k_a} + \frac{R_P^2\varepsilon_P}{15}\left(1+\frac{\rho_P}{\varepsilon_P}K_a\right)^2\left(\frac{1}{De} + \frac{5}{k_f R_P}\right)\right]$$

从式（5-104）可见进样信号为矩形波时，一阶绝对矩仅与吸附等温方程的平衡常数 K_a 有关。而二阶中心矩从式（5-105）可见除与 K_a 有关外，尚取决于影响色谱峰宽的传质阻力和传质系数。这些扩散系数以总传质系数 k_a、有效传质系数 D_e 和膜传质系数 k_f 等系数表示。一阶矩和二阶中心矩一般都从应答曲线以辛普森数值积分法算出。由于在解色谱柱物料衡算偏微分方程时，为简便起见，曾假设吸附等温方程是线性的，因此，需先用不同的浓度进料，以校正使用的浓度范围，保持在取用的浓度范围内使 μ_1 和 μ_2' 恒定，不随进样的浓度而变化。

因脉冲进样的波形要维持矩形波有困难，常用的方法是先脉冲进样任意矩形波不吸附的示踪物（即 $K_a=0$），以求得式（5-104）和式（5-105）中的 $t/2$ 和 $t^2/12$ 项，取其二者的差值，得

$$\mu_1 - \mu_{1,0} = \frac{1-\varepsilon}{\varepsilon}\rho_P K_a\frac{L}{\nu} \tag{5-106}$$

上式两边各除以 $\frac{1-\varepsilon}{\varepsilon}\varepsilon_P$，以 $\Delta\mu_1/\frac{1-\varepsilon}{\varepsilon}\varepsilon_P$ 为纵坐标，以 L/ν 为横坐标，作线得通过原点的直线，斜率为 $\frac{\rho_P}{\varepsilon_P}K_a$。已知颗粒的密度 ρ_p 和孔隙率 ε_p，可得吸附等温方程的平衡常数 K_a 值。同样可以得到：

$$(\mu_2' - \mu_{2,0}')/\frac{2L}{\nu} = \lambda_1 + \frac{D_L}{2}(1+\lambda_0)^2\frac{1}{\nu^2} \tag{5-107}$$

以 $(\mu_2' - \mu_{2,0}')/\frac{2L}{\nu}$ 为纵坐标对不同的载气流速 ν（$\frac{1}{\nu^2}$ 为横坐标）作线，分别得截距 λ_1 和斜率 $\frac{D_L}{2}(1+\lambda_0)^2$，求得轴向弥扩散系数 D_L，而

$$\lambda_1 = \lambda_{ad} + \lambda_d + \lambda_f \tag{5-108}$$

式中：

$$\lambda_{ad} = \frac{1-\varepsilon}{\varepsilon}\varepsilon_P\left(\frac{\rho_P}{\varepsilon_P}\right)\frac{K_a^2}{k_a}$$

$$\lambda_d = \lambda_0\frac{R_P^2\varepsilon_P}{15}\left(1 + \frac{\rho_P}{\varepsilon_P}K_a^2\right)\frac{1}{D_e}$$

$$\lambda_f = \lambda_0\frac{R_P^2\varepsilon_P}{3k_f R_P}\left(1 + \frac{\rho_P}{\varepsilon_P}K_a\right)$$

$$\lambda_0 = \frac{1-\varepsilon}{\varepsilon}\varepsilon_P\left(1 + \frac{\rho_P}{\varepsilon_P}K_a\right)$$

当载气的流速较高时，膜传质系数 k_f 较大，以致 λ_f 可忽略不计，用不同粒径 R_p 的吸附

活性炭吸附技术及其在环境工程中的应用

剂，对不同的 λ_1 值作线，从该直线的斜率求得颗粒的有效扩散系数 D_e，由截距求得吸附传质速率常数 k_R 值。

第七节
固定床吸附工程计算

固定床吸附在环保中常用于气体的溶剂回收、干燥、脱硫、脱臭等，对排出废液用于脱色、除有机物（降低废水 COD）等的处理。吸附剂一般使用活性炭、分子筛之类，取其比表面积大、吸附容量高（后者更有选择性好）的特性。环保中更常使用活性炭，因其价廉、性质稳定、耐腐蚀和吸附容量大的优点。但是吸附剂都存在机械强度不高，易碎易裂的弱点，活性炭在高温下更能自燃，要加以注意。

固定床吸附塔在设备结构及工艺条件首先要考虑如何使床层横截面各点的气体线速一致，成均一的流速通过床层，减少流动相在床层内返混。轴向扩散和返混不仅使分离效果迅速下降，并且如果床层内有空洞或死角甚至可使整个床层的分离操作失败。这要求吸附剂颗粒的形状大小以至对颗粒直径要有一定的筛分比例要求（对高精密度分离的要求较高），吸附分离性能要好，强度要高，填充过程不易破碎，能承受上层吸附剂的挤压。特别，颗粒的填充是很重要的，要求填充均匀紧实，它固然使壁边流速高的效应减少，返混现象减弱，但是床层的流体阻力大增；填充疏松，阻力减小，易造成流速不均，甚至产生空洞、沟流。除了在床层或进出口加入构件（浅床更要重视，特别对于特定苛刻的动态环境使用、特定的低透过浓度要求时，这是有经验教训的）以改善外，填充的方法是很重要的，既要保证分离效果高（传质单元数高，理论板当量低），又要降低流体阻力，以减少流动相输送的能耗。环保中常用的吸附装置操作参数可见表 5-9。

表 5-9　吸附装置的操作条件举例

项目		数值
吸附塔	吸附塔的结构 活性炭床层的高度/mm	水平或垂直的固定床 300～700
所用的活性炭	粒径/目 填充密度/（kg/m³） BET 表面积/（m²/g） 50%孔径/nm 苯吸附率/（g/g 活性炭）	4～6 380～420 1100～1500 1.8～2.2 0.30～0.35
操作参数	气体的流动方向 气体的线速度/（m/s） 吸附塔入口气体温度/℃ 吸附塔入口气体相对湿度/% 吸附负荷/（g/g 活性炭）	向上流 0.40～0.55 30～50 约 40 约 0.20

吸附分离器的计算，因吸附剂颗粒的物化性质受制备条件的影响至大，床层的装填带有经验性，通过床层的气体流速和浓度分布随着床层间隙率大小而变化，工程计算所用参量常用半经验公式决定。所需的参量除吸附器（柱）结构柱形、柱温、气体的流向流速须先行决定外，须先行确定的参量如下。

① 选用吸附剂的物性 包括吸附容量、颗粒大小、形状、颗粒密度、强度、吸附热大小（决定吸附柱的升温，是恒温或绝热过程）、使用寿命等，以环保中常用的活性炭为例，其对某些物质的吸附容量（以％单位床层重量计）参见表5-10。

表 5-10 活性炭床层吸附容量[①]

溶剂	吸附量/%	溶剂	吸附量/%
丙酮	8	Stoddard 溶剂	2～7
己烷	6	1，1，1-三氯甲烷	12
异丙醇	8	三氯乙烯	15
氯甲烯	10	三氯三氟乙烷	8
过氯乙烯		VM & P 石脑油	7

① 在 33～66kPa 表压蒸气解吸取得。

② 取得吸附等温方程和总传质（容量）系数 $k_f a_v$。 可用实验测定，或由相应的图表查取或从气膜传质（容量）系数和固膜传质（容量）系数算出。并用表征流速的 Re 数加以校正。

③ 用图解积分法取得传质单元数、传质区长度，以及透过时间。

如果溶液浓度改用 X（kg 溶质/kg 溶剂）和吸附剂浓度 Y（kg 溶质/kg 溶剂），并设想固体吸附剂 W_s 向上移动，溶剂量 G_f 在传质区向下流动成稳定状态，则

$$G_f(X_0 - 0) = W_s(Y_s - 0) \tag{5-109}$$

即　　$G_f X_0 = W_s Y_s$

去掉下标，取床层内的任意段的物料衡算，则 $G_f X = W_s Y$。如取床层的截面积是单位截面积，床层内取一微分高度 dL，每单位容积吸附剂床层内颗粒的外表面积 a_p（m²/m³），则其传质量为：

$$G_f dX = K_f a_p (X - X^*) dL \tag{5-110}$$

式中　K_f——总传质系数（以液相计）；

　　　X^*——流体相的平衡浓度。

传质区内对溶液的总传质单元数 N_{tog} 为：

$N_{tog} = \int_{x_b}^{x_e} \dfrac{dX}{X - X^*}$ ，而以浓度表示，则为：$N_{tog} = \int_{c_b}^{c_e} \dfrac{dc}{c - c^*}$ ，如图 5-22。

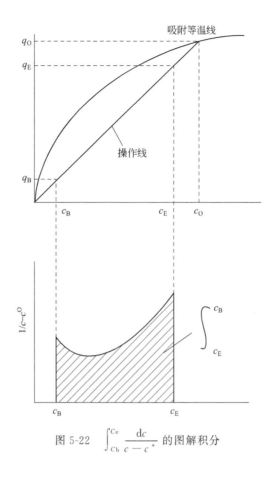

图 5-22　$\int_{c_b}^{c_e}\dfrac{\mathrm{d}c}{c-c^*}$ 的图解积分

第八节
动态应答技术和滤毒罐气体流动模型

在气体吸附系统固定床的研究中，对载体或吸附剂的研究，不管是试验用的动力管还是实际使用的净化装置（滤毒罐），都是按理想活塞流考虑。为逼近真实情况，我们借助动态应答技术，以氢气作示踪气，氮气为主流气建立了气体流动模型的测试方法。对模拟净化装置（滤毒罐）进行了不同流动状态下的流动模型参数测定，并用矩量方法、寿命分布密度函数及强度函数进行数据分析。

研究表明，在一般条件下，气体通过净化装置的流动模型不是活塞流，而是扩散型。该方法定性地表明研究体系内部的沟流及死区的存在。这为滤毒罐吸附动力学的研究奠定了基础。

一、 实验测定及数据处理方法

气体在滤毒罐的停留时间分布测定流程示意图，如图 5-23 所示。

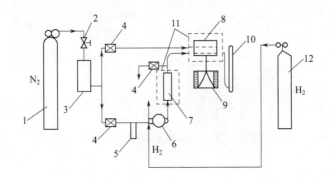

图 5-23　停留时间分布测定流程示意图
1—氮气钢瓶；2—稳压阀；3—净化管；4—调节阀；5—流量计；6—六通阀；7—滤毒罐；
8—热导池；9—记录仪；10—流量计；11—恒温箱；12—氢气钢瓶

试验条件：以氮气为主流气体，流量为 1.5L/min，氢气作示踪气，用六通阀脉冲进样，进样量为 0.5mL，用气相色谱仪的热导检测，XWT-204 台式自动平衡记录仪采集数据，每隔 0.3s 取一点，由联机进行计算。

以表 5-11 所示 5 种不同装填状况的净化装置为模型进行试验。

表 5-11　五种不同装填状况

装填状况	加环形板	加圆缺板	震装	手装	空罐
图中编号	Ⅰ	Ⅱ	Ⅲ	Ⅳ	Ⅴ

按所测停留时间分布曲线，求其统计特征值，一是数学期望（均值）为对原点的一阶矩；另一个是方差，即均值的二阶矩。

$$\bar{T} = \frac{\int_0^\infty TE(T)\mathrm{d}T}{\int_0^\infty E(T)\mathrm{d}T} = \int_0^\infty TE(T)\mathrm{d}T \tag{5-111}$$

归一化条件：

$$\int_0^\infty TE(T)\mathrm{d}T = 1 \tag{5-112}$$

均值的二阶矩：

$$\sigma^2(T) = \frac{\int_0^\infty (T-\bar{T})^2 E(T)\mathrm{d}T}{\int_0^\infty E(T)\mathrm{d}T} = \int_0^\infty T^2 E(T)\mathrm{d}T - \bar{T}^2 \tag{5-113}$$

诸有关参数计算结果如表 5-12。

表 5-12　净化装置（滤毒罐）有关参数

$T(T)$	$\theta(\theta)$	$C(T)$	$E(T)$	$E(\theta)$	$U(\theta)$	$F(\theta)$	$\Lambda(\theta)$
4.666667	0.5040105	0	0	0	1	0	0

活性炭吸附技术及其在环境工程中的应用

$T(T)$	$\theta(\theta)$	$C(T)$	$E(T)$	$E(\theta)$	$U(\theta)$	$F(\theta)$	$\Lambda(\theta)$
5	0.5400112	0.1	1.357159E-03	1.256603E-02	0.9997738	2.261931E-04	1.256887E-02
5.333334	0.576012	0.5	6.785796E-03	6.283014 E-02	0.9984167	1.583354E-03	6.292977 E-02
5.666667	0.6120126	1.2	1.628591E-02	0.1507924	0.9945714	5.42863E-03	0.1516154
6	0.6480135	2.2	0.0298575	0.2764526	0.9868808	1.311921E-02	0.2801277
6.333334	0.6840142	3.8	5.157205E-02	0.4775091	0.9733092	2.669082E-02	0.4906037
6.666667	0.7200149	5.8	7.871524E-02	0.7288297	0.9515947	4.840532 E-02	0.7659035
7	0.7560157	8.2	0.111287	1.030414	0.9199276	0.0800724	1.120104
7.333334	0.7920164	10.5	0.1425017	1.319433	0.8776295	0.1223705	1.503406
7.666667	0.8280171	13	0.1764307	1.633584	0.8244741	0.1755259	1.981365
8	0.8640179	15	0.2035739	1.884904	0.76114	0.2388601	2.476423
8.333333	0.9000186	16.5	0.2239313	2.073395	0.6898893	0.3101108	3.005402
8.666667	0.9360194	17.5	0.2375029	2.199055	0.6129834	0.3870167	3.587463
9	0.9720201	17.6	0.23866	2.211621	0.5335896	0.4664105	4.144798
9.333333	1.008021	17.3	0.2347885	2.173923	0.4546482	0.5453518	4.78155
9.666667	1.044022	16	0.2171455	2.010564	0.3793259	0.6206741	5.300362
10	1.080022	14.5	0.1967881	1.822074	0.310337	0.689663	5.871276
10.33333	1.116023	12.5	0.1696449	1.570754	0.2492649	0.7507351	6.301543
10.66667	1.152024	10.7	0.145216	1.344565	0.196788	0.8032121	6.832557
11	1.188025	8.899999	0.1207872	1.118377	0.1524541	0.8475459	7.335823
11.33333	1.224025	7.2	9.771545E-02	0.904754	0.1160372	0.8839628	7.797104
11.66667	1.260026	5.7	7.735807E-02	0.7162636	8.685821E-02	0.9131418	8.246353
12	1.296027	4.4	5.971501E-02	0.5529053	6.401271E-02	0.9359873	8.63743
12.33333	1.332028	3.8	5.157205E-02	0.4775091	4.546488E-02	0.9545351	10.50281
12.66667	1.368028	2.3	3.121466E-02	0.2890186	3.166705E-02	0.9683329	9.126793
13	1.404029	1.8	2.442886E-02	0.2261885	2.239317E-02	0.9776068	10.10078

$T(T)$	$\theta(\theta)$	$C(T)$	$E(T)$	$E(\theta)$	$U(\theta)$	$F(\theta)$	$\Lambda(\theta)$
13.33333	1.44003	1.3	1.764307E-02	0.1633584	1.538122E-02	0.9846188	10.62064
13.66667	1.476031	0.9	1.221443E-02	0.1130943	1.040494E-02	0.9895951	10.86928
14	1.512031	0.6	8.142956E-03	7.539618E-02	7.012069 E-03	0.9929879	10.75234
14.33333	1.548032	0.4	5.428637E-03	5.026412E-02	4.750133E-03	0.9952499	10.58162
14.66667	1.584033	0.3	4.071478E-03	3.769809E-02	3.166795E-03	0.9968332	11.90418
15	1.620034	0.25	3.392898E-03	3.141507E-02	1.922727E-03	0.9980772	16.33881
15.33333	1.656034	0.2	2.714318E-03	2.513206E-02	9.048581E-04	0.9990951	27.77458
15.66667	1.692035	0.1	1.357159E-03	1.256603E-02	2.262592E-04	0.9997738	55.53819
16	1.728036	0	0	0	5.960465E-08	0.9999999	0

注：$K=73.68333$，$T=9.259068$，$S=2.84285$，$P=3.316037E-02$，$M=17$。

二、 试验结果与讨论

1. 试验装置精确度的考察

首先考察了该方法的精确度：在最小系统体积的测量中最大相对误差约 10%，证明重复性是好的。

其次对已知体积的净化装置（滤毒罐）停留时间进行测定：设 V_0 为净化装置（滤毒罐）体积，V_t 为气体的流量，则平均停留时间为： $\overline{T}=\int_0^{V_0}\dfrac{\mathrm{d}V_0}{V_t}$ 。

试验所用滤毒罐的体积（含两端的接头部分）为 192.4cm³，通气流量为 1.5L/min，所以 $\overline{T}=7.696s$，而实测其停留时间为 7.703s，与计算值一致。

再次，用装填 ZZ-30 活性炭、内径 4.0cm、高度 13.5cm 的滤毒罐，在不同流速下测定该滤毒罐的停留时间 $\overline{T}$，并以 $\overline{T}$ 与线速度的倒数 $1/v$ 作图，成很好的线性关系。

由以上三点可以看出，该试验装置的测定精确度高，重复性好，所得结果可靠。

2. 净化装置（滤毒罐）轴向扩散系数的测定

（1）同一滤毒罐，不同装填情况的测定结果

测定条件：滤毒罐内径为 4.0cm，炭高 13.5cm，装填 ZZ-30 活性炭，气体流量为 1.5L/min。对 5 种不同装填情况的滤毒罐进行了轴向扩散系数的测定，结果见表 5-13。

表 5-13　不同装填情况的轴向扩散系数 D_L

说　明	震装	手装	加圆缺板	加环形板	空罐
图中编号	Ⅲ	Ⅳ	Ⅱ	Ⅰ	Ⅴ

说　　明	震装	手装	加圆缺板	加环形板	空罐
$\sigma^2(\theta \times 10^2)$	3.32	5.30	7.36	10.3	18.10
$\left(\dfrac{D_L}{uL}\right) \times 10^2$	1.66	2.65	3.68	5.15	9.03

由表 5-13 可知，装填情况越好，$\dfrac{D_L}{uL}$ 的值越小，说明装填情况的好坏直接影响气流的混合程度。

（2）对同一滤毒罐在不同流速下测定其轴向扩散系数

用上述规格的震装滤毒罐，在 $0.08 \sim 0.32 \text{L}/(\text{min} \cdot \text{cm}^2)$ 的流速范围内测定轴向扩散系数，其结果见表 5-14。

表 5-14　不同气流流速时间的轴向扩散系数 D_L

$v/[\text{L}/(\text{min} \cdot \text{cm}^2)]$	0.08	0.12	0.16	0.24	0.32
$\sigma^2(\theta \times 10^2)$	4.62	4.06	3.89	3.62	3.24
$\dfrac{D_L}{uL} \times 10^2$	2.31	2.03	1.95	1.81	1.62

从实测数据看出，在 $0.08 \sim 0.32 \text{L}/(\text{min} \cdot \text{cm}^2)$ 的范围内，随着流量的增加，$\dfrac{D_L}{uL}$ 逐渐减小，其结果是合理的。

O Levenspiel 等已认定，只有当 $\dfrac{D_L}{uL} < 0.005$ 时，轴向扩散才可忽略，而近似为活塞流。显然本实验范围内气流的流动模型应属扩散型。

3. 净化装置（滤毒罐）中死区和沟流的鉴别

寿命分布密度函数 $E(\theta)$ 曲线见图 5-24。

由图 5-24 中可看出，装有环形分配板的罐子（曲线Ⅰ）有一明显的双峰，说明有沟流产生；对于空滤毒罐（曲线Ⅴ）拖尾较为严重，说明存在死区；装填情况以震动装填（曲线Ⅲ）为最好，$E(\theta)$ 曲线出现较对称的尖峰，最高点接近 $\theta = 1$ 处。

强度函数 $\Lambda(\theta)$ 曲线见图 5-25。

$\Lambda(\theta)$ 曲线对不同流动情况十分敏感，图 5-25 中曲线Ⅲ对应不存在短路或死区的理想流动，$\Lambda(\theta)$ 总是随时间而单调地递增。而曲线Ⅰ和曲线Ⅴ为有沟流或死区存在时的 $\Lambda(\theta)$ 曲线，不再是随时间而单调地增加。死区存在时，一开始 $\Lambda(\theta)$ 是随 θ 的增大而增加，上升到一定高度后，$\Lambda(\theta)$ 曲线几乎不再上升，保持一段水平，最后，在所有的流体粒子离开净化装置后，$\Lambda(\theta)$ 曲线就迅速上升。

根据试验结果看出，$\Lambda(\theta)$ 曲线Ⅲ，在试验条件范围内从 $\theta > 0.5$ 以后逐渐单调递增，直至 θ 接近 1.5 时 $\Lambda(\theta)$ 曲线陡直向上（即全部流体粒子都离开滤毒罐），此为结构和装填情况良好的滤毒罐；而在 $\theta < 0.5$ 时，$\Lambda(\theta)$ 曲线Ⅰ、Ⅴ即上升的滤毒罐称为沟流，然而，

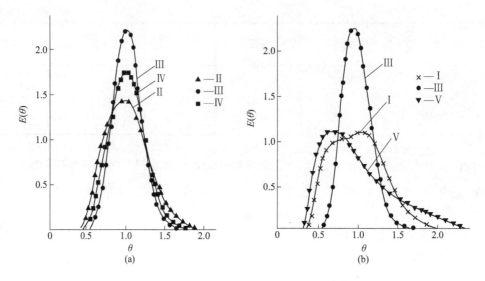

图 5-24 寿命分布密度函数 $E(\theta)$ 曲线

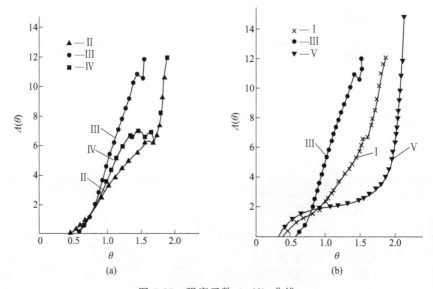

图 5-25 强度函数 $\Lambda(\theta)$ 曲线

$\Lambda(\theta)$ 曲线 I 和 V 陡直上升的突变点分别在 $\theta = 1.7$ 和 $\theta = 2.2$ 处，结合图 5-25 的 $E(\theta)$ 曲线即能判定 I 是典型的沟流，而 V 是典型的死区。

综上所述：

① 以氢气作示踪气，氮气为主流气，采用六通阀脉冲进样方式，以气相色谱仪的热导池作检测器结合统计矩方法，求得 $F(\theta)$ 函数、$E(\theta)$ 函数、$\Lambda(\theta)$ 函数，建立了滤毒罐停留时间分布的测试方法。

② 用实验所得的 $E(\theta)$ 和 $\Lambda(\theta)$ 两曲线来鉴别净化装置（滤毒罐）的沟流和死区，是可行的，并且简便、直观。

③ 实验结果求得特定系统的轴向扩散系数项 (D_L/uL)，从而判别轴向返混程度，这对掌握所研究体系的流动状态具有重要意义。对防毒动力学研究有直接意义。通过一系列的研

究表明，在本特定研究范围，该净化装置（滤毒罐）的流动模型应属扩散模型。

第九节
气流速度及床层压力降的确定

短浅的固定床床层要提高床层的效率，就要保证气体流动相在床层中成层流移动，尽可能减少返混或湍流。转轮式吸附器以吸附剂压料制成蜂窝状筒式的通道，减少床层阻力，而床层缓慢旋转，使吸附和解吸连续交替进行，虽然吸附剂用量减少，单位体积床层的气体处理量下降，但气流可以较均匀分布于蜂窝状填料中，是其优点。固体吸附剂种类繁多，可以满足不同分离组分的需要，但不一定都能制成有一定强度的蜂窝状床层。吸附剂的大小和填充方法不同，使床层密度改变，这不仅影响床层阻力，必导致气体在间隙内流速和浓度分布变化，影响床层的分离效率和有关的热力学参数。

吸附剂颗粒有大有小，或大小按一定比例混合，目的是增加床层的密度，提高分离处理量，填充颗粒越多床层越密实，固然可增大床层使用率，但却又增大床层的阻力，使气体流速降低。要兼顾这两方面，最好由试验测定床层阻力或确定流速，在数据缺乏时，也可以采用一些公式作近似计算，其中有 Kozeny 方程、Ergun 和 Минский 半经验公式等。

一、 Kozeny 方程

设气体在间隙内的平均线速 $\nu_m = \nu/\varepsilon$，孔道的特征直径 d_m'，取孔道的容积对颗粒总表面积之比，则 $d_m' = \varepsilon/(1-\varepsilon)A$，修正 Re' 取

$$Re' = \frac{\nu}{\varepsilon} \times \frac{\varepsilon}{(1-\varepsilon)A} \rho/\mu = \frac{\nu\rho}{A\mu(1-\varepsilon)} \tag{5-114}$$

以摩擦因子 $R'/\rho\nu_1^2$ 对修正数 Re 作图的方法表达，其中 R' 为沿气体流动方向每单位颗粒表面的曳引力。床层厚度 L，总表面积 $AL(1-\varepsilon)$，则阻力 $= R'AL(1-\varepsilon)$。气体的作用力等于床层压力降和气体自由截面积 ε 之积，

$$\Delta p \cdot \varepsilon = R'Al(1-\varepsilon)$$

得　　$$\frac{R'}{\rho\nu_1^2} = \frac{\Delta P\varepsilon^2}{LA(1-\varepsilon)\rho\nu^2} \tag{5-115}$$

取 $R'/\rho\nu_1^2$ 对 Re' 作图，为一简单曲线，此曲线可分为三部分，低 Re' 时，成直线斜率为 -1，在 $2 < Re' < 100$，斜率从 -1 逐渐变成 $-1/4$。而 Re' 在 100 以上时，此直线得斜率为 $-1/4$。

在层流情况下，则：

$$\nu = \frac{1}{k''(1-\varepsilon)^2} \times \frac{1}{\mu A} \times \frac{\Delta P}{L} \tag{5-116}$$

故：

$$\frac{\Delta P}{L} = \frac{(1-\varepsilon)^2}{\varepsilon^3} k''A^2\mu\nu \tag{5-117}$$

则：

$$\frac{R'}{\rho\nu_1^2} = \frac{(1-\varepsilon)^2}{\varepsilon^3} k''A^2\mu\nu \frac{\varepsilon^3}{A(1-\varepsilon)\rho\nu^2} = \frac{k''(1-\varepsilon)\mu A}{\nu\rho} = k''Re'^{-1} \tag{5-118}$$

此
$$\frac{R'}{\rho\nu_1{}^2}=k''Re'^{-1} \tag{5-119}$$

式中，k''为校正系数称 Kozeny 常数，随不同形状的填料而异。平均值约为 5。

Carman 建议在各种流率下，取$\frac{R'}{\rho\nu_1{}^2}=5Re'^{-1}+0.4Re'^{-0.1}$。 （5-120）

二、 Ergun 半经验公式

Ergun 以焦炭粉、石英砂等固体颗粒为填充物的固定床，提出在工业上常用的半经验公式，为：

$$-\frac{\Delta P}{l}=150\frac{(1-\varepsilon)^2}{\varepsilon^3}\times\frac{\mu\nu}{d_p{}^2}+1.75\frac{(1-\varepsilon)}{\varepsilon^2}\times\frac{\rho\nu^2}{d_p} \tag{5-121}$$

在颗粒形状不规则时，如取颗粒的当量直径 $d_p=6/A$ ，则

$$-\frac{\Delta P}{Al\rho\nu^2}\frac{\varepsilon^3}{(1-\varepsilon)}=4.17\frac{\mu A(1-\varepsilon)}{\rho\nu}+0.25 \tag{5-122}$$

即

$$\frac{R'}{\rho\nu_1{}^2}=4.17Re'^{-1}+0.25 \tag{5-123}$$

此式类似式（5-121），其第一项为低流速下占主导的黏滞曳引力损失，第二项为功能损失，在高流速下占优势。式（5-124）可在 $Re'/(1-\varepsilon)=1\sim2000$ 应用。

三、 Минский 半经验公式

前苏联明斯基（Минский）在研究气体通过多孔介质过滤时，提出阻力系数 f 与雷诺数 Re 存在如下关系：$f=(a/Re)+b$ ，在吸附剂层也存在同样关系。如果 g 用 m/s 表示，ΔP 用 kgf/m² 表示，吸附剂当量直径 d_c 用 m 表示，ρ 用 kg/m³ 表示，吸附剂层高 L 用 m 表示，气流比速 G 用 kg/（m³·s）表示，μ 用 kg/（m·s）表示，可得：$f=(770/Re)+10.6$ ，经变换，可得便于应用的气流通过吸附剂层压力降：

$$\Delta P=\frac{2L}{gd_c\rho}\left(\frac{770\mu G}{d_c}+10.6G^2\right) \tag{5-124}$$

现举例计算如下：

吸附剂当量直径 $d_c=1.2$mm，吸附剂层高 $L=6$cm，气流比速 $v=0.9$L/（min·cm²），对于室温 20℃，空气：$g=9.81$m/s²，$\mu=18.1\times10^{-6}$kg/(m·s)，$\rho=1.205$kg/m³。

则：

$$d_c=1.2\times10^{-3}\text{ m}\quad L=6\times10^{-2}\text{m},$$

$$G=\frac{0.9\times10^{-3}\times1.205}{60\times10^{-4}}=0.181\text{kg/(m}^2\cdot\text{s)}$$

故：

$$\Delta P=\frac{2\times6\times10^{-2}}{9.81\times1.2\times10^{-3}\times1.205}\left(\frac{770\times18.1\times10^{-6}\times0.181}{1.2\times10^{-3}}+10.6\times0.181^2\right)=$$

20.7kg/m² $=20.7$mmH₂O

这与实测值一致。

符号说明

T——$T(T)$ 停留时间，s；

$\overline{T}$——平均停留时间，s；

θ——$\theta(\theta)$ 对比时间 $=\dfrac{T}{T}$；

V_0——净化装置体积，cm^3；

ν_t——气体体积流量，L/min；

ν——气流的比速，$L/(min \cdot cm^2)$；

$c(T)$——对应时间 T 的示踪剂峰高（浓度）；

$E(T)$——寿命分布密度函数（对应 T 时间）；

$E(\theta)$——寿命分布密度函数（对应 θ 时间）；

$F(\theta)$——寿命分布函数；

$\Lambda(\theta)$——强度函数 $=\dfrac{E(\theta)}{1-F(\theta)}$；

$\sigma^2(\theta)$——$\sigma^2(T)$　二阶矩；

$\dfrac{D_L}{uL}$——Peclet 数的倒数 $=\dfrac{\sigma^2(\theta)}{2}$。

参 考 文 献

[1]　Perry，R，H，Perry's Chemical Engineer's Handbook 6Ed. Mc Graw-Hill 7Ed，1997.

[2]　Schweitzer，P，A，Ed. Handbook of Separation Techniques for Chemical Engineering Mc Graw-Hill，1979.

[3]　Yang，R，T，et al. Science 301（5629），2003，4：79.

[4]　Ruthven，D，M，Principles of Adsorption and Adsorption Process. John Wiley & Sons Inc，1984.

[5]　叶振华. 化工吸附分离过程. 北京：中国石化出版社，1992.

[6]　Kenneth E. Noll. Adsorption Technology for Air and Water Pollution Control. Lewis Pub. Inc，1992.

[7]　叶振华，宋清，朱建华. 工业色谱基础理论和应用. 北京：中国石化出版社，1988.

[8]　化学工程手册 下卷 第18篇 吸附及离子交换. 北京：化学工业出版社，1996.

[9]　陈诵英等. 色谱技术测定传递系数和吸附系数（二）. 化学工程，1980，1：113-119.

[10]　袁存乔等. 滤毒罐装填层透过曲线的研究. 防化学报，1994，6 2：57-63.

[11]　袁存乔. 活性炭装填层传质区的研究. 中国化学学会第3届特种应用化学会议论文集，1990，4.

[12]　郭坤敏等. Study on the Instantaneous Concentration Distribution of Organic Vapour in Activated Carbon Bed. The Proceedings of the Second China-Japan-USA. Symposium on Advanced Adsorption Separation Science and Technology，Hangzhou，(China)，1991.

[13]　Jonas L A. J Cat，1972，24：446.

[14]　袁存乔等. 非均一微孔型活性炭对有机蒸气吸附等温线的表征. 防化学报，1988（2）：28-34.

[15]　Jonas L A. Predictive Equations in Gas Adsorption Kinetics. Carbon，1973，1：59-64.

[16]　Wheeler A Robell A J. J Cat. 1969，13：299.

[17]　郭坤敏等. 硫醇在活性炭上的动态分析. 化学工程，1988，2：34-39.

[18]　袁存乔等. 动态应答技术在吸附动力学研究中的应用. 化学工程，1995：23，5：44-48.

[19]　H Bashi，D Gunn. AIChE J，1997，23：40.

[20]　J B Butt. AIChE J，1974，20：143.

[21]　GF Froment，K B Bischoff. Chemical Reactor Analysis and Design，John Wiley Sons，New. York，Chichester Brisbane，Toronto，1979.

[22] O Levenspiel. Chemical Reaction Engineering Znded, Wliey, New York, 1972.

[23] O Levenspiel. Chem Rng Sci, 1957, 6: 227.

[24] C Y Wen, L T Fan. Models for flow Systems and Chemical Reactors, Marcel Dekker, New York, 1975.

[25] Smish J, M. I&E C Fundam. 1974, 13: 115.

[26] Shervsood, Pigford and Wilke. Mass Tranfer. Mc Graw-Hill, 1975.

[27] Kucers. J. Chomatography. 1965, 19: 237.

[28] J. M. Smith, et al. AIchE J, 1968, 14: 762.

[29] Н. В. Кельцев Основы Адсорбционной Техники, 1976.

[30] Coulson I, M, Richardson, J, F, Chemical Engineering Pergamon Press, 1991, 2: 393.

[31] 袁存乔, 吴菊芳, 郭坤敏. 有毒物质在活性炭吸附床上的吸附行为——有效传质系数和传质区. 防化研究, 1996, 2: 1-6.

第六章

分子模拟

分子模拟（计算机模拟）是近数十年迅速发展的科学领域，随着计算机的普遍采用，分子模拟的方法广泛应用于环境保护、化工、材料等各行业。

分子模拟是以统计力学中的平衡统计热力学和非平衡统计热力学为理论基础，以Monte-Carlo 法等为数学方法，并以计算机为计算工具互相配合发展起来的，可用来研究溶液热力学性质、相平衡和分子在吸附剂晶格中的运动规律等。统计热力学建立了微观和宏观热力学之间的桥梁。

对于多粒子的复杂体系，众多粒子的运动涉及的运动自由度很大，要解出 10^{23} 个粒子的运动方程式几乎是不可能的，但随着计算机速度和容量的增加，已可求解几百甚至几千个粒子的运动方程。微观粒子的随机构型，在趋于平衡状态时可用 Boltzmann 分布表述。从Boltzmann 分布热力学可几率（或总微观状态数）和熵的关系式 $S = k \ln \Omega = k \ln W_B$，可建立起经典热力学和统计热力学之间的关联。

Gibbs 引进不同微观状态体系的集合，根据体系是孤立还是开放的，分为正则系综、微正则系综、巨正则系综等，大大地扩展了比最可几法更宽广的适用范围，可以处理独立或非独立的体系，以取得宏观热力学中的各热力学参量。

Monte-Carlo 法和分子动力学方法，已成为分子模拟中两种最有力的计算方法，普遍用于平衡和非平衡统计热力学中；二者的联合使用，沟通了平衡和非平衡统计热力学的概念，扩大了统计热力学的适应范围。已出现了大量有关活性炭吸附的分子模拟报道。

分子模拟研究是为了从微观状态更好地了解吸附机理和行为，对实验和应用作出指导，其目的和要求如下。

① 加强实验（实践）和理论指导之间的联系，互相促进和深入。吸附理论一般以经典热力学宏观状态下的热力学参量为依据，通过分子模拟研究微观状态，并结合电镜、光谱、能谱等大型精密仪器实验研究活性炭等吸附剂的微观结构以及分子在孔道中的行为，有助于更深入地了解吸附机理，检验机理中各种假设是否切合实际，校正吸附理论的不足。

② 用计算机分子模拟仿真有可能取得在环境或实验条件不许可情况下的实验结果。各种极端条件下的吸附行为，可借助分子模拟来研究和了解。

③ 指导新吸附剂的开发。在指定的工艺要求下，从理论上推算新吸附剂的结构、最大吸附量和分离效率等。例如，一些难于液化的气体如 CH_4 和 H_2 等，常为能源中清洁燃料，但由于难于液化不便贮存使用于汽车等移动交通工具，吸附贮存是解决方法之一，其关键在

于高吸附量的吸附剂。可借助分子模拟的方法，取得活性炭吸附的最佳孔径尺寸、吸附热和最高吸附容量等，指导聚氯乙烯热解炭等高比表面积活性炭的开发。

④ 模拟计算出吸附体系的热力学和动力学参量，作为设计或工艺开发的参考。如对于吸附剂晶格孔道内的相平衡、传递扩散及二者之间的关系，通过分子模拟可有更深入的了解。

第一节
物理测试技术和大型精密仪器

近年由于各种物理测试仪器的开发和新型精密仪器的应用，有了观察微观结构和测量各种参数的手段，并因计算机的广泛应用，测量所得参量有了快速准确整理的工具，为深入了解和掌握活性炭等吸附剂的表面科学内在机制提供了有利条件。相关的大型精密仪器主要如下。

① 热动力及热力学仪器，如热动力仪、精密的微分量热计、低温高真空物理测定仪等，可准确测定各种传递系数，如等容吸附热、热量和质量传递系数、反应系数等。

② 各种折射和光学衍射技术仪器，如低能电子衍射仪、高能电子衍射仪、中子衍射仪、能谱仪和 X 射线衍射仪等，可探测活性炭等吸附剂的微观结构，并采用傅氏转换法，以取得能量和其他参量的二维分布函数，例如氢在石墨结构中吸附的能量分布和吸附相中的浓度分布等。

③ 光谱化学仪器，可探测吸附剂的微孔以及晶格内吸附质的吸附行为和热力学状态。

④ 色谱技术。

⑤ 直接测试仪器和方法，如利用激光、光束、分子振荡、探针、干涉仪等，可测试均一表面或非均一表面的结构，以至在 0.1nm 以下的精度，为吸附、反应、分子扩散、孔隙结构、物相的热力学状态等提供了直接而准确的数据和依据。

第二节
配分函数和 Boltzmann 分布

Boltzmann（Ludwig Eduard Boltzmann，1844—1906 年，奥地利物理学家）和 Clausius（1822—1888 年）、Maxwell（1831—1879 年）三位科学家，是分子运动论的主要奠基者。Clausius 引进了自由程的概念；Maxwell 认识到分子远动的速度各不相同，得出速度分布律，建立了输送过程的数学理论。Boltzmann 在速度分布律中引进重力场，用 H 定理证明了速度分布律，发展统计力学，解释了原子特性如何决定物质的性质；用概率论和力学定律解释了原子的热运动，阐明热力学第二定律的统计性质，给熵以统计意义，使统计热力学和经典宏观热力学关联起来；提出概率法，取得由近于独立子系组成的孤立系统处于统计平衡时的统计分布规律。而 Gibbs（Josiah Willard Gibbs，1839—1903 年）提出子系间有较强互相作用力的系统处于统计平衡态时的统计分布规律，此规律为系综法，建立了完整的统计系综理论，此理论原则上可用于任何平衡态的物理系统，近于独立系统的平衡态统计分布，只是子系间作用力为零时的特例。

一、 Boltzmann 分布和配分函数

Boltzmann 假定热力学平衡态是概率最高的宏观状态，对应的微观数也是最大的，从而取得 Boltzmann 能量分布和最可几能量分布。

以平衡态系统中粒子（包括分子、原子、离子等）的热运动为例。设粒子间的互相作用力可以忽略不计，系统内的分子数 N 和总能量 E 都是守恒的物理量。粒子量子态的热运动包括平动、转动、振动及电子运动的能量，分布于不同的能级 ε_i 上，粒子数 n_i 在不同能级 ε_i 上的分布，用概率的排列组合的方法，得到的分布规律，即为 Boltzmann 能量分布。

$$n_i = \lambda g_i \exp(-\varepsilon_i / kT) = \lambda g_i \exp(-\beta \varepsilon_i) \tag{6-1}$$

式中　k——Boltzmann 常数，$k = \dfrac{R}{N_0} = 1.380 \times 10^{-23}$ (J/K)，是系集性质的度量；

　　R ——气体常数；

　　N_0——阿佛伽德罗常数；

　　g_i——统计权数，表示分子在能级 ε_i 状态下的概率；

$\beta = \dfrac{1}{kT}$ ，β 值和温度有关，必须是正值；

λ——比例常数（λ 在第 6 节指 de Broglie 波长）：

$$\lambda = \frac{N}{\sum\limits_i g_i \exp(-\beta \varepsilon_i)} \tag{6-2}$$

此比例常数 λ 的分母 q，称为粒子的配分函数（partition function）

$$q = \sum_i g_i \exp(-\beta \varepsilon_i) \tag{6-3}$$

系集是孤立和封闭的，必然有：

$$N = \sum_i n_i \text{ 及 } E = \sum_i n_i \varepsilon_i \tag{6-4}$$

配分函数是重要函数之一，意指粒子在各个可能的能级或可能的状态上的分配特性，也可以指在达到最可几分布时，在能级之间各粒子的分布比值。另一种说法，配分函数为每一个粒子可能有的各种状态之和。

当温度不是很低，压力不很高，不考虑气体分子之间的互相作用时，能级 ε_1，ε_2，$\cdots \varepsilon_i$ 和能级的权数 g_1，g_2，$\cdots$，g_i 都是单个粒子的性质，不受其他粒子的影响。系统达到平衡时，最可几分布的 i 能级粒子数 n_i^* 和 j 能级粒子数 n_j^* 的分配比

$$\frac{n_i^*}{n_j^*} = \frac{g_i \cdot \exp(-\beta \varepsilon_i)}{g_j \cdot \exp(-\beta \varepsilon_j)} \tag{6-5}$$

或

$$\frac{n_j^*}{N} = \frac{g_i \cdot \exp(-\beta \varepsilon_i)}{q} \tag{6-6}$$

未达到平衡前，各粒子之间不断地交换能量，随着能量变化，能级分布不断改变，最后进出该能级的分子数趋于一致，达到平衡，此分布为 Boltzmann 平衡分布。

$$n_i^* = \frac{N}{q} \cdot q_i \exp(-\beta\varepsilon_i) \tag{6-7}$$

二、 微观状态数

从组成物系的独立子系看来，从独立子系中粒子的运动状态分类，简谐运动的振子围绕定点运动，有固定的平衡位置，是为定域子物质；反之，平动子系的粒子运动是随意无序的，没有固定的平衡位置，属于离域非定域子系。此两种子系分布中的微观状态又有所不同。

定域子物系：由于振子所处的量子状态不同，有不同的微观状态，其子物系可能处于其中任一状态。设各个分布的微观状态数以 W 表示，则总微观状态数 Ω 应为各分布微观状态数的加和。

$$\Omega = W_1 + W_2 + \cdots = \sum_i W_i \tag{6-8}$$

按照粒子 n_i 在其各能级上的组合（排列次序不变），得出其微观状态数为

$$W = \frac{N!}{n_0! \cdot n_1! \cdots} = \frac{N!}{\prod\limits_i n_i!} \tag{6-9}$$

由于各能级的统计权数 g_i，说明每个能级有 g_i 个量子态。在 ε_i 能级上的 n_i 个粒子可能有 $g_i^{n_i}$ 种不同的量子态，即有 $g_i^{n_i}$ 种排列组合的方式。对定域子系，某个分布 D 所应有的微观状态数为：

$$W_D = \frac{N!}{\prod\limits_{i,\,D} n_i!} \prod\limits_{i,\,D} g_i^{n_i} = N! \prod\limits_{i,\,D} \frac{g_i^{n_i}}{n_i!} \tag{6-10}$$

按照守恒条件 $\sum\limits_i n_i = N$ 和 $\sum\limits_i n_i\varepsilon_i = E$，则物系总微观状态数 Ω 可表示为：

$$\Omega = \Omega(E,\ N) = \sum_D W_D = \sum_{(N,\,E)} \frac{N!}{\prod\limits_I n_i!} \prod\limits_i g_i^{n_i} = N! \sum_{N,\,E} \prod \frac{g_i^{n_i}}{n_i!} \tag{6-11}$$

对于离域子物系，粒子的运动是随意的，气体粒子位置只有分配而无排列问题，每一套状态分布数，只代表一个微观状态，对能级 ε_i 的 n_i 个粒子分配在 g_i 个量子状态上，按照排列组合可能出现的分配方式 $\dfrac{(n_i + g_i - 1)!}{n!\,(g_i - 1)!}$，而同时出现的能级分布数为 n_1 和 n_2，量子态的分配方式为二者的乘积。如某分布 D，其能级分布数为 n_1，n_2，$\cdots$，n_i，则对应的微观状态数 W_D，在一般温度下，$n_i \ll g_i$，$\dfrac{n_i}{g_i} < 10^{-5}$，时

$$W_D = \prod_i \frac{(n_i + g_i - 1)}{n_i!\,(g_i - 1)} \approx \prod_i \frac{g_i^{n_i}}{n_i!} \tag{6-12}$$

因此，气体离域子物系的统计总微观状态数 Ω 为

$$\Omega = \sum_D W_D = \sum_{(N,\,E)} \prod_i \frac{g_i^{n_i}}{n_i!} \tag{6-13}$$

式（6-11）和式（6-13）相比，二者仅相差 $N!$，离域子系物系的微观状态数可由 $N!$ 除定域子系物系的总微观状态数得到。

由于物系的总微观状态数取决于物系的总能量 E、粒子数 N 和容积 V 等热力学状态函

数，每个分子可看作一个独立的离域子系，故物系的总微观数量是其热力学状态函数 E、V 和 N 的函数：

$$\Omega = \Omega(E, V, N) \tag{6-14}$$

在物系的热力学状态函数 E、V、N 确定后，其总微观状态数 Ω 已知，它的宏观状态即确定。设在时间 t 内，物系某一微观状态停留时间 Δt，微观态出现的数学概率 $P_m = \Delta t / t$，数学概率大小在 $0 \sim 1$ 之间，即

$$P_m = \frac{\text{已知宏观态某分布的微观态数}}{\text{总微观态数}} = \frac{\Omega_D}{\Omega} \tag{6-15}$$

或热力学概率＝数学概率×总微观状态数。

统计力学假定已知 E、V、N 的确定物系，每一微观态出现的概率相等，则当总微观态数为 Ω 时，每一微观态出现的热力学概率 $P_t = \dfrac{1}{\Omega}$。但真实物系中各分布出现概率的不相等，设物系某分布 D 的微观态数为 Ω_D，则该分布的概率 $P_m = \Omega_D / \Omega$，微观态数最大的分布或 Boltzmann 平衡分布为最可几分布，即可几率最大的分布。只有在等概率假设的前提下，物系的某个分布的微观态数 W 才正比于数学概率，此 W 称为热力学概率。

三、 Maxwell-Boltzmann 统计

n_i 的平衡分布设为热力学概率最大的分布，W 值的极大值远大于非平衡态的宏观态 W 值，数学上对 $\ln W$ 取极大值比 W 容易处理些，因之对式（6-10）给出 $\ln W$ 取极大（通常不取 D 某一分布，统计权数 g_i 设为 1）。

$$\ln W = \ln N! - \sum_{i=0}^{\infty} \ln n_i! \tag{6-16}$$

求极大值，并符合两个约束条件：

$$\sum_{i=0}^{\infty} n_i = N \text{ 和 } \sum_{i=0}^{\infty} \varepsilon_i n_i = E \tag{6-4}$$

用拉格朗日乘子法和大数阶乘对数的 Stiring 近似，求出极大值，前者用来求函数 W 取为极大时独立变量 n_i 值的方法。

$$d\ln w = -\sum_{i=0}^{\infty} (\ln n_i) dn_i = 0 \tag{6-17}$$

由约束条件式（6-2）得：

$$\alpha \sum_{i=0}^{\infty} dn_i = 0 \text{ 和 } \beta \sum_{i=0}^{\infty} \varepsilon_i dn_i = 0 \tag{6-18}$$

式中，α 和 β 是不定乘子。式（6-18）取和，再减去式（6-17）得：

$$\sum_{i=0}^{\infty} (\ln n_i + \alpha + \beta \varepsilon_i) dn_i = 0 \tag{6-19}$$

由于 dn_i 的系数应为零，即：

$$\ln n_i + \alpha + \beta \varepsilon_i = 0$$

或

$$n_i = e^{-\alpha - \beta \varepsilon_i} \tag{6-20}$$

将式（6-2）中的第一个约束条件和式（6-20）联立，得：

$$\frac{n_i^*}{N} = \frac{e^{-\alpha - \beta \varepsilon_i}}{\sum\limits_{i=0}^{\infty} e^{-\alpha - \beta \varepsilon_i}} \tag{6-21}$$

而 α 不含取和标志 i，故：

$$\frac{n_i^*}{N} = \frac{\mathrm{e}^{-\beta\varepsilon_i}}{\displaystyle\sum_{i=0}^{\infty}\mathrm{e}^{-\beta\varepsilon_i}} \qquad (6\text{-}22)$$

这就是用物系某一分布微观态数推导出的 Maxwell-Boltzmann 分布式，和用数学概率排列组合求得的 Boltzmann 平衡分布式（6-7）一致。在计算粒子处于 i 能级时的比例值而不是绝对值时，可以避免了计算 α 的问题。在量子统计中指出，乘子 α 与化学势 μ 有关，准确的关系为 $\alpha = -\mu/kT$。

四、 熵的微观

设一个孤立体系由两个子体系（1）和（2）组成，如图 6-1，整个体系平衡，故熵函数有一确定值。因此，体系处于平衡态，它的热力学概率的极大值也单值确定。在 S 和 W 之间的函数关系为：

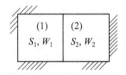

图 6-1　孤立体系的两个子体系

$$S_1 = f(W_1) \qquad \text{和} \quad S_2 = f(W_2) \qquad (6\text{-}23)$$

f 表示两种情况下的函数形式一样。

熵函数是可加的，故复合体系的熵 S 为：

$$S = S_1 + S_2 \qquad (6\text{-}24)$$

另一方面，独立体系的热力学概率是相乘的：

$$W = W_1 W_2 \qquad (6\text{-}25)$$

要满足上述式（6-23）、式（6-24）和式（6-25），熵函数应取：

$$S = f(W_1 W_2) = f(W_1) + f(W_2) \qquad (6\text{-}26)$$

满足式（6-26）函数 f 的熵的形式为：

$$S(W) = k\ln W \qquad (6\text{-}27)$$

式中　k——Boltzmann 常数。

这表明，用微观态定义的熵和宏观的熵一致，予熵以统计的概念，而使统计热力学和经典的宏观热力学关联起来。最可几分布适用于物系的一切分布，故物系的总微观态数 Ω 或 Boltzmann 微观数 W_B 都可以最可几分布表示。因 $\Omega = W_\mathrm{B}\dfrac{\Omega}{W_\mathrm{B}}$，两边取对数得：

$$\ln\Omega = \ln W_\mathrm{B} + \ln\frac{\Omega}{W_\mathrm{B}} \qquad (6\text{-}28)$$

因 $\ln\dfrac{\Omega}{W_\mathrm{B}} = 4\times10^{-23}\ln W_\mathrm{B}$，故

$$\ln\Omega \approx \ln W_\mathrm{B} \qquad (6\text{-}29)$$

将（6-29）式代入式（6-27）（W_B 下标暂取去），得：

$$s = k \ln \Omega = k \ln W = k \ln W_B \qquad (6\text{-}30)$$

式中，W_B 称 Boltzmann 分布热力学可几率，指物系在平衡条件下取得的。

第三节
系综和 Liouville 定理

上节讨论的 Boltzmann 能量分布，是局限于独立的粒子体系，即限定于总能量为各个粒子能量之和，即 $E = \sum_i n_i \varepsilon_i$ 的体系，同时引进温度对统计力学关系的参数 β。但是，对于分子之间存在不可忽视的作用力及不断变化位置的体系，把总能量只限于各分子的贡献是不全面的。如果互相作用力较小，可用下式代替

$$E = U + \sum_i n_i \varepsilon_i \qquad (6\text{-}31)$$

式中　ε_i——孤立分子的可能能级；

　　U——分子系集互相作用的总能量。

此 U 为状态参量，互相作用能量不能当作常数量处理，此参量和体系所有连续变化分子的相对位置以及分子量子态的状况有关。例如晶体互相作用力很大，$\sum n_i \varepsilon_i$ 项对体系可能已毫无意义，只与整体体系的能级（不是指 ε_i）有关。温度（指参量 β）对统计力学的解释也不再恰当。

统计热力学是求取一定宏观条件下，一切可能的微观运动状态的平均值。各种微观运动状态出现可能不同，为了便于对这种体系用概率来描述，设想有一个不同微观态的体系的集合，就可以据此集合对体系用概率来解释，这就是系综（ensemble）。系综（又称统计系综）可定义为大量性质完全相同、互相独立而又各处于不同微观态的力学体系的集合，如系综中每一个体系都可以用相空间 Γ 内的一个点代表，则整个系统可以由一群代表点表示。这一群代表点（相当于粒子）的分布对应于所研究系统，就可以按照微观运动态的分布处理。相空间指表达粒子运动状态或相状态的多维概念空间。

Gibbs 在引进上述概念时，不假设所建立的系综必须符合各态经历假说（ergodic hypothesis）。Gibbs 把孤立系统组成的系综称为微正则系综，而把封闭系统和开放系统组成的系综，分别称为正则系综和巨正则系综。微正则系综（microcanonical ensemble）中微（micro-）指限制在极小范围能量的系统（即是孤立系统），canonical 在字典中为标准、典型之意，在此译作正则，微正则系综为孤立体系组成的标准体系集合。巨（grand-）正则系综则为开放系统组成的标准体系集合，巨大至开放之意。

由于系综是在一组共同的约束条件下同种体系的集合，选择不同的热力学参量作为约束条件就形成不同种类的系综。一般用三种参量作条件定义三种常用系综，称为微正则、正则和巨正则系综（由于约束参量不同还可以有其他各种正则系综）。

微正则系综：每个体系和外界以刚性、绝热、不穿透的壁隔绝，各个体系彼此之间完全孤立，每个体系的能量 E、体积 V 和体系数目 N 不变。

正则系综：每个体系和外界以刚性、透热、不穿透的壁隔绝，各个体系之间彼此闭合，但可交换能量，每个体系的 T、V 和 N 恒定，总的能量 E_t=常数。

巨正则系综：每个体系以刚性、可穿透的透热壁分开，各个体系之间可以互相交换能量

和质量，每个体系的 T、V、μ 不变，总的能量 E_t 和总体系数目 N_t 一定为常数。

一、 微正则系综

如果将体系当作粒子，微正则系综的统计表达式，可用式（6-32）表示

$$P_m = \frac{\Omega_D}{\Omega} \tag{6-32}$$

式中，P_m 为热力学概率的宏观量，即系综宏观态热力学概率，而微观态总数 Ω 改为系综的微观态数，并改写为

$$\Omega = \sum_{[N]} \prod_{i=0}^{\infty} \frac{g_i^{n_i}}{n_i!} \tag{6-33}$$

式中，$\sum_{[N]}$ 表示满足能量约束条件和体系粒子数所有可能 n_i 的取和。

其他热力学关系，都表明微正则系综体系的宏观性质和系综统计性质之间的基本关系式，均需加入 E、V、N 与之关联

$$\Omega = \Omega(E, V, N) \tag{6-34}$$

$$S = S(E, V, N) \tag{6-35}$$

$$S(E, V, N) = k \ln \Omega(E, V, N) \tag{6-36}$$

二、 正则系综

上节讨论的 Maxwell-Boltzmann 分律是从有固定体积 V 和固定总能量 E 的独立粒子体系出发的，因而，假设：①所有粒子都是等同且可区分；②每个粒子都可以和相邻粒子交换能量，并有能级 ε_0，ε_1，…，ε_i 的量子态；③所取的粒子数非常大（否则不能用 Stirling 关系式，以 $N \ln N - N$ 代替 $\ln N!$ 和以 $\ln W_B$ 代替 $\ln W$）；④系集的能量和体积是固定的，系集中所含的粒子数 N 也是固定的。

我们现在感兴趣的是温度和体积均已知的体系的性质，假设体积 V 和分子组成都相同的 m 个体系组成的系集，并使各体系热接触，又设整个系集与外界环境是隔绝的，这类系集称正则系综。设一个含 m 个等同的可区分粒子的孤立系集及 m 个等同的封闭宏观体系的孤立系统，体系间存在热平衡，ε_i 代表能量，不论在哪个瞬间，每组数目都必是（上标 $'$ 指某一瞬间）：

$$N = \sum_i m_i = \sum_i m_i' = \cdots \tag{6-37}$$

$$\text{及 } E = \sum_i m_i \varepsilon_i = \sum_i m_i' \varepsilon_i' = \cdots \tag{6-38}$$

可得和上一节量子态数 g_i 相应能量 ε_i 的式子，宏观体系相应量为 W_i，

$$W = N! \prod_i \frac{g_i^{n_i}}{n_i!} + N! \prod_i \frac{g_i^{n_i'}}{n_i'!} + \cdots \tag{6-39}$$

相似的系综量子态数为

$$\Omega_{\text{总}} = m! \prod \frac{W_i^{m_i}}{m_i!} + \cdots + m_i \prod \frac{W_i^{m_i'}}{m_i'!} + \cdots \tag{6-40}$$

将式（6-40）改为（上标 $*$ 指平衡态）

$$\ln \Omega_{\text{总}} = \ln \Omega_m = \ln m! \prod \frac{W_i^{m_i^*}}{m_i^*!} \tag{6-41}$$

式中，m_i^* 表示于平衡态最可几分布时，系综中的体系数。

假定最可几体系数 m_i^* 须满足条件

$$\delta \ln \Omega = \sum_i (\frac{\partial \ln \Omega}{\partial m!}) \delta m_i = 0 \tag{6-42}$$

其中：系综中体系总数固定 $\sum_i \delta m_i^* = 0$ (6-43)

系综中总能量固定 $\sum_i E_i \delta m_i^* = 0$ (6-44)

将式（6-43）乘以 α，式（6-44）乘以 $-\beta$，加入到式（6-42）中，求出能量为 E_i 的体系数为

$$m_i^* = \frac{N W(E_i) \exp(-\beta E_i)}{\sum_i W(E_i) \exp(-\beta E_i)} \tag{6-45}$$

取固定 T、N、V 时体系的配分函数 Q 为

$$Q = \sum_i W(E_i) \exp(-\beta E_i) \tag{6-46}$$

并有
$$m_i^* = \frac{N W(E_i) \exp(-\beta E_i)}{Q} \tag{6-47}$$

在任一瞬间，体系能量为 E_i 的概率为

$$P(E_i) = \frac{m_i^*}{m} = \frac{W(E_i) \exp(-\beta E_i)}{Q} \tag{6-48}$$

将式（6-47）代入式（6-41），并结合统计热力学关系式

$$S = k \ln \Omega = k \ln \Omega m \tag{6-49}$$

可得系综熵表达式：

$$S = kN \ln Q + k \beta \varepsilon \tag{6-50}$$

式中，$\beta = \frac{1}{kT}$，T 为系综的平衡温度。

同样 $\varepsilon_{综} = kNT^2 (\frac{\partial \ln Q}{\partial T})_v$ (6-51)

$$S_{综} = kN \ln Q + kNT (\frac{\partial \ln Q}{\partial T})_v \tag{6-52}$$

$$A_{综} = -kNT \ln Q \tag{6-53}$$

不仅限于独立离域粒小体系，对任何性质体系，取体系能量 E、熵 S 和 Helmholtz 自由能 A 的平均值为

$$m \overline{E} = \varepsilon_{综} \tag{6-54}$$

$$m \overline{S} = S_{综} \tag{6-55}$$

$$m \overline{A} = A_{综} \tag{6-56}$$

从式（6-51）、式（6-52）及式（6-53），得（一般加括号，如 $<A>$ 表示平均值）

系综的总能量 $E = kT^2 (\frac{\partial \ln Q}{\partial T})_v = -N (\frac{\partial \ln Q}{\partial \beta})_v$ (6-57)

系综的熵 $S = k \ln Q + kT (\frac{\partial \ln Q}{\partial T})_v$ (6-58)

或 $\beta = k \ln \Omega$ (6-59)

式中，Ω 为相应于 E 的整个系综的总微观数

$$\ln\Omega = N\ln Q + \beta E \tag{6-60}$$

系综自由能功函数 $\qquad A = -kT\ln Q \tag{6-61}$

正则系综内每一个系统都和热源接触，热源很大，与系综交换热量而温度不改变，无物质交换，平衡后热源和系统温度相同，组成正则系综。N、V、T 恒定的系统在平衡态时，处于能级 E_s 的量子态 S 上的分布函数 ρ_s 为正则分布（Gibbs 分布）。

系统 S 和热源 r 组成的复合系统看作一个孤立系统，其能量 $E = E_s + E_r$，求取系统在能量 E_s 某一确定微观态 s，而热源处于 $E_r = E - E_s$ 所确定的所有可能微观态的概率 ρ_s，其微观态数 $\Omega_r(E_r) = \Omega_r(E - E_s)$ 越大，概率 ρ_s 也越大，即 $\rho_s \propto r(E - E_s)$

可得 $\qquad \rho_s = c\Omega_r(E - E_s) \tag{6-62}$

因上式用二项式展开不收敛，改用对数在 $E_r = E$ 附近 Taylor 展开，取前两项

$$\ln\Omega_r(E - E_s) = \ln\Omega_r(E) + \left(\frac{\partial \ln\Omega_r}{\partial E_r}\right)_{E_r = E}(-E_s) \tag{6-63}$$

令 $\qquad \beta = \left(\frac{\partial \ln\Omega_r}{\partial E_r}\right)_{E_r = E}$

即 $\qquad \ln\Omega_r(E - E_s) = \ln\Omega_r(E) - \beta E_s$

或 $\Omega_r(E - E_s) = \Omega_r(E)e^{-\beta E_s} \tag{6-64}$

式中，$\Omega_r(E)$ 为与 E_s 无关的常数

将式（6-64）代入式（6-62），得

$$\rho_s = C\exp(-\beta E_s) \tag{6-65}$$

式中常数 C，由归一化条件定出，$\sum_s \rho_s = 1$，$\sum_s C\exp(-\beta E_s) = 1$

即 $\qquad C = \dfrac{1}{\sum\limits_s \exp(-\beta E_s)} \tag{6-66}$

代入式（6-65），得

$$\rho_s = \frac{e^{-\beta E_s}}{\sum\limits_s e^{-\beta E_s}} = \frac{e^{-\beta E_s}}{Q} \tag{6-67}$$

式（6-67）为正则分布的量子表达式，表示粒子数 N、体积 V 的系统与热源达到平衡时，处于量子态 S 的概率，其中 Q 为正则配分函数

$$Q = \sum_s e^{-\beta E_s} \tag{6-68}$$

三、 Maxwell 速度分布

在稀薄气体中，每个气体分子作自由运动，有 N 个粒子的系统可以看作具有 $S = Nf$ 个运动自由度的力学系统（f 指每个粒子的运动自由度），系统内的每个微观运动态可看作由 s 个广义坐标 q 和 s 个广义动量 p 组成的 2 维相空间中的一个点，相空间所有代表点对应系统的集合是为系综。系统在每个特定时间都满足相同的约束条件，具有相同的 Hamilton 量（能量）。

引进 Hamilton 函数 $H(q, p)$（其中，q 为广义坐标；p 为广义动量，是粒子质量 m 乘以速度 V_i，用牛顿第二定律 $F_i = m(dv_i/dt)$ 表示的 i 粒子所受的力），从而把经典的动

力学和统计热力学联系了起来。

用正则分布函数求 Maxwell 速度分布时，将 Hamilton 函数 $H(q, p)$ 分成两个因子：

$$H(q, p) = T(p) + U(q) \qquad (6\text{-}69)$$

H 函数中动量 p 指能量，是分子不断运动所具有的内能 E，因而符合正则分布函数公式 [式 (6-65)]，动量概率分布为

$$\mathrm{d}p_\rho = C\exp[-T(p)/kT]\mathrm{d}p \qquad (6\text{-}70)$$

由于 $T = \dfrac{1}{2m}(p_x^2 + p_y^2 + p_z^2)$ $\qquad (6\text{-}71)$

按照归化一条件

$$1 = a\iiint\limits_{-\infty}^{\infty}\exp[-\frac{1}{2mkT}(p_x^2 + p_y^2 + p_z^2)]\mathrm{d}p_x\mathrm{d}p_y\mathrm{d}p_z$$

$$= a\left[\int\limits_{-\infty}^{\infty}\exp(-\frac{p^2}{\alpha mkT})\mathrm{d}p\right]^3 = a(^2\pi mkT)^{\frac{3}{2}}$$

所以　常数　$a = (\pi mkT)^{-3/2}$ $\qquad (6\text{-}72)$

则：$\mathrm{d}p_\rho = \dfrac{1}{(2\pi mkT)^{3/2}}\exp\left[-\dfrac{m(v_x^2 + v_y^2 + v_z^2)}{2\pi mkT}\right]\mathrm{d}p_x\mathrm{d}p_y\mathrm{d}p_z$ $\qquad (6\text{-}73)$

因为　作用力 $\vec{p} = m\vec{v}$，式 (6-73) 改为

$$\mathrm{d}p_\rho = \left(\frac{1}{2\pi kT}\right)^{3/2}\exp\left[-\frac{m(v_x^2 + v_y^2 + v_z^2)}{2kT}\right]\mathrm{d}v_x\mathrm{d}v_y\mathrm{d}v_z \qquad (6\text{-}74)$$

式 (6-74) 表示的 Maxwell 速度分布，指稀薄气体中分子自由运动时的速度分布。

四、 Liouville 定理

平衡统计考虑的是与时间无关的解（在经典热力学中，热力学参量只是状态的函数，与时间无关），从而得到与时间无关的分布函数或几率密度，通过对微观量平均求取宏观量。非平衡统计力学则关心与时间有关的分布函数，通过微观粒子的一组运动方程（随时间变化的分布函数所相应的运动方程），求取宏观量。

类似对不可压缩流体，取其单元的物料衡算，从连续性方程，可得：

$$\frac{\partial \rho}{\partial t} + \mathrm{div}(\rho v) = 0 \qquad (6\text{-}75)$$

上式为不可压缩流体的连续性方程，其中 ρ 为流体密度，v 为流体速度，div 为散度符号：

$$\mathrm{div}a = \frac{\partial a_x}{\partial x} + \frac{\partial a_y}{\partial y} + \frac{\partial a_z}{\partial z} \qquad (6\text{-}76)$$

同样在相空间有关区域内表面积 $\mathrm{d}s$ 的任意体积 $\mathrm{d}\omega$，此体积内代表点数随时间的增加率

为

$$\frac{\partial}{\partial t}\int_\omega \rho\mathrm{d}\omega \qquad (6\text{-}77)$$

流穿过表面的流出率，根据散度公式，表示为 $\int_\omega \mathrm{div}(\rho v)\mathrm{d}\omega$

$$\mathrm{div}(\rho v) \equiv \sum_{i=1}^{\varepsilon N} \left[\frac{\partial}{\partial q_i}(\rho \dot{q}_i) + \frac{\partial}{\partial p_i}(\rho \dot{p}_i) \right] \tag{6-78}$$

如果相空间内没有源生成或消失，代表点总数必须守恒，故

$$\int_{\omega} \mathrm{div}(\rho v)\,\mathrm{d}\omega = -\frac{\partial}{\partial t}\int_{\omega} \rho\,\mathrm{d}\omega$$

或

$$\int_{\omega} \left[\frac{\partial \rho}{\partial t} + \mathrm{div}(\rho v) \right] \mathrm{d}\omega = 0 \tag{6-79}$$

被积分函数要有相空间有关区域内处处等于零，将式（6-78）散度代入

$$\frac{\partial \rho}{\partial t} + \sum_{i=1}^{3N}\left(\frac{\partial \rho}{\partial q_i}\dot{q}_i + \frac{\partial \rho}{\partial p_i}\dot{p}_i \right) + \rho \sum_{i=1}^{3N}\left(\frac{\partial \dot{q}_i}{\partial q_i} + \frac{\partial \dot{p}_i}{\partial p_i} \right) = 0 \tag{6-80}$$

上式左边最后一项恒等于零

$$\frac{\partial \dot{q}_i}{\partial q_i} = \frac{\partial^2 H(q_i,\ p_i)}{\partial q_i\,\partial p_i} \equiv \frac{\partial^2 H(q_i,\ p_i)}{\partial p_i\,\partial q_i} = -\frac{\partial \dot{p}_i}{\partial p_i} \tag{6-81}$$

由于 $p \equiv p\,(q_i,\ \rho_i,\ t)$，式（6-80）$p$ 为全微分的时间导数

则

$$\left(\frac{\partial \rho}{\partial t} \right)_{q,\ p} + \sum_i \frac{\partial \rho}{\partial p_i}\dot{p}_i + \sum_i \frac{\partial \rho}{\partial q_i}\dot{q}_i = 0 \tag{6-82}$$

式（6-82）称 Liouville 方程，保守力学体系，$\dfrac{\partial p}{\partial t} = 0$，相空间内相密度不随时间而变，即相体积在运动中不变。

五、 正则系综的应用

假设在温度一定时，被吸附的分子和吸附点之间的互相作用力较强，被吸附分子在吸附剂晶体表面上不能自由移动，形成单层的吸附层，称为定域吸附。在研究过程，把气相分子和吸附活性点分子合起来作为研究的系统，平衡的气相作为粒子源（环境），研究的系统和外界交换能量。因而可以把气相和吸附分子合起来当作正则系综中的一个系统，也可以把表面吸附的分子当作巨正则系综中的一个系统看待。

在此当作正则系综处理。在温度一定时，吸附晶体表面有 B 个相等的可用位置，每个位置可吸附一个分子，N 个理想气体中有 M 个分子被吸附，气相中剩余 $N-M$ 个分子。对于任何确定的 M 值，可以把系统的配分函数表示为气相和吸附相两子系统配分函数的乘积（气相用下标 g，吸附相用下标 a 表示）：

$$Q_M = Q_{a,\ M} \cdot Q_{g,\ (N-M)} \tag{6-83}$$

在有开放相下封闭体系的正则系综，设有 M 个分子吸附，$\xi = N-M$ 个进入气相，在达到平衡时，应：

$$\left(\frac{\partial \ln Q_s^*}{\partial \xi^*} \right)_{T,\ V,\ N} = 0 \tag{6-84}$$

取

$$\ln Q_\xi^* = \xi^* \ln q_g - \xi^* \ln \xi^* + \xi^* + (N-\xi^*)\ln q_a$$

即

$$\left(\frac{\partial \ln Q_\xi^*}{\partial \xi} \right)_{T,\ V,\ N} = \ln q_g - \ln \xi^* - \ln q_a$$

将式（6-84）取零，得（q 为分子配分函数）：

$$\frac{q_g}{\xi^*} = q_a \tag{6-85}$$

或 $Q_{g_1(N-M)} = \dfrac{q_g^{(N-M)}}{(N-M)!}$ (6-86)

在 B 个位置中选用 M 个位置的方式数有：

$$\frac{B!}{M!(B-M)!}$$ (6-87)

被吸附分子的配分函数 $Q_{a,M}$，每种几何构型中有一个 $q_{a,M}$ 项，

故 $\qquad Q_{a,M} = \dfrac{B!}{M!(B-M)!} q_{a,M}$ (6-88)

或 $\qquad Q_M = \dfrac{B!}{M!(B-M)!} q_{a,M} \cdot \dfrac{q_{g,(N-M)}}{(N-M)!}$ (6-89)

因任何数目的位置均可占据，对整个体系，可能有 $B+1$ 个分布，在恒温恒容的封闭系统的 Helmholtz 自由能功函 A 的平衡态取极小值，而 $A = -k\ln Q$，即

$$(\partial \ln Q_M / \partial M)_{T,V,N} = 0$$ (6-90)

用 stirling 式展开：

$\ln Q_M = B\ln B - M\ln M - (B-M)\ln(B-M) + M\ln q_a + (N-M)\ln q_g - (N-M)\ln(N-M) + N - M$

所以 $\qquad (\dfrac{\partial \ln Q_M}{\partial M})_{T,V,N} = -\ln M + \ln(B-M) + \ln q_a - \ln q_g + \ln(N-M)$ (6-91)

从式 (6-90) 和式 (6-91)，得平衡值

$$\ln\left[\frac{(B-M)(N-M)}{M} \times \frac{q_a}{q_g}\right] = 0$$ (6-92)

或 $\qquad \dfrac{(B-M)(N-M)}{M} \times \dfrac{q_a}{q_g} = 1$ (6-93)

得 $\qquad \dfrac{B-M}{M} q_a = \dfrac{q_g}{N-M}$ (6-94)

取 $\qquad q_g = q'_g V,$ (6-95)

式中，q'_g 为和温度有关的比例常数。因只是温度的函数，对 $(N-M)$ 个独立气体分子的压缩，有：

$$PV = k(N-M)T$$ (6-96)

将式 (6-95) 和式 (6-96) 代入式 (6-93) 得：

$$P = [kTM/(B-M)][q'_g(T)/q_a]$$ (6-97)

故得一定温度（恒温）下，单分子层固定吸附相的 Langmuir 方程：

$$\theta = \frac{k_L p}{1 + k_L p}$$ (6-98)

式中，$k_L = kT\dfrac{q'_g(T)}{q_g}$，为与温度有关的常数。

而对于非定域吸附，即吸附层是可以移动的，用类似的方法，可得：

$$\theta = \alpha \frac{q'_a}{kTq'_g} p$$

即 $p = \dfrac{\theta}{\alpha}\left(\dfrac{kTq'_g}{q'_a}\right)$，显然不符合 Langmuir 方程。

六、 巨正则系综

1. 巨正则系综配分函数

正则系综是指每个体系的 T、V 和 N 恒定，总能量为常数的封闭系统，而微正则系综却是每个体系的能量 E、体积 V 和体系数目 N 都不变，体系之间完全隔绝孤立的体系，必难于直接测定宏观体系的总能量，一般只能处理温度恒定条件下的体系。如果体系发生相变（如吸附），反应就不能准确地知道体系中的粒子数，实验中知道的仅是平均粒子数和平均能量，因而正则系综也不适用于粒子交换体系的系综。类似地，将大量相同 E_0 且 T、V 和化学位 μ 恒定的开放系统组成的集合称为巨正则系综（grand canonical ensemble）。为了使巨正则系综有相同的温度和化学势（位），可设想系综中每个系统不仅与温度恒定的大热源同时与化学势恒定的粒子源接触，以保证 T 和 μ 的恒定。

设系综内有 m 个宏观体系，每个体系具有体积 V 和允许分子和热量透过的壁，为确保 m 个体系的温度 T 及和物质的化学势 μ_1，μ_2，…，可设想将此系综放入温度 T 和化学势为 μ_1，μ_2，…的热源中直至平衡，再把此系综从热源取出，此系综本身可当作一个孤立的体系，由大量这种孤立系统组成的集合可以当作是一个巨正则系综。设有 m 个宏观体系，系综的体积 mV、系综总分子数 N_0、总能量 E_0 均为常数，现只考察巨正则系综中的一个体系，把其余 $m-1$ 个体系视作一个整体为热源。虽然 N_0、E_0 和 mV 固定不变，系综的宏观热力学状态已定，从分子水平看来，还有各种不同的微观状态。设在某一微观态时，体系和"热源"的分子数、能量分别为 N_1、E_1 和 N_2、E_2，微观态改变，这些数值随之改变，但它们的总值不变，即：

$$E_1 + E_2 = E_0 \tag{6-99}$$
$$N_1 + N_2 = N_0 \tag{6-100}$$

可以认为系统处于能量 E_2，在量子态上的粒子数为 N_2，二者是相对应的。

如体系和热源之间的交换量很小，可视作巨正则系综的分布函数 $f(mV，E_0，N_0)$ 是体系 $f_1(V，E_1，N_1)$ 和"热源" $f_2[(m-1)V，E_2，N_2]$ 分布函数之积：

$$f(mV，E_0，N_0) = f_1(V，E_1，N_1) \cdot f_2[(m-1)V，E_2，N_2] \tag{6-101}$$

式中，V、$(m-1)V$、mV 和 E_0、N_0 均为常数，当交换量很小时，

$$dE_1 + dE_2 = dE_0 = 0$$

即
$$dE_2/dE_1 = -1 \tag{6-102}$$

$$dN_1 + dN_2 = dN_0 = 0$$

即
$$dN_2/dN_1 = -1 \tag{6-103}$$

根据 Liouville 定理，整个巨正则系综的分布函数 $f(E_0，N_0)$ 是常数，当有微小能量交换时，对式（6-101）求导

$$\frac{\partial f}{\partial E_1} = f_2 \frac{\partial f_1}{\partial E_1} + f_1 \frac{\partial f_2}{\partial E_2} \times \frac{\partial E_2}{\partial E_1} = 0 \tag{6-104}$$

将式（6-102）代入式（6-104），得

$$f_1 \frac{\partial f_2}{\partial E_2} = f_2 \frac{\partial f_1}{\partial E_1} \tag{6-105}$$

用 f_1 与 f_2 之积除上式，得：

$$\frac{1}{f_2} \times \frac{\partial f_2}{\partial E_2} = \frac{1}{f_1} \frac{\partial f_1}{\partial E_1} \tag{6-106}$$

或　　　　　$\partial \ln f_2 / \partial E_2 = \partial \ln f_1 / \partial E_1$ （6-107）

上式表示体系和"热源"性质之比应为常数，设为$-\beta$，即：

$$\frac{\partial \ln f}{\partial E} = -\beta \qquad (6\text{-}108)$$

当体系和"热源"有分子交换时，巨正则系综中体系数很大，交换量不大时，类似地认为分子数的连续函数，因而：

$$\frac{\partial f}{\partial N_1} = f_2 \frac{\partial f_1}{\partial N_1} + f_1 \frac{\partial f_2}{\partial N_2} \times \frac{\partial N_2}{\partial N_1} = 0 \qquad (6\text{-}109)$$

将式（6-103）代入式（6-109），得

$$f_1 \frac{\partial f_2}{\partial N_2} = f_2 \frac{\partial f_1}{\partial N_1} \qquad (6\text{-}110)$$

用$f_1 f_2$除上式，得

$$\frac{1}{f_2} \times \frac{\partial f_2}{\partial N_2} = \frac{1}{f_1} \times \frac{\partial f_1}{\partial N_1} \qquad (6\text{-}111)$$

或　　　　　$$\frac{\partial \ln f_2}{\partial N_2} = \frac{\partial \ln f_1}{\partial N_1} \qquad (6\text{-}112)$$

同样为常数，设为α，则：

$$\frac{\partial \ln f}{\partial N} = \alpha \qquad (6\text{-}113)$$

因分布函数f是能量E和分子数N的函数，具全微分为：

$$\mathrm{d}\ln f = \frac{\partial \ln f}{\partial E}\mathrm{d}E + \frac{\partial \ln f}{\partial N}\mathrm{d}N \qquad (6\text{-}114)$$

将式（6-108）和式（6-113）代入式（6-114）得：

$$\mathrm{d}\ln f = -\beta \mathrm{d}E + \alpha \mathrm{d}N$$

上式积分得：

$$\ln f = -\beta E + \alpha N + C_1 \qquad (6\text{-}115)$$

式中，C_1为积分常数，将上式改成指数式，则

$$f = C\exp(-\beta E + \alpha N) \qquad (6\text{-}116)$$

用归一法（f在相空间是归一的），可确定常数C。

设系综中只有一种物质分子，总分子数为N_0，体系中含N个分子，"热库"含$N_0 - N$个分子，其分布方法有$N_0! / N! (N_0 - N)!$，故式（6-116）应乘以$N_0! / N! (N_0 - N)!$，分子数N可从0变到N_0，因分布函数是归一的，则

$$1 = \sum_{N=0}^{N_0} f\mathrm{d}\Gamma = \sum_{N=0}^{N_0} \frac{N_0!}{N! (N_0 - N)!} \int C\exp(-\beta E + \alpha N)\mathrm{d}\Gamma \qquad (6\text{-}117)$$

当$N_0 \gg N$、$N_0 \to \infty$时，可得

$$1 = C\sum_{N=0}^{\infty} \frac{1}{N!} \int \exp(-\beta E + \alpha N)\mathrm{d}\Gamma \qquad (6\text{-}118)$$

所以　　$$C = \left[\sum_{N=0}^{N_0} \frac{1}{N!} \int \exp(-\beta E + \alpha N)\mathrm{d}\Gamma \right]^{-1} \qquad (6\text{-}119)$$

将式（6-119）代入式（6-116），得

$$f = \frac{\exp(-\beta E + \alpha N)}{\sum_{N=0}^{\infty} \frac{1}{N!} \int \exp(-\beta E + \alpha N) d\Gamma} \tag{6-120}$$

设上式分布函数式中分母为 Z，即：

$$Z = \sum_{N=0}^{N_0} \frac{1}{N!} \int \exp(-\beta E + \alpha N) d\Gamma \tag{6-121}$$

Z 称为巨正则系综配分函数。

从式（6-67），则式（6-121）改为

$$Z = \sum_{N=0}^{\infty} \frac{1}{N!} \int \exp(-\beta E + \alpha N) d\Gamma = \sum_{N=0}^{\infty} \frac{1}{N!} Q e^{\alpha N} \tag{6-122}$$

而 $Q = \sum e^{-\beta E}$ 式中，Q 为正则配分函数，$\alpha = -\dfrac{\mu}{kT}$，$\beta = \dfrac{1}{kT}$。

若体系中有多种分子，则分布函数为：

$$f = \frac{\exp[-\beta E(N_1,\ N_2,\ \cdots)] + \sum_i \alpha_i N_i}{Z} \tag{6-123}$$

这时巨正则配分函数为：

$$Z = \sum_{(N_i)} \frac{1}{N_1!\ N_2!\ \dots} \int \exp[-\beta E(N_1,\ N_2,\ \dots) + \sum \alpha_i N_i] d\Gamma$$

$$= \sum_{(N_i)} \frac{1}{\prod_i N_i!} \int \exp(-\beta E + \sum \alpha_i N_i) d\Gamma \tag{6-124}$$

式中，$d\Gamma = dq dp$。

2. 巨正则配分函数和热力学函数的关系

由于巨正则分布考虑的系统是开系，即系统与"源"可交换能量和粒子数，因而系统的能量和粒子数是不确定的，因而求其统计平均值。

$$E = \sum_N \sum E \cdot f(N,\ E) = \frac{1}{Z} \sum \sum E \cdot \exp(-\alpha N - \beta E)$$

$$= \frac{1}{Z} \left[-\frac{\partial}{\partial \beta} \sum \sum \exp(-\alpha N - \beta E) \right] = \frac{1}{Z} \left(-\frac{\partial}{\partial \beta} Z \right) = -\frac{\partial}{\partial \beta} \ln Z \tag{6-125}$$

$$N = \sum_N \sum N \cdot f(N,\ E) = \frac{1}{Z} \sum \sum N \cdot \exp(-\alpha N - \beta E)$$

$$= \frac{1}{Z} \left[-\frac{\partial}{\partial \alpha} \sum \sum \exp(-\alpha N - \beta E) \right] = \frac{1}{Z} \left(-\frac{\partial}{\partial \alpha} Z \right) = -\frac{\partial}{\partial \alpha} \ln Z \tag{6-126}$$

在仅有压力作用下：

$$P = \frac{1}{Z} \sum \sum \frac{\partial E}{\partial V} \exp(-\alpha N - \beta E) = \frac{1}{Z} \left(-\frac{1}{\beta} \times \frac{\partial}{\partial V} \right) \sum \sum \exp(-\alpha N - \beta E)$$

$$= \frac{1}{Z} \left(-\frac{1}{\beta} \times \frac{\partial}{\partial V} Z \right) = -\frac{1}{\beta} \times \frac{\partial}{\partial V} \ln Z \tag{6-127}$$

即系统物态方程：

$$P = -\frac{1}{\beta} \times \frac{\partial}{\partial V} \ln Z \tag{6-128}$$

开系的热力学基本方程：

活性炭吸附技术及其在环境工程中的应用

$$T \, dS = dE - P \, dV - \mu \, dN$$

得 $S = k(\ln Z + \alpha N + \beta E)$ (6-129)

巨正则系综代表的热力学体系中，对双组分 A 和 B，常用公式有（均指平均值）：

$$N_A = kT \left(\frac{\partial \ln Z}{\partial \mu_A} \right)_{T, V, \mu_B}$$

$$N_B = kT \left(\frac{\partial \ln Z}{\partial \mu_B} \right)_{T, V, \mu_A}$$

$$E = kT^2 \left(\frac{\partial \ln Z}{\partial T} \right)_{V, (\mu_A/kT), (\mu_B/kT)}$$

$$S = k \ln E + \frac{E}{T} - \frac{N_A \mu_A}{T} - \frac{N_B \mu_B}{T}$$

$$A = -kT \ln Z + N_A \mu_A + N_B \mu_B$$

$$G = N_A \mu_A + N_B \mu_B$$

$$PV = kT \ln Z$$

3. 巨正则系综的应用

在温度一定时，在晶体表面形成单分子层的吸附层，此吸附层不能自由移动，研究的系统与粒子源和热源交换质量和能量，是开放体系，从而把表面吸附的分子当作巨正则系综中的一个系统看待。

设表面有 B 个等价空位，每一空位可吸附一个分子，M 个分子吸附，在气相剩余 $N - M$ 个分子，气相与单分子层成平衡的分子源，单分子层巨正则配分函数为：

$$Z_{g, a} = \sum_{M=0}^{B} \lambda^M Q_{a, M} = \sum_{M=0}^{B} \frac{B_!}{M! \, (B-M)!} (\lambda q_a)^M \qquad (6\text{-}130)$$

式中，λ 为比例常数。

在巨正则配分函数中，取 M 值在 $M=0$ 至 $M=B$ 之间。从二项式可知：

$$(1+x)^n = 1 + \beta x + \frac{B(B-1)}{2!} x^2 + \cdots + \frac{B!}{n! \, (B-n)!} x^n + \cdots$$

设区间从 $0 \sim B$，取 n，每个 n 值在展开式中有一项，从式（6-130）可见 $Z_{g, a} = [1 + \lambda q_a]^B$，取对数，则

$$\ln Z_{g, a} = B \ln [1 + \lambda q_a] \qquad (6\text{-}131)$$

设一系综含 m 个宏观体系，每个体系体积为 V，则系综体积为 mV；若 ε 为系综能量，N 和 M 为系综中 A 和 B 的分子个数，体系的平均能量、分子数目分别为 $\overline{E}$、$\overline{N}$ 及 $\overline{M}$，则 $\varepsilon = m\overline{E}$，$N = m\overline{N}$ 及 $M = m\overline{M}$，分别可表示为：

$$N = \left(\frac{\partial \ln Z_g}{\partial \ln \lambda_A} \right)_{T, V, \lambda_B} \qquad (6\text{-}132)$$

$$M = \left(\frac{\partial \ln Z_g}{\partial \ln \lambda_B} \right)_{T, V, \lambda_A} \qquad (6\text{-}133)$$

$$E = kT^2 \left(\frac{\partial \ln Z_g}{\partial T} \right)_{\lambda_A, \lambda_B, V} \qquad (6\text{-}134)$$

得 M 的平衡值：

$$M = \lambda \left(\frac{\partial \ln Z_g}{\partial \lambda} \right)_{T, V} = \frac{B\lambda q_a}{1 + \lambda q_a} \tag{6-135}$$

取覆盖率 $\theta = \dfrac{M}{B}$，得：

$$\theta = \frac{\lambda q_a}{1 + \lambda q_a} \tag{6-136}$$

λ 的确定，可利用单层吸附层和气相平衡，$\alpha = \ln\lambda = \dfrac{M}{kT}$，$\alpha$ 在每相中均相同，

$$kT\ln\lambda = \mu_g = -kT\ln\frac{q_g}{N-M}$$

故

$$\lambda = \frac{N-M}{q_g} = \frac{N-M}{q_g'V} = \frac{P}{kTq_g'} \tag{6-137}$$

上式代入式（6-136），得：

$$\theta = \frac{K_L P}{1 + K_L P} \tag{6-138}$$

式中，$K_L = \dfrac{q_a}{kTq_g'}$，是与温度有关的常数，$q'$ 为定值。此为 Langmuir 单分子层吸附在恒温下的吸附方程。

第四节
Monte-Carlo 模拟

在环保问题中，时常是一些气体（或液体）中微量的毒物、恶臭或腐蚀性物质的去除，如油漆工业排放的废气含有一些甲苯、二甲苯等溶剂，煤或汽油燃烧放出的烟雾，以致工厂生产的尾气中硫醇一类恶臭物质，都会影响环境的质量和人们生活的条件。吸附工程对废气、废液中微量物质的处理，常是有效的方法。时常遇到一些随机问题，如吸附工程中所遇到的问题，可以变为确定性问题，如工程中的数学模型（如椭圆形和抛物线偏微分方程组等）和随机性问题（如一些随机变量、概率分布、数学期望等）。求取这些问题的数学解时，常常会是很复杂和费时的。

蒙特卡洛（Monte Carlo）法是应用数学中实验数学的一种，起源于概率过程，因法国和意大利边界（摩洛哥）一个著名的博彩业赌城而命名。博彩的过程是随机的，Monte Carlo（MC）法是对一个随机性问题，建立一个概率模型，使模型的参量与所要解决的问题相关，再用计算机快速而大量地对模型取样，取样结果作适当的平均，即可求得问题解的近似值。求解随机性问题是 MC 法的主要应用领域。

能量和质量的迁移是由于分子碰撞的结果，此分子的移动受运动角度概率分布、运动速度分布、能量转移概率分布等概率分布的支配，大量分子的行为具有概率性质和在平均值附近涨落的性质。如果取很长一段时间内分子行为的平均值，或是大量分子行为的平均值，这个期望值就是表达此物理现象 Boltzmann 方程的解。

在这里所谓取样就是选取微观状态，Monte Carlo 法中的样品（Sample）指的是微观状态，该样品不是由解力学方程取得，而是从可能的样品中随机选取的，要选用大量的样品才

有统计意义，但这数目必须小于所有可能的样品数。该样品必须具有代表性，才能代表所表达的物理现象。

一、 确定性问题求解

以蒲丰投针问题（Buffon's needle problem）为例，在求解确定性问题时，根据所提问题构造一个简单适用的概率模型，使问题的解对应于该模型中随机变量的某些特征，如数学期望或方差等，然后用计算机对该模型进行大量的统计试验，由这些试验得到的随机结果，求出统计特征的估计值，作为问题的近似解。如用蒲丰投针问题求圆周率π值时，先构造一个模拟求π问题的概率模型，如图 6-2 所示。在距离为 $2a$ 的平行线之间的面上，任意投掷针长为 $2l$ 的针，要求 $a>l>0$。任意投一针的意义为：

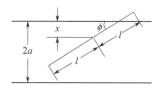

图 6-2　求 π

① 针中心点至距离它最近平行线的距离 x 是（0，a）上均匀分布的随机变量；

② 针与平行线的夹角 φ 是在（0，π）上均匀分布的随机变量；

③ 随机变量 x、φ 互相独立，针与平行线的相对位置由 x 和 φ 确定，针对线相交的充分条件是：

$$x < l\sin\varphi \tag{6-139}$$

已知 x 和 φ 的均匀分布概率密度分别为 $\dfrac{1}{a}$ 和 $\dfrac{1}{\pi}$，则得针与线相交的概率 P 为：

$$P = \int_{0}^{\pi}\int_{0}^{l\sin\varphi} \frac{1}{\pi a}\mathrm{d}x\,\mathrm{d}\varphi = \frac{2l}{\pi a} \tag{6-140}$$

即

$$\pi = \frac{2l}{2p} \tag{6-141}$$

在 n 次投针试验中，如有 m 次使针与线相交，当 n 值很大时，根据大数定律，得针与平行线相交概率的渐近估计式为

$$\hat{P} = \frac{m}{n} \tag{6-142}$$

最后，得π的估计值为

$$\overset{\wedge}{\pi} = \frac{2l}{a\hat{p}} = \frac{2nl}{ma} \tag{6-143}$$

有人投针 5000 次，有 2532 次针与平行线相交，得 $\overset{\wedge}{\pi}=3.1596$，误差 0.55％。因此，可以把 MC 方法解题的过程归纳为以下四点。

① 根据提出的问题，构造概率模型。对随机性质的问题，如粒子扩散、运动碰撞等，主要是描述和模拟粒子运动的概率过程，建立概率模型或判别式。对确定性问题，如确定π值、计算定积分等，则需要将问题转化为随机性质，如计算连续函数 $g(x)$ 的定积分，则是在 c（$b-a$）的有界区域内生成若干随机点，并计算满足不等式 $y_i \leq g(x_i)$ 的点数，从而构成问

题的概率模型。

② 根据模型的特点，设计、使用一些加速收敛的方法。

③ 从已知概率分布抽样。定出抽样方法，便于在计算机上产生概率中各种不同的分布随机变量。实际上是产生已知分布的随机数序列，从而进行对随机事件的模拟。例如，要估值 $\hat{I}$，关键在于产生 $f(x)$ 的抽样序列 $f(u_1)$，$f(u_2)$，产生密度函数为 $f(x)$ 的随机序列。

④ 统计处理模拟结果，得出问题的解和解的精度估计，取得所需的统计量。

对求解的问题，用试验的随机变量 k/n，作为问题解的估值，或 k/n 的期望值恰好是所求问题的解，则所得结果为无偏估计，这种方法用得最多。

二、 定积分计算

在数学上，定积分的计算公式有许多数值积分的方法，但将这些公式推广于多重积分，则增加了许多困难。在分子模拟系综法中，正则分布或巨正则分布积分式中都有多重积分的公式，使用蒙特卡洛法虽然精度有所降低，但较为简单。多重积分计算是 MC 法的重要应用。

1. 用随机试验 MC 法求定积分 I（ 如图 6-3 ）

$$I = \int_a^b g(x) \mathrm{d}x \tag{6-144}$$

把函数 $f(x)$ 限制在单位正方形（$0 \leqslant x \leqslant 1$，$0 \leqslant y \leqslant 1$）内（图 6-3），将坐标轴移动，使 a 落于原点 0 以使函数 $g(x)$ 在区间 $(a，b)$ 内有界，从而使定积分为：

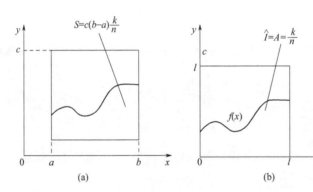

图 6-3　求 I

$$I = \int_0^l f(x) \mathrm{d}x \tag{6-145}$$

使 x、y 为互相独立的 $(0，l)$ 随机数，在 $0 \sim l$ 单位正方形内，随机投掷 n 个点，即 $[x_i，y_i]$，$i = 1，2，\cdots，n$。若第 j 个随机点 $(x_j，y_j)$ 落于曲线 $f(x)$ 下有阴影线的区域（图 6-3），表明第 k 次试验成功，相应于满足概率模型：

$$y_i \leqslant f(x_i) \tag{6-146}$$

设投掷成功的总点数有 k 个，总的试验次数为 n，则频率 k/n 为：

$$\lim_{n \to \infty} \frac{k}{n} = P \tag{6-147}$$

从而有：

$$\hat{I} = \frac{k}{n} \approx P \tag{6-148}$$

这说明，概率 P 即是图 6-3 中的面积 A，随机总落在区域 A 内的概率 P 恰是所求积分的估值 $\hat{I}$。

或

$$I \approx \frac{b-a}{n} \sum_{i=i}^{n} g(x_i) = (b-a)\overline{g(x)} \tag{6-149}$$

为简单起见，如图 6-3a 所示的被积函数

$$0 \leqslant g(x) \leqslant c \tag{6-150}$$

的情况，设在矩形区域 $A = \{a < x < b, 0 \leqslant y < c\}$ 均匀分布的随机变量 (x, y) 的概率密度函数为 $P(x, y)$，则：

$$P(x, y) = \begin{cases} \dfrac{1}{c(b-a)}, & (x, y) \ni S \\ 0, & (x, y) \ni S \end{cases} \tag{6-151}$$

今在 S 内 n 个离散点中有 m 个在曲线 $f(x)$ 下边，即进入定积分式（6-144）所表示的封闭区域 I 内时，其面积比 $I : S \approx m : n$，所以为：

$$I \approx c(b-a)\frac{m}{n} = S\frac{m}{n} \tag{6-152}$$

2. 误差

进行误差计算时，对式（6-149）取

$$\begin{aligned} V[g(x)] &= \int_{-\infty}^{\infty} g^2(x)p(x)\mathrm{d}x - [Eg(x)]^2 \\ &= \frac{1}{b-a} \int_a^b g^2(x)\mathrm{d}x - \left[\frac{1}{b-a}I\right]^2 \end{aligned} \tag{6-153}$$

因此，得

$$V[(b-a)g(x)] = (b-a) \int_a^b g^2(x)\mathrm{d}x - I^2 \tag{6-154}$$

对于式（6-152）的情况，从概率 $\dfrac{I}{S}$ 的伯努利大数定理试验，则

$$V(m) = \frac{I}{S}\left(1 - \frac{I}{S}\right) = \frac{1}{S^2}(SI - I^2) \tag{6-155}$$

因而，得

$$V[Sm] = SI - I^2 = c(b-c)I - I^2 \tag{6-156}$$

根据式（6-150）所定条件

$$\int_a^b g^2(x)\mathrm{d}x \leqslant c \int_a^b g(x)\mathrm{d}x = cI \tag{6-157}$$

故 $V[(b-a)g(x)] \leqslant V[Sm]$ \hfill (6-158)

因此，在进行式（6-144）定积分时，用式（6-149）比用式（6-152）的方法误差要小。但当被积分函数呈隐函数 $g(x, y) = 0$ 的形式，并从其中解出 $y = g(x)$ 的计算较麻烦时，用式（6-152）较方便。如果使 S 减小，$\dfrac{I}{S}$ 增大，从式（6-152），则 $D[m]$ 减小，精度提高。

【例 6-1】 计算积分 $I = \int_{-\infty}^{+\infty} x \, e^{-\frac{1}{2}x^2} \, dx$

精确计算时，$I = \left[-e^{-\frac{1}{2}x^2} \right]_{-\infty}^{+\infty} = 0$

用 MC 法计算时，设 $f(x) = x$， $p(x) = \dfrac{1}{\sqrt{2\pi}} e^{-\frac{1}{2}x^2}$，取 n 个标准正态随机数 u_i，

则当 $n \to \infty$ 时，$\dfrac{1}{n} \sum_1^n \sqrt{2\pi u_i}$ 趋于 I。

从正态随机数表任选 10 个 u_i，进行计算，得 0.5822，0.6262，0.0150，…。

由 $N(0,1)$ 取 n 个随机抽样的样本平均见表 6-1。

表 6-1　由 $N(0,1)$ 取 n 个随机抽样的样本平均

n	10	20	30	40	50
$\dfrac{1}{n}\sum u_i$	-0.4936	-0.1070	-0.0688	0.0322	0.0479

【例 6-2】 计算二重积分 $I = \int_0^l \int_0^l (x - y)^2 \, dx \, dy$

取两个均匀随机数 $U(0,1)$，设为 x_i、y_i，计算 $(x_i - y_i)^2$，求 $I(n) = \dfrac{1}{n} \sum_1^n$ $(x_i - y_i)^2$。在 $n = 1 \sim 20$ 间，计算结果接近约 0.15；用计算机取 $n = 30000$，结果趋于约 0.166；精确解为 $I = 1/6 \approx 0.16667$。

综合上述，可归纳为：

① MC 方法的估算精度 ε 与试验次数 n 的平方根成反比，即 $\varepsilon \propto \dfrac{1}{\sqrt{n}}$。若精度 ε 提高 10 倍，则试验次数 n 要增加 100 倍，意味解题的时间要慢 100 倍，收敛速度慢是 MC 法的主要缺点。

② 当 ε 一定时，试验次数取决于方差值，即 $n \propto \sigma^2$，降低方差是加速 MC 法收敛的主要途径。MC 法受方差影响，计算结果总在精确值附近涨落，这是因为模拟仅有限粒子行为之故。

③ MC 法的精度估算有概率性质，所算精度以近于 1 的概率不超过某一界限，这是 MC 法与其他确定性误差计算的根本区别。

3. 均匀分布随机数的取得

所谓随机数是指服从 (0, 1) 上的均匀分布或是单位矩形分布的随机变量，而随机数序列就是这种分布的总体中的一个简单子样。

产生随机数的方法可用物理的方法，如计算机的固有噪声等，也可以用数学方法采用某种可行的递推公式如乘同余法等。物理法产生的随机数质量很高，但所得的随机序列无法复现，因而无法对程序复算以便验证计算结果，同时需要配备特殊设备，费用较高；用数学方法产生的随机数在性质上不同于真正的随机数，故称为伪随机数。

用数学方法产生的伪随机数克服了物理法的缺点，但是对于确定的递推公式和确定的初值，整个随机序列是完全确定的，因而不能满足随机数应完全独立的要求。伪随机数的独立问题，来源于递推公式，本质上是无法改变的，但可以用数学手段加以改善。所谓随机数取样就是用随机数来规定体系的微观状态，也就是用随机数规定体系中每粒分子在子相空间中

的分布方式。

在数学上产生符合一定分布的随机数的方法，是先产生（0，1）均匀分布的随机数，然后通过一个适当的变换以得到所要求的随机数。产生（0，1）均匀分布随机数的常用方法如下。

（1）乘同余法

用以产生（0，1）均匀分布随机数的递推公式为：

$$x_i \equiv \lambda x_{i-1} (\mathrm{mod} M), \quad i = 1, 2, \cdots \tag{6-159}$$

式中，λ、M 和 x_0 是选定的常数。式（6-159）的意义是以 M 除 λx_{i-1}，得余数记作 x_i，利用上式算出序列 x_1，x_2，$\cdots$，x_i，而 $0 \leqslant x_i \leqslant M$，及 $0 \leqslant r < 1$，由

$$r_i = \frac{x_i}{M} \tag{6-160}$$

可得随机数序列 $\{r_i\}$，r_1，r_2，$\cdots$，r，这就是 i 个均匀随机数 r_i，在（0，1）上的均匀分布序列。序列 $\{x_i\}$ 和 $\{r_i\}$ 有周期性，其周期 $L \leqslant M$，循环后，产生的 r_i 不再看作随机数。文献推荐：取 $x_0 = 1$，或注意下奇数，$M = 2^k$，$\lambda = 5^{2q+1}$，k 和 q 都是正整数，k 越大，周期越长，若计算机尾数 n，q 可选满足 $5^{2q+1} < 2^n$ 的最大正整数，例如 $M = 2^{32}$，$\lambda = 5^{13}$，$x_0 = 1$，则周期长 $L = 10^9$。

（2）混合同余法

混合同余法的递推公式

$$\begin{cases} x_i \equiv (\lambda x_{i-1} + C) \quad (\mathrm{mod} M) \\ r_i = \dfrac{x_i}{M} \end{cases} \tag{6-161}$$

通过适当选取参数可以改善伪随机数的统计性质，例如，若 C 取正奇数，$M = 2^k$，$\lambda = 4q+1$，x_0 取任意非负整数，可以产生随机性好，且有最大周期 $T = 2^k$ 的序列。

关于随机数的统计检验及任意分布随机数的生成，请参阅有关书籍，一般应用乘同余法为常见。原则上，任何伪随机数序列在使用前都应当作均匀性和独立性的检验，其检验程序可以在计算机上进行。

伪随机数也可以在计算机上取得编制的子程序，如 IBM-PC 的 Basic 文件中已装有此子程序，可得到几乎均匀分布于 0～1 之间的伪随机数，称为伪随机数发生器，对随机数质量要求不高时，可以直接调用。至于伪随机序列，也可以在例如 32-bit 计算机，$N = 2147483647$（四字节）程序（Fortran 77）为

$$M = K * M$$
$$\mathrm{IF(M. LT. O)} \quad M = M + 2147483647 + 1$$
$$\mathrm{RANDOM} = M * 0.4656612E - 9$$

反复运行这一段程序，便可以得到一个伪随机数序列。

三、 Metropolis 抽样基本原理

在统计热力学中常遇到多重积分问题，如正则分布计算平均值（A）：

$$(A) = \frac{\int \mathrm{d}x_1, \mathrm{d}x_2, \cdots, \mathrm{d}x_n A(x_1, x_2, \cdots, x_n) \exp[-E_i(x_1, x_2, \cdots, x_n)/kT]}{\int \mathrm{d}x_1, \mathrm{d}x_2, \cdots, \mathrm{d}x_n \exp[-E_i(x_1, x_2, \cdots, x_n)/kT]}$$

$$\tag{6-162}$$

或记作

$$(A) = \int A(\zeta) P(\zeta) \mathrm{d}\zeta \tag{6-163}$$

其中

$$P(\zeta) = \exp[-E(\zeta)/kT] / \int \exp[-E(\zeta)/kT] \mathrm{d}\zeta \tag{6-164}$$

随机取样（Sampling）事实上就是用随机数规定体系的微观数，规定体系中每个粒子在子空间的分布方式，这就需要先计算其能量 $E(\zeta)$ 才能求取平均值。已知概率密度 P 与 Boltzman 因子 exp（$-E/kT$）成正比，能量发生改变，概率密度会剧烈变化。从概率密度曲线可见，统计求和时，少数能量很低的分布方式占较大的比重。如果完全随机取样，及取样的样品量有限，这时大部分分布方式的样品对统计求和贡献极小，这样是不合适的。同时已阐明在矩形分布上取样很难收敛，必须重点取样。而先在某一个分布上进行，Metropolis 及其同事提出先在任意初始分布的重要方法，在计算其平衡分布 exp［$-E(\zeta)/kT$］的能量后，任选一个粒子，令其作随机游动，使状态产生变化，变化后分布的能量，算出 $E(\zeta')$，试比较 $E(\zeta)$ 和 $E(\zeta')$ 值，如果 $E(\zeta') < E(\zeta)$，说明新分布的能量较低，统计求和中比旧的更重要，需要保留在在统计平均求和号内。如果 $E(\zeta') > E(\zeta)$，说明新的分布在统计求和中的贡献不如原有的分布，即在 $\Delta E(\zeta) = E(\zeta') - E(\zeta) \leqslant 0$ 时，则接收新的点 $E(\zeta')$。如果 $\Delta E(\zeta) = r > 0$ 时，$r = \exp\{[E(\zeta) - E(\zeta')]/kT\}$ 而小于 1 的正数，用作随机数发生器产生一个小于 1 的正数 a，如果 $r > a$，新的分布保留在统计平均的求和号中；如果 $r < a$，丢弃新的分布，恢复原有分布。如此重复，构成一个马尔柯夫链，使该分布随着链的增长趋于平衡分布（Boltzmann 分布）。这种抽样方法的计算量可以大量减少，而且所求得的平均比较接近于从 Boltzmann 分布求得的平均。

第五节
分子动力学模拟

环保或化学工业对组分的分离回收，选择适用的吸附剂时，考虑吸附剂的吸附等温线，吸附容量大小是重要因素之一。但在吸附传质的控制区为颗粒或晶体微孔扩散控制时，组分在晶粒内扩散速度的差异便是影响分离的主要因素。如环保用富氧或富氮，从空气中分离制取，需考虑氮和氧在炭分子筛上的竞争以及组分在其上的覆盖率对组分吸附的影响。

众多分子的传递及输运过程，是由于分子之间以及分子和固体表面之间的碰撞，质量和能量的转移引起的。分子动力学属于不平衡统计热力学的范围，分子动力学模拟就是要在有限的时间内了解分子移动的轨迹，轨迹不仅是分子的位置也包括其动量的变化，从轨迹变化的平均值，求取体系的热力学宏观性质和热力参量。在任一瞬间，N 个粒子在 $6N$ 维的空间（此空间称相空间）内游动。此粒子具有位置向量 $r_i(t)$ 和动量向量 $P_i(t)$。粒子运动时，$r_i(t)$ 和 $P_i(t)$ 随着轨迹的变化以及其他粒子的互相作用而改变。对孤立系统，此轨迹可用牛顿第二定律表示其作用力，或用相当的 Hamilton 方程描述；对开启系统，除质量转移外，还有能量的传递，使粒子运动的轨迹复杂化。

活性炭吸附技术及其在环境工程中的应用

粒子运动的受力有多种，有物理作用力、键能、电荷等各种位势的不同，从而提出各式各样的模型。分子从单原子气体以至分子量较大不同构型的有机物，从而拟定硬球、软球、挠柔性、链状和团聚形的分子，碰撞的方式也可以是直接碰撞、一次或多次碰撞、单球（和壁碰撞）、双球（可能球和球，球和壁的碰撞）及多球碰撞等，其中以对称弹性硬球直接碰撞最为简单。

分子动力学（molecular dynamics，MD）模拟就是要在选定的模型条件下，解相应的动力学方程得各种微观状态，然后从对应的力学参量（如作用位势）的微观状态作出适当的平均值，以代表宏观体系的物理量和热力学参量。早期分子动力学仅用于模拟孤立系统的微正则系综，即体系为恒定能量 E、恒定粒子数 N 和恒定体积 V 的孤立体系；后期的模拟方法用于模拟恒定粒子粒 N、恒定体积 V 和恒定温度，相当于正则系综的体系，以及恒温恒压相当于巨正则系综的体系。

虽然现代的计算机及计算机技术还不能模拟 10^{23} 数量级分子的运动，但已可以模拟 600 个以上分子的运动轨迹，建立相应的动量方程，描述分子运动的经典非线性动力学方程，即以运动力学理论、统计力学和取样理论取得的方程组，加上边界条件和守恒定律解出。

一、 Hamilton 运动方程

假设分子 i 是圆形的刚性球体，受力 F_i，依照牛顿第二定律，作用力 $F_i = m\ddot{r}_i$（m 为分子的质量，$\ddot{r}_i$ 为分子对应于固定坐标位置向量，$\ddot{r}_i = \mathrm{d}^2 r_i / \mathrm{d}t^2$）。对孤立体系，按照牛顿第一定律，球形分子 1 和 2 互相碰撞时，其作用力之总和 $F_t = F_1 + F_2 = 0$，即 $F_1 = -F_2$。球形分子从休止状态运动至速度 $\dot{r}$，此球形分子具有的能量 E_K 为

$$E_K = \frac{1}{2} m \dot{r}^2 \qquad (6\text{-}165)$$

牛顿第二定律 $F_i = m\ddot{r}_i$ 中的各参量是不因时间而改变的，但分子（粒子）的运动却是千变万化，其作用力和位置均随时间改变。除外力作用外，本身也可以发生平动、转动和振动等各种其他形式的运动。因而，需要找一种粒子位置和速度对时间都是恒定的函数，此函数为 Hamilton 函数 H（或称 Hamilton 量）。H 可表征不显含时间的力学系统，此体系的势能仅与质量的坐标有关而和质量点的速度无关。H 函数为体系的动能和势能之和，此总和即为体系的总能量。

$$H_N(r, P) = \mathrm{const} \qquad (6\text{-}166)$$

式中，P_i 为分子的动量，$P_i = m\dot{r}_r^2$，P_i 即 E_K。

取含 N 个球形分子、体积为 V 的孤立体系，其热力学平衡时总能量为 E，依照分子理论，各分子的集体行为构成宏观的性质。任何一可测定的体系性质 A，可用依赖在相空间（r^N、P^N）中相点位置的一些函数 $A(r^N、P^N)$ 来描述（上标 N 指有 N 个分子）。因实验需要一段时间，A 的测定值 A_m 不是瞬时值，实测中各粒子有不同的位置和动量，即相点沿着相空间内的轨迹运动，所以所测得 A_m 值是相函数 $A(r^N、P^N)$ 在一定时间间距内的平均值：

$$A_m = \frac{1}{t} \int_{t_0}^{t_0+t} A\left[r^N(\tau), P^N(\tau)\right] \mathrm{d}\tau \qquad (6\text{-}167)$$

式中，下标 m 指分子动力学测得值。对平衡统计热力学体系，此平均值独立于开始时间 t_0 时相点的位置，平衡时，此时间间距值近似于时间平均值 $<A>$：

$$<A>=A_m \tag{6-168}$$

式中：$<A>=\lim\limits_{t\to\infty}\dfrac{1}{t}\displaystyle\int_{t0}^{t0+t} A\left[r^N(\tau),\ P^N(\tau)\right]\mathrm{d}\tau \tag{6-169}$

只有在 $A(r^N、P^N)$ 的积分值是常数时，粒子的运动才是稳定的，式（6-168）的稳定才能成立，亦即 A 函数值不会沿着相空间的轨迹改变，任何时间间隔值式（6-167），等于时间平均值式（6-169）。粒子相点沿恒定能量 E 超表面游动时，因粒子连续运动及互相碰撞，粒子位置及动量将连续运动，相应的函数也不断波动。

孤立系统中取 108 个原子组成气体，经模拟后计算得总能量 E 是定值，但其动量能 E_K 和位势能 u 将波动，虽仍保持 E 为定值。

$$E=E_{K(P^N)}+u(r^N)=定值 \tag{6-170}$$

取其平均值（此平均值和温度有关）

$$<E_K>=\lim\limits_{t\to\infty}\frac{1}{t}\int_{t0}^{t0+t}E_K(P^N)\mathrm{d}\tau=\frac{3}{2}NRT \tag{6-171}$$

式中：
$$E_K=\frac{1}{2m}\sum_l^N P_i^2 \tag{6-172}$$

N 为总原子数，k 为 Boltzmann 常数，T 为热力学温度。

因而，从分子模拟取得体系性质值，须考虑下列几个步骤：

① 确定相空间轨迹 $\left[r^N(\tau),\ P^N(\tau)\right]$；

② 对所感兴趣的体系性质，定出函数 $A\left[r^N(\tau),\ P^N(\tau)\right]$ 值；

③ 取间距平均值的形式式（6-167）；

④ 依照式（6-168）的假设，设计算平均间距值等于时间平均值。

二、 Hamilton 运动方程推导

对一个孤立体系，设分子的动能和势能之总和 E 是定恒的为定值。对 N 个球形分子，H 函数取：

$$H_N(r_i,\ P_i)=\frac{1}{2m}\sum_i^N P_i^2+\sum_i^N\sum_j^N u(r_{ij})=E \tag{6-173}$$

式中位势能 $u(r_{ij})$ 是 r_i 和 r_j 分子的互相作用能。

此二球形分子中心距离 $r_{ij}=|r_i-r_j|$ 对上式取全微分，得运动方程：

$$\frac{\mathrm{d}H}{\mathrm{d}t}=\sum_i\frac{\partial H}{\partial P_i}\dot{P_i}+\sum_i^N\sum_j^N u(r_{ij})=E \tag{6-174}$$

孤立体系的总能量是定值守恒的，与时间无关，$\dfrac{\partial H}{\partial t}=0$，即：

$$\frac{\mathrm{d}H}{\mathrm{d}t}=\sum_i\frac{\partial H}{\partial P_i}\cdot\dot{p}_i+\sum_i\frac{\partial H}{\partial r_i}\cdot\dot{r}_i=0 \tag{6-175}$$

对孤立体系，Hamilton 函数的全微分，从式（6-173）得

$$\frac{\mathrm{d}H}{\mathrm{d}t}=\frac{1}{m}\sum_i p_i\cdot\dot{p}_i+\sum_i\frac{\partial H}{\partial r_i}\cdot\dot{r}_i=0 \tag{6-176}$$

式（6-175）和式（6-176）相比较，对每一个分子，为

$$\frac{\partial H}{\partial P_i}=\frac{\partial P_i}{m}=\dot{r}_i \quad 及 \quad \frac{\partial H}{\partial r_i}=\frac{\partial u}{\partial r_i} \tag{6-177}$$

将式（6-177）代入式（6-176），得

$$\frac{\partial H}{\partial r_i} = -\dot{P}_i \tag{6-178}$$

式（6-177）和式（6-178）称为 Hamilton 运动方程，将此二式或写成

$$\frac{\partial^2 r_i}{\partial t} = \frac{P_i}{m} \qquad \text{及} \qquad \frac{\partial P_i}{\partial t} = -\sum_{i \neq j} \nabla u(r_{ij}) \tag{6-179}$$

式中，∇为梯度算子。二者相结合可得：

$$\frac{\partial^2 r_i}{\partial t^2} = -\left(\frac{1}{m}\right) \sum_{i \neq j} \nabla u(r_{ij}) \tag{6-180}$$

上式的右边指第 i 个分子和其他分子作用的合力除以质量，左边为分子的加速度，遵循牛顿第二定律（$a=F/m$ 或 $F=ma$）。要解此方程式，除要先定位势模型，给定互相作用势 $u(r)$ 的具体形式外，还要设定初始条件和边界条件。

将 r_i 二阶导数，代入式（6-179），得牛顿第二定律。

$$m_i \ddot{r}_i = F_i = \dot{P}_i \tag{6-181}$$

积分式（6-178），式（6-179）或式（6-180）可得体系的动力学方程。准确的解法是去解式（6-179）和式（6-180），一般可先用 Verlet 解法，对 $r(t)$ 以 Taylor 级展开：

$$r(t+\Delta t) = r(t) + \frac{dr}{dt}\Delta t + \frac{1}{2!}\frac{d^2 r}{dt^2}\Delta t^2 - 0(\Delta t^3) \tag{6-182}$$

$$r(t-\Delta t) = r(t) - \frac{dr}{dt}\Delta t + \frac{1}{2!}\frac{d^2 r}{dt^2}\Delta t^2 + 0(\Delta t^3) \tag{6-183}$$

上二式相加，结果得：

$$r(t+\Delta t) = 2r(t) - r(t-\Delta t) + \frac{d^2 r}{dt^2}\Delta t^2 \tag{6-184}$$

利用式（6-184）计算的方法称 Verlet 算法，可以不用计算分子的速度，取得分子移动的位置，也可以从轨迹求取分子的速度，可使用：

$$r(t+\Delta t) - r(t-\Delta t) = 2v(t)\Delta t + 0(\Delta t^3) \tag{6-185}$$

$$\text{或} \quad v(t) = \frac{r(t-\Delta t) - r(t-\Delta t)}{2\Delta t} + 0(\Delta t^2) \tag{6-186}$$

此速度可用于计算分子的动量。在完成 Verlet 算法前，预先算出作用力，再求加速度

$$a(t) = \frac{d^2 t}{dt^2} = \frac{F}{m} \tag{6-187}$$

现有各种改进 Verlet 算法，以加速计算在小范围或大范围作用力的算法。

三、 Lennard-Jones 位势模型

解 Hamilton 运动方程以前，要预先选定位势模型，给定相互作用势 $u(r)$ 的具体表达形式。位势模型有多种形式，其中以 Lennard-Jones 刚球模型（简称 L-J 模型）最常采用：

$$u(r) = k\varepsilon\left[\left(\frac{\sigma}{r}\right)^n - \frac{\sigma}{r}^m\right] \tag{6-188}$$

式中，$k = \frac{n}{m-n}\left(\frac{n}{m}\right)^{m/(n-m)}$；$\sigma$ 为球直径；r 为球中心距离。

$u_0 = k\varepsilon$，u_0 和 r 为常数，由实验决定（或查阅有关手册）。

一般取 $n = 2m = 12$，$m = 6$，即：

$$u(r) = 4\varepsilon \left[\left(\frac{\sigma}{r} \right)^{12} - \left(\frac{\sigma}{r} \right)^{6} \right] \tag{6-189}$$

式（6-189）称为 L—J12—6 模型。两分子之间的作用力，取排斥力正，吸引力为负；两分子在一定的距离 r 时，排斥力和吸引力相等，位势能量为零。以 $u(r)$ 对 r 作曲线，则应交于 $u(r) = 0$ 的横坐标上（图 6-4）的 a 点，此时 $r = \sigma$。

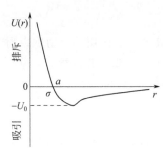

图 6-4 L-J 势能函数曲线图

对式（6-189）取微分，可作出 $F(r)$ 对 r 的曲线。

$$F(r) = -\frac{\mathrm{d}u(r)}{\mathrm{d}r} = 24 \frac{\varepsilon}{\sigma} \left[2 \left(\frac{\sigma}{r} \right)^{13} - \left(\frac{\sigma}{r} \right)^{7} \right] \tag{6-190}$$

L-J 模型的主要假设是：①气体的浓度非常低，仅发生二个分子之间的碰撞；②分子间互相碰撞的运动规律可用经典力学描述；③仅为弹性碰撞；④分子之间作用力仅限于对分子中心起作用，即分子之间的位势函数是球形对称的。这些限制仅适用于低压高温下的单原子气体。

Chapman-Enskog 详细地讨论了位势 u（r）和分子之间碰撞的关系，但所列出的方程式难于解出。对传递系数黏度提出模型为：

$$\eta = \frac{5/16 \, (\pi MRT)^{1/2}}{(\pi \sigma^2) \Omega_v} = 26.69 \frac{\sqrt{MT}}{\sigma^2 \Omega_v} \qquad \mu P \tag{6-191}$$

式中，Ω_v 为碰撞积分。分子间互相不作用时，$\Omega_v = 1$；已知 Ω_v 随温度 T^*（$T^* = kT/\varepsilon$）增大而减少。有趣的一段是 T^* 在 $0.3 < T^* < 2$ 时，$\lg\Omega_v$ 和 $\lg T^*$ 几乎成直线关系。$\sigma = \left(\frac{T_c}{P_c} \right)^{1/3} (2.3551 - 0.087\omega)$，$\omega$ 指偏心因子，$\varepsilon/K = T_c(0.7915 + 0.1693\omega)$，下标 c 指临界状态。

对气体和液体的传递系数，除 Lennard-Jones 模型外，还有 Sfockmager 模型，Thodos 经验式及 Sutherland 公式等各种模型和经验公式，可详见有关书籍。

对于 $10 \sim 500$kPa 压力下低密度气体的扩散系数，Wilke-Lee 估算式取

$$D_{12}^0 = 0.1883 \frac{[T^3(M_1 + M_2)/M_1 M_2]^{1/2}}{p\sigma_{12}^2 \Omega_D} \tag{6-192}$$

式中，Ω_D 为扩散的碰撞积分，是温度的函数。

对于气体分子和固体壁分子的碰撞，如甲烷分子吸附于活性炭微孔中，CH_4 分子之间碰撞运动有采用 L-K12-6 模型的，取

活性炭吸附技术及其在环境工程中的应用

$$u_{11}(r) = 4\varepsilon \left[\left(\frac{\sigma_{11}}{r} \right)^{12} - \left(\frac{\sigma_{11}}{r} \right)^{6} \right] \tag{6-193}$$

式中，取 $\sigma_{11} = 3.82\text{Å}$，$\varepsilon_{11}/k = 148K$。

团簇原子如烷基链单元 CH_3- 或 CH_2- 可作为团簇和载体上的活性点作用，对 L-J 模型参量可用一种描述互相作用基团的"联接原子近似法"，使互相作用活性点数加和简化。沸石结构中的原子也可以用 L-J 球化表。

分子动力学 MD 算法程序概述如下：

① 确定体系。原子和分子的数目及类型，它们的质量，分子内及互相作用位势，选用作用位势模型。

② 取定初始条件和边界条件。分子在初始（$t = 0$）时间的位置及速度，速度可用时间 t 时的瞬间速度，求取指定温度 T 下的速度，T（t）可用下式表示：

$$KT(t) = \sum_{i=1}^{N} m_i v_i^2(t) / N_f$$

式中，N_f 为自由度，$3N$；指定温度 T 可用 $\sqrt{T/T(t)}$ 标定调节至 T（t）。

③ 选取一定的时间步长 Δt 便于积分。步长过小，结果固然精密，但算时过长，使所得分子碰撞轨迹，仅遮盖了相空间的一小部分；步长过大，分子成原子在载体表面蛙跃过高，移动距离过大，使算法不稳定。一般选用步长时间为若干飞秒（$10^{-15}s$），有时还可小些。

④ 计算样品之间的作用力，从 $t = 0$ 时作用力开始，用 Verlet 算法积分，重复此步骤直至到指定的模拟时间为止。

⑤ 计算此测定值，即微观状态值的平均值，用 Einstein 关系式求取自扩散系数。

因计算时间的限制，粒子数一般只限制在几千以下，当模拟主体体系时，一般采用周期的边界条件。

第六节
活性炭吸附的分子模拟

在环境保护及化工中活性炭是常用的吸附剂之一。现以甲烷在活性炭上的吸附（用于天然气的贮存）为例进行讨论，模拟求取其等容吸附热、分子组分在活性炭微孔中的微观状态。用平衡统计热力学中的系综法，在开启系统体系之间可以互相交换能量和质量的巨正则系综理论，同时采用 Lennard-Jones（L-J）分子位势模型为出发点，以巨正则系综 Monte Carlo 法模拟甲烷在活性炭微孔中吸附行为。

巨正则系综的配分函数可表示为：

$$Z_{\mu, V, T} = \sum_{N=0}^{\infty} \frac{\exp(N\mu/kT)}{\lambda^{3N}(N!)} \int \cdots \int \exp(-U_t/k_T) dr_{01} \cdots dr_{0N} \tag{6-194}$$

式中，N 为系综体系的分子数；r_{0i} 为 i 分子向量坐标；λ 为 de Broglie 波长。在式（6-123）及式（6-124）中，由于 $\alpha = -\mu/kT$ 及 $\beta = 1/kT$，可用化学势 μ 代替。热力学参量 X 的系综平均 $< >$ 可表示为：

$$< X > = \frac{1}{Z_{\mu, V, T}} \sum_{N=0}^{\infty} \frac{\exp(N\mu/kT)}{\lambda^{3N} \cdot N!} \int \cdots \int X \cdot \exp(-\mu_t/kT) dr_1 \cdots dr_N \tag{6-195}$$

将各热力学参量都采用对比值，无量纲化，则：

$$dr_i = \frac{dr_{0i}}{V} \ ; \ \mu^* = \frac{\mu}{\varepsilon_{ff}}; \qquad V^* = \frac{V}{\sigma_{ff}^3}; \qquad T^* = \frac{KT}{\varepsilon_{ff}}$$

$$\rho^* = \frac{\rho\sigma_{ff}^3}{\varepsilon_{ff}}; \ H^* = \frac{H}{\sigma_{ff}}; \qquad P^* = \frac{N\sigma_{ff}^3}{V}$$

则经无量纲化：

$$<X> = \frac{1}{Z_{\mu,V,T}} \sum_{N=0}^{\infty} \frac{\exp(N\mu/kT)}{\lambda^{3N} \cdot N!} \int \cdots \int X \cdot \exp(-\mu_t/kT) dr_1 \cdots dr_N \qquad (6\text{-}196)$$

上二式是求取系综热力学参量平均值，即宏观体系参量的基本公式，解此主要要取得体系的能量 u_t，因而要取用各种模型，其中分子模拟最常用的是 Lennard-Jones 位势模型。

活性炭因原料、活化温度及加工条件的不同，性能差异较大，形成的微孔孔径大小不一，孔径分布较宽。活性炭的结构一般认为是石墨化的结构，成为层状石墨晶体排列，结构形成的微孔形状也是多种多样的，有狭缝微孔、分子筛微孔、圆球形微孔和层柱状微孔等各种模型。吸附质气体组分在微孔孔道内因位势作用，除吸附外，可能产生毛细管冷凝等现象。各学者分别在各种微孔模型的孔道内对流体分子的吸附行为、毛细管现象、传递现象进行了研究，其中以狭缝微孔模型采用最多，认为甲烷分子在石墨晶体之间形成二层三明治夹心的形态，相邻石墨层的距离 $\Delta = 0.335$nm，甲烷分子的保留量因炭和 CH_4 分子之间的亲和力而决定。取狭缝宽 $H = 11.4$Å 为最佳的缝宽，能容纳较多的 CH_4 分子（每一循环放出最多的 CH_4）如图 6-5。甲烷是非极性分子，分子间的作用力采用 LJ12-6 位势模型表达。

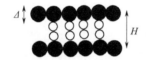

图 6-5　CH_4 在炭狭缝模型中的距离（比表面积 2620m²/g）

$$U_{ff}(r) = 4\varepsilon_{ff}\left[\left(\frac{\sigma_{ff}}{r}\right)^{12} - \left(\frac{\sigma_{ff}}{r}\right)^6\right] \qquad (6\text{-}197)$$

其中甲烷流体的能量位势 ε_{ff} 和尺寸参量 σ_{ff} 分别为 $\varepsilon_{ff} = 148.1$K°，$\sigma_{ff} = 0.381$nm；炭壁 S 的能量位势 ε_{ss} 和尺寸参量 σ_{ff} 分别为 $\varepsilon_{ss}/k = 28.0$K°，$\sigma_{ss} = 0.34$nm；甲烷分子与炭壁碳分子之间采用 LJ10-4 模型表示为：

$$U_{fs}(z) = 2\pi\rho_s\sigma_{fs}\left[\frac{2}{5}\left(\frac{\sigma_{fs}}{z}\right)^{10} + \frac{2}{5}\left(\frac{\sigma_{fs}}{H-z}\right)^4 - \frac{\sigma_{fs}}{3\Delta(0.61\Delta+z)^3}\right] \qquad (6\text{-}198)$$

式中　$\rho_s = 114.0$nm⁻³，表示碳原子在石墨平面的面积密度；

σ_{fs} ——CH_4 和碳分子的碰撞半径；

H ——狭缝宽度；

z ——平面之间距离（流体分子和碳壁之间的距离）；

$\Delta = 0.335$nm，晶格平面之间的距离。

碳和 CH_4 分子之间的互相作用参量 σ_{fs} 和 ε_{fs} 按照 Lorentz-Berthelot（LB）规则计算：$\varepsilon_{fs} = (\varepsilon_{ss}\varepsilon_{ff})^{0.5}$ 和 $\sigma_{fs} = 0.5(\sigma_{ss} + \sigma_{ff})$，因而 $u_{fs}(Z)$ 包括三项在内，即 $2\pi\rho_s\sigma_{fs}/\varepsilon_{ff} = 13.559$，

活性炭吸附技术及其在环境工程中的应用

$\sigma_{fs}/\sigma_{ff}=0.942$ 和 $\Delta/\sigma_{ff}=0.8793$。甲烷分子流体和甲烷分子之间的平均构型能量 $\overline{U}_{ff}$ 取

$$\overline{U}_{ff}=\frac{1}{N}\sum_{i<j}u(r_{ij}) \qquad (6\text{-}199)$$

甲烷分子与炭壁之间的平均构型能量 $\overline{U}_{sf}$ 为

$$\overline{U}_{sf}=\frac{1}{N}\sum_{i}\left[u(z_i)+U(H-Z_i)\right] \qquad (6\text{-}200)$$

故 CH_4 分子在炭微孔狭缝中的总平均位势能 $\overline{U}_t$ 为

$$\overline{U}_t=\overline{U}_{ff}+\overline{U}_{sf} \qquad (6\text{-}201)$$

对乙烯在炭微孔中吸附，流体-流体间参量为

$$\sigma_{ff}=0.4218nm，\varepsilon_{ff}/k=201.8K$$

乙烯-炭壁之间，液-固参量为

$$2\pi\rho_s\sigma_{fs}\varepsilon_{fs}/\varepsilon_{ff}=12.960，\sigma_{sf}/\sigma_{ff}=0.903，\Delta/\sigma_{ff}=0.8045$$

吸附第二维里系数，可从积分式（6-198）取得

$$B_{fs}=A_C\int_{z=0}^{H}(\exp(u_{fs}/kT)-1)dz \qquad (6\text{-}202)$$

$$A_c=2\pi\rho_c\sigma_{fs}\varepsilon_{fs}$$

据此求得的吸附第二维里系数值，和吸附平衡数据手册的实际数据（列于表 6-2）非常接近。

表 6-2　25℃下甲烷在活性炭上吸附的吸附第二维里系数 B_{fs}

活性炭样品 （商品名）	表面积 /（m³/g）	B_{fs} /（cm³/g）
CMS	650	45
BPL	988	31
ColumbiaG	1200	30
AGLAR	1670	44
Anderson AX－21	3000	17
狭缝模型	2620	18

在压力趋于零时极限的等容吸附热：

$$\frac{q_{st}^{\circ}}{kT}=1+\frac{1}{T}\times\frac{dlnB_{fs}}{d(\frac{1}{T})}$$

在 298.15K 得 $q_{st}^{\circ}=11.8kJ/mol$，计算结果接近 Tan 用巨正则系综模拟值。在 296K、狭缝宽 11.4Å（1.14nm）、遮盖率为零时，$q_{st}^{\circ}=13.3kJ/mol$，差值是由于 Tan 考虑了气-固位势效应，而本计算却忽略。

巨正则系综的模拟

甲烷在炭壁吸附模拟可在 x、y 轴形成的平面，沿 z 轴的狭缝宽 H 进行。巨正则系综的独立变量是温度、容积和化学势 μ，在压力高至 4MPa，流体相的逸度 f 和压力 P 之间的关系为：

$$f = P \exp\left(\frac{B_{ff} P}{RT}\right) \tag{6-203}$$

300K 下，$B_{ff} = -42.0 \text{cm}^3/\text{mol}$ 甲烷。假设在沿炭壁起有一矩形的盒子，盒子大小为 $270\text{nm} \times 270\text{nm}$，甲烷分子和相邻狭缝中甲烷分子的互相作用不考虑。

在此盒中都经历 3 种尝试办法即 Metropolis 法生成（creation）、删除（destruction）和移动（displacement）三个阶段，每种产生的可能性均为 $\frac{1}{3}$，其概率分别为：

① 分子生成概率 ξ_{cr}，送一个分子到盒中，

$$\xi_{cr} = \min\left[1, \frac{V}{\lambda^3 (N+1)} \exp(\mu - \Delta U/kT)\right] \tag{6-204}$$

② 删除分子概率 ξ_{des}，从盒中删除一个分子，

$$\xi_{des} = \min\left(1, \frac{\lambda^3 N}{v} \exp[-(\mu + \Delta u/kT)]\right) \tag{6-205}$$

③ 在盒内移动分子概率 ξ_{dis}，从一个位置移至另一位置，

$$\xi_{dis} = \min[1, \exp(-\Delta u/kT)] \tag{6-206}$$

随着狭缝孔道宽度 H 的变化，例如 $H^* = 2.0$ 时，选 100 个初始分子；至 $H^* = 10.0$ 时，可选 700 个分子；在 $H^* = 2.0 \sim 10.0$ 间，分子数从 $100 \sim 700$ 个分子选取。每个状态产生 8×10^6 个构型，去掉最初的 4×10^6 个构型[8]，只取后面 4×10^6 整个循环 300000，第一个循环 30000 同上为了消除初始构型的影响而舍弃。整个构型计算热力学参量系综平均：

$$A/N = \mu - <p>_{\mu VT} V / <N>_{\mu VT} \tag{6-207}$$

式中　　$<P>_{\mu VT}$——瞬间压力变化平均值；

　　　　$<N>_{\mu VT}$——瞬间分子数变化平均值。

化学位和逸度 f 的关系为

$$a_z = \frac{\exp(\beta\mu)}{\lambda^3} = \frac{f}{kT}$$

式中，a_z 为绝对活度；λ 为 de Broglie 波长。

从系综涨落可得微分吸附热 q_d

$$q_d = -\frac{f(u, N)}{f(N, N)} = q_{st} - kT - \Delta h$$

式中，$f(x, y) = <XY> - <X><Y>$；q_{st} 为吸附等容热；$\Delta h = (h^b - h^{bo})$，离理想气体焓 h^{bo} 的焓偏差值。

参 考 文 献

[1] 黄克中，毛善培. 随机方法与模糊数学应用. 上海：同济大学出版社，1987.

[2] 李如生. 平衡和非平衡统计力学. 北京：清华大学出版社，1995.

[3] Metropolis et al. J. Chem. Phys.，1953，21：108.

[4] Ziming Tan, J. Phys. Chem.，1990，94：6061.

[5] Schoen M J. Chem. Phys.，1987，87 (9)：5464.

［6］ Yi X. H. AIChEJ，1995，41（3）：456.

［7］ Allen M. P，Tildesley DJ. Computer simulation of Liquid . New York ：Oxford Univ Press，1987.

［8］ 曹达鹏等 . 化工学报，2002，5（1）：23.

［9］ Nicholson D，Parsonage，N，G. Computer Simulation and statistical mechanics of Adsorption. Academic Press，1977 .

［10］ Haile JM. Molecular Dynamics Simulation. Wiley-Interscience，John Wiley and Sons，1992.

［11］ Frerich，J，Keil etal. Reviews in Chemical Engineering，2000，16（2）：171-197.

第七章

活性炭应用

活性炭作为优良的吸附剂和催化剂载体应用于国民经济各个领域。

我国活性炭厂家分布在全国二十几个省市自治区。总产量已由 20 世纪 80 年代初年产 1.4 万吨到 2001 年的 12 万吨，到目前年产 40 万吨左右。颗粒炭多用于水处理、脱硫、脱硝、催化剂载体、溶剂回收，粉状活性炭主要用于制糖、制药、食品工业等。

活性炭在环境工程中涉及利用活性炭作为吸附剂和催化剂载体的有关过程，应用领域包括：①环境保护。脱除有毒、有害气体和脱臭去味；防汽油蒸气损失；防放射性污染；空气净化（提供人员密集处的新鲜空气，以及精密仪器、特殊工艺过程、珍品收藏室、医院、宾馆、地下设施、潜艇、宇宙飞船等舱室内的洁净空气）；生活饮用水深度净化；城市污水处理；工业废水处理。②食品工业。脱色精制，脱臭、脱除胶体改善稳定性。③化学工业。用作脱色、脱臭、脱胶体物质，精制以及天然气、石油气分离，溶剂回收（甲苯、二甲苯、甲醇、乙醇），二氧化碳、氯、氮、氨、乙炔等气体的净化。④医药工业。抗生素、维生素、激素和生物碱的选择吸附提纯。⑤矿业。用于提取贵重金属、稀有元素。⑥原子能工业。用于氪的提纯。⑦工业用水净化。如半导体集成电路制品和制药用水等。⑧农业。用作长效农药和土壤改良。⑨活性炭作为催化剂（如三氯乙烯、氯乙烷合成等）和催化剂载体（如浸铜、银、锌、钼和 TEDA 等的活性炭用于防毒材料）。

第一节
作为气相吸附（吸着）剂的应用

一、 对沙林等有害气体的吸附

活性炭对高沸点的有机化合物有很强的吸附能力。如沙林（沸点 158℃，具有高毒性的含磷化合物，神经性毒剂），即使很低的浓度，活性炭对它也有很强的吸附能力。如表 7-1 所示。

表 7-1　不同层厚的 АГ-2У 型活性炭和 1110 型活性炭对沙林蒸气的浓度降低倍数 $\dfrac{c_b}{c_0}$ 值

层厚/cm	比速/[L/(min·cm²)]			
	0.50		1.00	
	АГ-2У 炭	1110 炭	АГ-2У 炭	1110 炭
	0.265	0.100	0.355	0.133
1.0	$\dfrac{1}{44}$	$\dfrac{1}{2.2\times10^4}$	$\dfrac{1}{17}$	$\dfrac{1}{1.8\times10^3}$
1.5	$\dfrac{1}{290}$	$\dfrac{1}{3.3\times10^6}$	$\dfrac{1}{69}$	$\dfrac{1}{8.1\times10^4}$
2.0	$\dfrac{1}{1.9\times10^3}$	$\dfrac{1}{4.9\times10^8}$	$\dfrac{1}{282}$	$\dfrac{1}{3.6\times10^6}$
2.5	$\dfrac{1}{1.3\times10^4}$	$\dfrac{1}{7.2\times10^{10}}$	$\dfrac{1}{1.2\times10^3}$	$\dfrac{1}{1.5\times10^8}$
3.0	$\dfrac{1}{8.1\times10^4}$	$\dfrac{1}{1.1\times10^3}$	$\dfrac{1}{4.8\times10^3}$	$\dfrac{1}{6.5\times10^9}$

注：АГ-2У 炭的当量直径为 2.37×10^{-3} m；1110 炭的当量直径为 1.18×10^{-3} m；$\dfrac{c_b}{c_0}=\mathrm{e}^{-\frac{h}{K}}$；$c_0=0.05$ mg/L。

同时，由表 7-1 可以看出：对于 АГ-2У 型活性炭，炭层厚度 3.0cm，当比速为 1.0L/(min·cm²)时（大体上相当于截面积为 $60\sim90$ cm² 滤毒罐在使用时的最高吸气速率），对 0.05 mg/L 的沙林蒸气进行防御时，瞬间透过浓度达到 10^{-5} mg/L，对人员已足够安全；而如果采用 1110 型活性炭，在同样条件下，即使炭层厚度只有 1.5 cm，瞬间透过浓度也只有 6×10^{-7} mg/L（已低于允许浓度），该值等于 3.0 cm АГ-2У 型炭（在同样条件下）透过浓度的 $\dfrac{1}{17}$，因此，从理论上分析，当薄炭层吸着含磷毒剂蒸气时，该采用颗料较小的 1110 型（当量直径为 1.18×10^{-3} m）活性炭为宜。

如果假设滤毒罐截面面积为 60 cm²，人员平均的吸气量为 20 L/min，最大吸气量为 60 L/min，则比速为 1.0 L/(min·cm²)，由此计算的无效层厚度如表 7-2 所示。

表 7-2　炭层无效层厚度

炭　样	无效层厚度/cm
АГ-2У 型	3.2
1110 型	1.2

对低沸点的有机化合物（如氯乙烷，沸点 12.2℃）的吸附就差远了。对沸点极低如三氟亚硝基甲烷（前苏联称"Φ-1"穿透性毒剂）就没有吸附能力，需要特殊处理。

二、 对氯化氰（氢氰酸）等有害气体的吸着

对分子量较小、沸点较低的有毒气体的吸着，用于浸渍的物质有下列金属化合物：铜、铬、银、钾、钠、锌、钴、锰、钒和钼以及某些有机化合物像吡啶或芳香胺。依据吸附质，有毒气体在浸渍活性炭表面上的吸附（吸着）过程伴随下列现象：

① 物理吸附［沸点较高，例如：氢化苦，111.9℃；沙林，151.5℃；芥子气，217℃（分解）；苯氯乙酮，244.5℃；梭曼，167.7℃］；

② 化学吸着，即和浸渍组分的反应，中和、水解或形成络合物（沸点较低，例如：光气 8.2℃；氢氰酸，25.7℃；氯化氰，12.6℃）；

③ 催化反应如氧化（沸点很低，例如：砷化氢，−62.5℃；三氟亚硝基甲烷，−84℃）。

活性炭经浸渍剂处理会引起它的表面性质变化，其微孔体积和中孔（体积、比表面积）表征参数下降，如表 7-3 所示。

表 7-3 用 Cu-Cr-Ag 浸渍和未浸渍活性炭多孔结构参数

参　数	未浸渍	浸渍
微孔体积 $V_{mi}/$ （cm^3/g）	0.329g	0.206
中孔体积 $S_{me}/$ （cm^3/g）	0.288g	0.187
中孔表面积 $S_{me}/$ （cm^2/g）	150	100
大孔体积 $V_{ma}/$ （cm^3/g）	0.523	0.405
大孔表面积 $S_{ma}/$ （cm^2/g）	0.05	0.04
D-R 方程系数： $W_o/$ （cm^3/g）	0.374	0.230
$10^6 B/K^{-2}$	0.672	0.553

活性炭、浸渍活性炭不仅在军事技术而且还在化学工业所有分支，包括在人员生命受到漏失到大气中的毒气危害场合得到应用。

以防护氯化氰（氢氰酸）等有害气体为代表的浸渍活性炭，如前述的惠特莱特浸渍活性炭，近年，美国 Chemviron Carbon 公司研制并投入使用两种无铬浸渍活性炭（ASZMT，ASZM/TEDA＜铜银锌钼＞）和 URC 浸渍活性炭。ASZMT 浸渍活性炭用于个体防护和集体防护器材，它具有高的活性（滤毒罐可以较小，重量可以较轻，气流阻力较低）；ASZMT 活性炭符合美国军用规范；URC 用于民用。

加拿大 Racal Filter Technologies, ltd 致力于研制用于军用、警用或工业应用的滤毒罐。其中，C2、C3、C4、C5 和 C6 滤毒罐使用高效滤烟层和浸渍活性炭床层防护化学生物毒剂和放射性灰尘。C2、C4 和 C6 罐只是罐高（装炭量）不同。C4 防护时间最长，与美国 M40 及 M42 防毒面具以及加拿大 C4 呼吸器配套使用。C3 用于海军集防装置，用于荷兰和丹麦军队。1996 年开始生产的 C7 罐装填 ASC/TEDA 或 ASZM/TEDA（铜银锌钼）。有关滤毒

活性炭吸附技术及其在环境工程中的应用

罐参数见表 7-4。

表 7-4　加拿大 C2～C7 滤毒罐参数

罐型	C2	C3	C4	C5	C6	C7
高度/mm	77	86	91	72	82	64
直径/mm	106	106	106	106	106	115
重量/g	265	350	350	265	299	290
炭/cm³	170	295	295	170	215	250
炭型	ASC 或 TEDA	ASC，TEDA	ASC，TEDA	ASC 或 TEDA	ASC 或 TEDA	ASC（ASZM）或 TEDA

三、 专用浸渍活性炭

我国军用活性炭和浸渍炭通用规范规定：用于特殊目的滤毒罐和固定安装的毒剂过滤设备及集体防护滤毒罐。如核工业救援，火箭推进剂防护，海军核潜艇的过滤设备等。防毒时间测定要符合 GJB 1468—92 和 GJB 1468A-2007 的要求。对各种蒸气的防毒时间测定按 GB 7702.11—1997、GB 7702.12—1997、GB/T 7702.10—2008 以及 GB/T 7702.13—1997、GB 2890—2009 方法进行，试验条件按表 7-5 所规定。

表 7-5　防毒时间试验条件

条件 试剂[①]	检验气体的 相对湿度/%	检验气体的 浓度/（mg/L）	炭的水分 /%	试验室温度 /℃	流速 /（L/min）
苯	50±2	18±1	接收时最大值<3	20±3	随活性炭或浸渍炭型号而定
氯乙烷	50±2	5±0.5	接收时最大值<3	20±3	
四氯化碳	—	250±10	接收时最大值<3	20±3	
沙林[②]	50±2	4±0.4	接收时最大值<3	20±3	
氢氰酸	50±2	10±1	接收时最大值<3	20±3	
光气[③]	50±2	20±2	接收时最大值<3	20±3	
氯化氰[④]	80±2	4±0.4	在相对湿度 （80±3）%增湿	20±3	

① 试验允许±10%的浓度偏差。因此，试验时得到的活性炭和浸渍炭的防毒时间应校正到表中浓度。
② 沙林透过浓度是 0.04 mg/m³，用吸收瓶焦磷酸钠法比色分析浓度。
③ 光气试验用碘化钾-丙酮指示剂指示透过。
④ 氯化氰试验除按表 7-5 条件外，另需对浸渍炭在 85%±5%湿度下陈化后进行试验。

四、有价值组分的回收和工业排出气的净化

1. 回收有机溶剂

这种过程从经济观点（回收有价值物料）以及对自然环境保护（空气污染控制）都具有意义。以这种方法回收的主要溶剂有丙酮、汽油、苯、甲苯、二甲苯、低级醇、二乙醚、正烷烃（$C_6 \sim C_7$）、二硫化碳、卤素衍生物（主要是氯仿、四氯化碳、二氯甲烷、二氯乙烷、氯苯）等。在废气中有机溶剂蒸气的浓度通常是小的，其范畴在每立方米气体若干克。因此，活性炭应用于捕集它们是有效的，回收率一般为 95%～99%，被净化气体蒸气浓度不超过 $0.5g/m^3$。就吸附过程的特性，进入设备的气体温度保持尽可能低（有时施加冷却），它应不超过 40～50℃。在解吸阶段，过热蒸气逆流进入床层，蒸气和溶剂蒸气一起被冷却和冷凝，并且溶剂层在分液漏头中被分离。

以油品为例，我国每年蒸发损失的轻质油约 4.7×10^5 t，如果进行油气回收可以减少损失约 4.35×10^5 t，其价值约合人民币 2×10^9 元。显然，回收挥发性有机物，特别是高浓度、高价值的挥发性有机物（VOCS），具有重要社会、经济效益，对于推动循环经济的发展意义重大。目前，有机溶剂的回收方法包括：吸收、吸附、冷凝和膜分离法。通常吸收法与冷凝法联用（吸附、脱附、冷凝回收）。对于实践中常遇到的有机溶剂污染浓度在 1～20g/m^3 范围，活性炭吸附法回收是适用的。吸附工艺包括变压吸附（PSA）、变温吸附（TAS）以及其联用 TPSA 三种。

由人造纤维工业排放的废气也严重污染环境，其主要污染物是二硫化碳（300～8000 mg/m^3）和硫化氢（60～2000mg/m^3）。二硫化碳通常用活性炭吸附来去除（或回收），而 H_2S 在某些系统中用液体介质吸收去除，为提高去除率，现已发展若干新方法，其中有采用活性炭（浸渍炭）同时去除 H_2S 和 CS_2。由于硫化氢在活性炭上的催化氧化作用强烈地放热，所以它通常用于硫化氢浓度不超过 $5g/m^3$ 的场合。

2. SO_2 的回收

SO_2 是工业排入大气的一种有毒气体，其主要来源是燃煤发电站、黑色和有色冶金工业，化学（主要是硫酸工厂）和石油加工工业。在燃料中所含的硫和金属矿中所含的硫在燃烧或加工过程主要产出 SO_2。在高度工业化国家，仅美国每年排到大气的 SO_2 达数千万吨，它的回收不仅具有大气生态问题而且还有经济价值。

在诸多回收和中和 SO_2 的方法中，活性炭吸附起较大的作用。它可能是物理吸附（不包括氧和水蒸气），通常是 SO_2 在活性炭上的吸附伴随着催化氧化为 SO_3，随后形成 H_2SO_4（在水存在条件下）。在这种情况下，硫以三种形式被截留在活性炭上：作为物理吸附的 SO_2，作为 H_2SO_4 溶液和作为键合剂表面的硫化物。实际所用的典型方法有：①日本方法：Hitachi 和 Sumitomo；②德国方法：Lurgi，Stratman，Bergbau-Forschung 过程和 Reinlugt 方法；③美国开发的方法：Westvaco（西弗吉尼亚纸浆和造纸公司）方法。

3. 半导体制备工艺洁净室的精脱硫（H_2S 和 SO_2）

在半导体元件的生产过程中，空气中硫化物的存在，将严重影响产品的质量，特别是 H_2S，甚至低到 3×10^{-9} 的浓度都将产生镀银件变黑等后果。在我国这样的燃煤大国，硫的污染是极严重的，一个高效的脱硫净化器对于半导体制造工艺的洁净室，就显得尤为重要、必不可少。

我们研制的精脱硫剂（脱硫净化器）已于 1995 年 2 月应用于首钢某车间，正常沿用至今，净化后的车间空气中 H_2S 浓度一直小于 1×10^{-9}，1995 年 6 月 26 日监测结果如表 7-6。

表 7-6　应用脱硫净化器前后车间监测数据（1995 年 6 月 26 日）

时间	应用前			时间	应用后		
	$SO_x/10^{-9}$	$SO_2/10^{-9}$	$H_2S/10^{-9}$		$SO_x/10^{-9}$	$SO_2/10^{-9}$	$H_2S/10^{-9}$
11：05	4.01	2.76	1.25	01：05	0.48	0.30	0.13
11：10	4.79	3.02	1.77	01：10	0.48	0.32	0.17
11：15	3.52	1.80	1.72	01：15	0.48	0.31	0.17
11：20	4.01	2.30	1.72	01：20	0.48	0.32	0.16
11：25	4.31	2.52	1.80	01：25	0.48	0.31	0.17
11：30	4.48	2.62	1.85	01：30	0.16	0.31	0.15
11：35	4.58	2.70	1.88	01：35	0.43	0.33	0.15
11：40	4.67	2.77	1.90	01：40	0.48	0.32	0.15
11：45	4.70	2.87	1.83	01：45	0.47	0.32	0.15
11：50	4.71	2.94	1.77	01：50	0.47	0.32	0.15
11：55	4.68	3.00	1.68	01：55	0.16	0.31	0.15
12：00	4.59	3.01	1.58	02：00	0.46	0.31	0.15
平均值	4.42	2.69	1.73	平均值	0.47	0.32	0.15

由表 7-6 可见，研制的脱硫净化器，在进口气浓度 $SO_2 = 3 \times 10^{-9}$、$H_2S = 2 \times 10^{-9}$ 时，净化转化率为 SO_2 88%，H_2S 91%。目前该脱硫浸渍活性炭已获中国国家发明专利并在该厂取代了日本 PC-22 净化器，且使用寿命更长。

4. 半导体 MOCVD 废气 PH_3、 AsH_3 净化

在新型半导体材料的 MOCVD（金属有机物气相沉积）及其相应的工艺过程中，将产生以氢气为载气的含有 PH_3、AsH_3、SiH_4、$Ca(CH_3)_2$ 及 H_2S、H_2Se 等剧毒气体。中科院从瑞典引进的 VP50-RP 的 MOCVD 装置中，配套使用的德国 DragerB_3P_3 净化罐，使用寿命短，价格昂贵。我们研制出以四元浸渍炭和高效过滤纸为装填层的 BDT 净化罐，完全达到了 MOCVD 工艺的技术要求，使用寿命高出 B_3P_3 净化罐 2 倍以上［试验条件：$p = 99 \times 10^3 \sim 1 \times 10^4 Pa$，氢气流比速 $V = 0.15 L/(min \cdot cm^2)$，$PH_3$ 浓度 1000×10^{-6}，AsH_3 浓度 1000×10^{-6}，炭层高 11cm，PH_3 透过浓度 0.3×10^{-6}；AsH_3 透过浓度 0.05×10^{-9}。］。已取代 B_3P_3 净化罐，并获中国国家发明专利。

该 BDT 净化罐的主要性能指标如表 7-7，其应用效果如表 7-8。

表 7-7　　BDT 净化罐主要性能指标

项目		方法
阻力/Pa	$< 5 \times 10^3$	
油雾透过系数	$< 0.005\%$	
口颈排灰量	$< 0.12mg$ 级差比色板	
牢固度	牢固	GB 2890—2009
致密性能	气密	
罐体长度/mm	250	
质量/kg	1.3kg	

表 7-8　　BDT 净化罐与 DragerB₃P₃罐使用性能比较

罐别	污染物		
	PH_3	AsH_3	$PH_3 + AsH_3$
DragerB₃P₃	1 次	1 次	1 次
BDT 罐	>3 次	>3 次	2 次
使用条件	载气 H_2，流量 15 L/min AsH_3流量 15 mL/min，　PH_3流量 15 mL/min AsH_3浓度 1000×10^{-6}，　PH_3浓度 1000×10^{-6} 报警浓度：$PH_3 < 0.3 \times 10^{-6}$，　$AsH_3 < 0.05 \times 10^{-6}$		

　　活性炭还应用于十分少量的苯酚、氢酚、吡啶、二乙醚、硫醇等存在所排出的不愉快气味的控制。

5. 低浓度有机废气的净化

　　在空气净化领域中普遍认为大风量、低浓度有机废气的净化是个难题，这类废气的特点是排风量大、废气中同时存在几种污染物而且每种浓度都较低，一般在 1g/ m³ 以下，这种情况下采用回收或直接燃烧的方法是不经济的。为解决这一难题，有研究人员专门研制了蜂窝状活性炭，并进行了批量生产。同时，采用吸附净化、脱附再生和催化燃烧相结合的原理，设计了适合于大风量、低浓度有机废气治理的设备。

　　另外，活性炭纤维（ACF）及其系列产品的装置，由于材料耐热性能好，丰富且发达的微孔，比表面积大，吸附容量大，吸附速度快，再生容易、快速，脱附彻底，经多次吸脱附后仍保持原有的吸附性能，不存在二次污染，应用薄吸附层，不会产生类似颗粒炭或蜂窝炭吸附装置因热积蓄而易产生燃烧爆炸的危险，操作方便、安全。在不同的环境，体现出它的不同的特殊功能。

6. 控制核裂变放射性稀有气体

　　将原子核裂变释放的核能转变为推进力的系统和设备，通常称为核动力推进装置。核反应堆反应会产生放射性废气。来自核反应堆废气中放射性碘的去除，特别是它的有机物组成，是一个非常重要的问题。

国际上对核反应堆放射性碘的排放有着严格的限制。通常，在核电站通风系统和安全壳空气清洗系统中都装备碘吸附器装置，碘吸附器中装填核级活性炭，它是浸渍 TEDA（三亚乙基二胺）和 KI（碘化钾）的浸渍活性炭，它对气态碘，特别对有机碘有着非常高的吸着能力。美国核安全咨询顾问 Kovach 在 1987 年来华报告和 1988 年在波士顿召开的第 20 届核空气净化会议上有专题报告。

五、 天然气存储、气体混合物的分离

吸附存储是一项对天然气高效存储的新技术，具有发展前景。利用高比表面积活性炭吸附存储，将天然气在常温 298K、低压（3.5 MPa）的条件下存储，具有充气速度快、存储容量大的特点，并且不需要多级压缩带来的设备成本和运行风险。可以大大降低存储压力，特别是预吸附水的高比表面活性炭可使普通吸附天然气的存储量提高 60% 以上（可能是加压下形成了甲烷水合物）。

高比表面活性炭与储氢合金构成的复合材料可在比较温和条件下储存氢气或它与天然气的混合物。

活性炭还可用于分离气体混合物为单组分或多组分，从城市煤气或汽油回收苯，从天然气回收丙烷和丁烷等。

第二节
作为液相吸附剂的应用

一、 食品工业

活性炭液相吸附在食品生产和加工不同领域已应用多年并不断增长。

1. 活性炭在制糖工业的应用

固体吸附剂在 19 世纪初已应用于净化糖液。最初，很长时间使用骨炭，20 世纪后它逐渐被活性炭代替，美国和德国首先应用活性炭于制糖业。

用炭吸附糖汁的脱色是糖净化最后步骤。在脱色物质中，最需要脱除的主要是：①糖和胺物质反应所产生的氮染料；②焦糖（酱色），即含酚、多酚和醌型基的糖部分热分解产生的无氮染料；③铁配合物和少量其他物质。由相对分子质量 8000～15000 的物质以胶体形式产生，即使应用少量活性炭也能改进溶液纯度，不仅有效去除它的颜色而且从工艺角度也吸收其他杂质、改进产品的性质。

颗粒活性炭还常用于糖汁净化过程。在这种情况，脱色过程可以若干方法进行，即固定床方法、流化床方法和逆流连续方法。

2. 活性炭用于油和脂肪脱色

活性炭和漂白土的混合物可用于油和脂肪的脱色（漂白）。这种混合吸附剂数量和质量的组成取决于被脱色的材料的种类。为减少费用，通常使用吸附剂和低含量的活性炭结合（实质上它仅是一个相对便宜矿物吸附剂的添加剂）。然而，活性炭在这种混合吸附剂中却起着决定性作用。

3. 改善酒精饮料味道和其他性质

在原料酒精精制时，有三个主要馏分：轻馏分（低沸点和其他含氧化合物），中间组分（酒精本身）和重组分（燃料油）。让酒精经过一层活性炭可去除不愉快味道和臭味为特征的燃料油。在白兰地生产中，活性炭主要用于去除酸、糠醛和单宁酸。每升白兰地大约 5g 粉状炭得到好的结果。增加活性炭的数量（至大约 30g/dm³），可达到部分去除微量的燃料油并明显改善味道。活性炭用于酿造工业制造过程各阶段。它被用于净化水、空气和二氧化碳。它也被直接用于酿酒过程以改变颜色和去除酚的味道。通常大约每 100dm³ 啤酒，添加大约 20～25g 粉末活性炭。

目前，国内也开展由煤质活性炭替代木质活性炭用于食品领域的研究，如用大同煤通过特定工艺制备出符合要求的味精用活性炭。

二、 水和废水处理

活性炭的形态有粒状、粉状、布、毡、成型体等，目前在水处理上仍以粒状和粉状两种为主。粉状炭用于间歇吸附，即按一定的比例，把粉状炭加到被处理的水中，混合均匀，借沉淀或过滤将炭、水分离，这种方法也称为静态吸附。粒状炭用于连续吸附，被处理的水通过炭吸附床，使水得到净化，这种方法在形式上与固定床完全一样，也称为动态吸附。

活性炭在水和废水处理方面有广泛的用途。能被活性炭吸附的物质很多，有机的或无机的，离子型的或非离子型的，此外，活性炭的表面还能起催化作用，所以可用在许多不同的场合下。

活性炭对于水中溶解性的有机物有很强的吸附能力，而且对水中有些难于用生化法或化学法去除的有机污染物，如除草剂、杀虫剂、洗涤剂、合成染料、胺类化合物，以及其他许多人工合成的有机物有较好的吸附能力。在废水处理中，通常是将活性炭吸附工艺放在生化处理的后面，称为活性炭三级废水处理，以进一步减少废水中有机物的含量，去除那些微生物不易分解的污染物，以达到排放要求，或达到封闭循环的目的。活性炭吸附有机物的能力是十分强的，在三级废水处理中，每克活性炭吸附的 COD 可达到本身重量的百分之几十。在废水处理厂中增加了三级废水处理能使 BOD 的去除效果达到 95%。如果能采用适当的解吸方法，还能回收水中有价值的物质。

如果把粉状炭投入曝气设备中，可使处理效果超过一般的二级生物处理法，出水水质接近于三级处理。此外，还能使活性炭污泥变得缜密和结实，降低出水浑浊度，提高二级处理的水力负荷。

活性炭可用来去除水中浓度极低的污染物，故可去除自来水中的嗅味和微量有害物质。粒状活性炭（GAC）是去除水中有机物、嗅，特别是合成有机物（SOC）的有效手段。美国环保署（USEPA）饮用水标准的 64 项有机污染物指标中，有 51 项将 GAC 列为最可行的技术（BAT）。因此，进一步的研究应着眼于如何更有效地利用 GAC。有机物分子与炭表面间的化学相互作用有可能相当显著，甚至超过物理相互作用，这种相互作用是三个因子的函数：①目标分子的分子结构；②活性炭的表面化学；③溶液化学。其中，下面几条值得注意：①活性炭对分子量在 500 以内的有机物去除率不高，这主要是因为这些小分子多是亲水性强的物质；②活性炭对分子量 500～1000 范围内的有机物有较高的去除率，一般都是憎水性强的物质；③活性炭对 THMs、HAAs 等"三致"物质有较好的去除能力，并且具有较

活性炭吸附技术及其在环境工程中的应用

强的吸附选择性和长效吸附性。活性炭因其固定碳含量高，具有一定的电导率及巨大的比表面积和吸附能力，它专用于一些特殊高浓有机废水治理的生化预处理装置。生物活性炭法是近年发展起来的去除水中有机污染物的新型水处理工艺。它可延长活性炭使用周期；对低浓度污染物有富集作用；具有微生物和活性炭的叠加和协同作用。

许多无机物也被活性炭吸附。如活性炭能很有效地去除卤素，在给水处理中，常用投入过量氯的办法来杀灭细菌和去除水中的有机物以保证混凝和过滤过程顺利进行。

活性炭去除溴的能力比去除氯更强，活性炭能很强地吸附水中的游离碘和三碘化钾，但它不像氯和溴那样能与炭起反应，故可用活性炭来回收水中的碘。活性炭也能吸附水中的氟，在制取高纯度工业用水中，常将活性炭吸附作为离子交换前的预处理，除去水中的有机物、胶体物质、微生物等有害物质，以保护离子交换树脂并保证出水纯度。

活性炭吸附钾、钠、钙、镁等金属及其化合物是无效的，或者效果甚微。但对某些金属及其化合物有很强的吸附能力。已有报道并且效果良好的有锑（Sb）、铋（Bi）、六价铬（Cr^{6+}）、锡（Sn）、银（Ag）、汞（Hg）、钴（Co）、锆（Zr）、铅（Pb）、镍（Ni）、钛（Ti）、钒（V）、钼（Mo）、砷（As）等。如果水中的放射性是由能被活性炭吸附的那些无机物产生的，即使这些放射性物质的质量浓度很低，也可用活性炭来消除水中的放射性。

像化学工业那样，在水处理中有时也把活性炭作为一种催化剂来使用。炭能吸附水中的氰化物，如在活性炭吸附床的进水中通入空气或氧气，炭能起催化作用，将有毒的氰化物氧化为无毒的氰酸盐，并提高去除氰化物的效果。国外已有用这种方法处理含氰废水。

在废水处理中，活性炭用于除痕量（μg 数量级）Hg（Ⅱ），与生物降解技术联用除去水中痕量农用化学品、有机卤化物及铁锈等，还可脱除污水中氨、胺、H_2S 及醛类化合物。目前，有研究人员用颗粒活性炭脱除北卡罗来纳州饮用水源中的 ^{222}Rn。实验证实，活性炭可脱除 95％Rn。

1. 粉状活性炭在给水处理中的应用

自从美国首次使用粉末活性炭去除氯酚产生的嗅味以后，活性炭成为给水处理中去除色、嗅、味和有机物的有效方法之一。国外对粉末活性炭吸附性能的大量研究表明：粉末活性炭对三氯苯酚、二氯苯酚、农药中所含有机物、三卤甲烷及前体物以及消毒副产物三氯醋酸、二氯醋酸和二卤乙腈等均有很好的吸附效果，对色、嗅、味的去除效果已得到公认。近年来，我国对粉末活性炭的研究和应用逐渐重视，同济大学、哈尔滨建筑大学等都作了较为深入的研究，已取得不少实用性成果。粉末活性炭应用的主要特点是设备投资省，价格便宜，吸附速率快，对短期及突发性水质污染适应能力强。自来水厂中应用粉末活性炭吸附技术，是一项非常有前景的技术。

2. 颗粒活性炭在饮用水深度处理中的应用

1930 年第一个使用颗粒活性炭吸附池除臭的水厂建于美国费城。在 20 世纪 60 年代末 70 年代初，由于煤质颗粒炭的大量生产和再生设备的问世，发达国家开展了利用活性炭吸附去除水中微量有机物的研究工作，对饮用水进行深度处理。颗粒活性炭净化装置在美国、欧洲、日本等陆续建成投产。美国以地面水为水源的水厂已有 90％以上采用了活性炭吸附工艺。

3. 高浓有机废水

高浓有机废水的共同特点是成分复杂多变，色度高，BOD/COD 一般均<0.15，可生化性差，治理难度大，属重污染废水。高浓有机废水有：造纸废液（黑液、中段水及白水），印染废水，煤化工工业废水（焦化废水、煤气洗涤废水），含油废水（采油废水、金属加工废水、炼油废水），制药废水，食品工业废水（味精生产废水、酿酒工业废水、糖精生产废水等）以及日化、橡胶、合成纤维工业废水等。

高浓有机废水的综合治理是水处理工业最困难、最繁杂，同时也是研究最活跃的领域。目前的技术现状是物化分离、生化降解、化学降解并重。其中，活性炭在这些技术范畴均有应用，在某些方面甚至具有不可替代的重要地位。

三、 制药工业

在制药工业，活性炭吸附过程的应用有特殊要求，其中包括：吸附剂的准确投配量，所添加炭的数量不应大于脱色效率所需要量，因为，换句话说，部分产物还可被吸附。在各种情况下，该用量应基于实验室试验基础上选择最佳条件。其中，甘油、三甲胺乙内酯、乳酸和它的盐、谷氨酸以及酒石酸是使用活性炭脱色过程典型的例证。

在某些情况，活性炭可能引起某些化合物催化氧化，它可能导致产物的部分分解而降低得率。在这些情况下，通常添加还原剂来防止这种损失。

四、 医学（药）

活性炭在医学上的应用创始于 20 世纪 50 年代，那时，Arwall 提出让中毒病人的血通过装有活性炭柱子得到净化。这概念得到希腊科学家 Yatzidis 的支持和发展，他和同事一起用这种方法成功地救活两位巴比妥酸盐中毒的病人。在 70 年代初期 Chang 提出一个原始的血液净化设备。Nikolaev 等人在 1970 年提出任何吸附剂被用于人类血液净化之前，必须测试这些项目：

① 吸附剂颗粒物理和力学性质；

② 吸附剂的物化性质；

③ 血液和吸附剂互相作用以及其他生物特性；

④ 柱动力学阻力以及吸附后吸附剂质量增加；

⑤ 血液蛋白质动力学性质；

⑥ 在生物液体中吸附剂颗粒的电荷；

⑦ 吸附剂从血浆吸附特殊代谢物和它的代用品的能力；

⑧ 由非特殊吸附控制的生物端效应；

⑨ 由于杂质存在吸附剂的毒性。

目前，就人体的血液净化，最适宜的吸附剂性质是由 Strelko 和 Nikolaev-Strelho 所描述的。这种吸附剂（从苯乙烯-二乙烯基苯共聚物制造）是具有极平滑和坚硬表面的球形颗粒（它没有任何薄膜涂层）。俄罗斯已在临床上应用活性炭于血液吸附、淋巴液吸附、肠液吸附和免疫吸附，或是其两者的联合应用。同时，活性炭的孔隙结构对严重烧伤、某些感染、血液疾病和自体免疫疾病引起的自体中毒治疗是有效的。20 世纪 80 年代，日本吴羽化学公司球形活性炭的临床研究表明，它可有效降低多种生物毒素在人体血浆中的浓度，且对生物大分子的吸附较弱，降低了不良反应，可用于治疗肾功能衰竭。活性炭还是一种出色的胃肠道清洁剂，可用于吸附消化道壁上残留的农药、杀虫剂、重金属（如汞、镉）等环境致癌化合物和各种致病细菌。

活性炭纤维比颗粒活性炭更能与血液相容，对血液细胞的损害较小，可很好净化血液中的病毒。另外，可作为内服解毒剂，制造人工肝脏、人工肝脏辅助装置和肾脏等。载银的活性炭纤维在动态条件下对大肠杆菌杀灭率达 98%，对金黄色葡萄球菌、白色念珠菌、枯草杆菌等杀灭率达 100%。经磷酸活化的 ACF 抗菌杀菌能力更强。其产品有包扎带、绷带、敷布等，不仅止血，还能防止和控制细菌感染。各种聚合物增强碳纤维可以作为腱和韧带再造的矫形修补材料，以及骨置换和牙齿的修补材料，它有助于腱和韧带的定向生长，并在组织生长初期承担韧带的功能。

五、 快速有效利用活性炭处理泄漏事故

1994 年 6 月，美国一条输送二氯乙烯（EDC）的管道发生破裂，泄漏点位于一家炼油厂地下的铁道与管路的交叉处。化学物质流到与商业航道相通的排水渠中。这家石油公司先用液压挖掘机将受污染的地面固体物质分离，并用活性炭吸附来清理航道。活性炭会吸附大多数的有机物以及一些无机物。在液相中，活性炭会从溶液中吸附任何有机污染物。在事故处理过程中，处理了超过 10000t 和 194000m³ 的地表水。所有水都成功经过卡尔冈公司生产的活性炭进行净化处理，并且达到了由多家机构组成的事故处理小组所设定的排放标准。它是利用活性炭从地表水中去除二氯乙烯（EDC），通过三组双模块式吸附罐组成的系统来完成的。两组吸附系统并联，每个吸附系统由两个吸附罐串联吸附，每个罐内装有 9t 活性炭。第三组吸附罐系统备用，用于活性炭再生时使用以实现不间断工作。要强调对于泄漏事故使用活性炭滤器要注意防止着火发生，为人员安全要有防火、灭火与安全设备。

当发生意外事故液相污染物逸出时，可能造成一定数量有毒蒸气。为探明这种高沸点毒物由液相污染转为气相污染（以进一步治理），前苏联专家海因（Xайн）提出一个经验方程，式（7-1），虽然便于计算，但我们发现它适用范围很有限，且和列宾松（Лейбензон）院士相关方程，式（7-2）存在数量级差别。对此，我们拟订事故模型，根据化工传质理论，推导出适用的液相染毒转为气相染毒的计算模式式（7-3），它和列宾松（Лейбензон）院士相关方程形式不同但计算结果一致。它可以用于宏观估算污染源、确定净化目标以及工程治理（含事故通风换气）。

海因（Xайн）方程：

$$\Delta m = 0.365(1 + 2.24u)MP \tag{7-1}$$

列宾松（Лейбензон）方程：

$$\frac{\mathrm{d}m}{\mathrm{d}t} = 0.265D \frac{MP}{RT} HP_\mathrm{e}^{0.6} p_\mathrm{r}^{0.3} \tag{7-2}$$

本作者方程：

$$W_\mathrm{A} = 0.664 \frac{D_\mathrm{AB}}{L} N_{Re}^{\frac{1}{2}} N_{Sc}^{\frac{1}{3}} (c_\mathrm{AS} - c_\infty) \tag{7-3}$$

式中，W_A 为毒剂从染毒表面的传质速率；D_AB 为扩散系数；L 为污染物染毒表面长度（沿气流方向）；N_{Re} 为雷诺数；N_{Sc} 为施密特数；c_AS 为界面上流体中污染物浓度；c_∞ 为流体主体流中污染物浓度。

第三节
作为电极材料应用

鉴于活性炭较高的耐酸碱稳定性、较大的比表面积、廉价易得以及石墨化碳层良好的导电性等，一些具有特定性能的活性炭在电化学领域已得到越来越广泛的应用。例如，活性炭已广泛用作具有高比功率特征的超级电容器（双电层电容器）的电极材料，以及电容法脱盐（水淡化）、除重金属离子（废水治理）等电化学装置的电极材料；活性炭（纤维、布、毡）用作具有大容量（蓄电、储能）特征的液流电池的电极材料；活性炭（接近乙炔黑）用作具有发电特征（功率单元和储能单元相对独立）的燃料电池的电催化剂载体；活性炭（接近石墨）用作具有高比能量特征的锂离子电池的负极材料等。

另外，目前国际上新出现的石墨烯聚合材料电池，容量大、寿命长、充电时间短、成本低，有可能极大地推动电动汽车的发展；石墨烯薄膜有望为燃料电池和氢相关技术领域带来革命性的进步。

一、 用作超级电容器电极材料

双电层超级电容器是一种利用双电层原理储存能量的电化学装置，由高比表面积的多孔电极材料（活性炭等）、集流体、多孔性电池隔膜及电解液组成，能量以电荷的形式存储在电极材料的界面。充电时，电子通过外加电源从正极流向负极，同时，正负离子从电解液体相中分离并分别移动到电极表面，形成双电层；充电结束后，电极上的正负电荷与电解液中的相反电荷离子相吸引而使双电层稳定，在正负极间产生相对稳定的电位差。放电时，电子通过负载从负极流到正极，在外电路中产生电流，正负离子从电极表面被释放进入电解液体相呈电中性。由于活性炭多孔电极可以获得极大的电极表面积，且电荷层间距比普通电容器电荷层间的距离要小得多，因而这种电容器具有极大的电容量并可以存储很大的静电能量，故称超级电容器。超级电容器能快速充放电，故在需要高功率充放电的场合，如电动车组合电源、机动车启动电源等，得到广泛应用。

适合用作超级电容器电极材料的活性炭一般应具备：①高比表面，大于 $1500m^2/g$；②高堆积比重，总孔容小于 $1.0mL/g$；③高中孔率，孔径 $12\sim40Å$ 的孔容量大于 $0.4mL/g$，大于 $4nm$ 的中孔容量小于 $0.05mL/g$；④高电导率，大于 $1.0S/cm$；⑤高纯度，灰分小于 0.1%；⑥高性价比。

二、 用作电容法脱盐装置电极材料

电容法脱盐技术是根据电容器的基本原理提出来的。在电场作用下，水中阴、阳离子分别向带相反电荷的电极迁移，并在电极表面发生吸附，由于静电吸附作用而形成双电层，从而使水中的溶解盐类滞留在电极表面。随着电极吸附带电粒子的增加，带电粒子在电极表面富集浓缩，从而实现水的脱盐淡化或净化。当电极表面达到吸附饱和时，将电极短路或者反极，则吸附在电极表面的离子发生脱附，并进入洗脱液中，从而实现电极的再生。利用电容法脱盐，可去除水中的杂质成分，包括各种重金属离子（如 Cr、Fe、Co、Ni、Cu、Ag、Au、Zn、Cd、Hg、Pb 等），以及碱金属/碱土金属的卤化物、硝酸盐类、磷酸盐类、硫酸盐类等。电容法脱盐技术已应用于海水和苦碱水的淡化、工业废水处理及重金属离子的回收再利用等。

离子在活性炭电极上的吸附是一种电增强吸附，其驱动力来自吸附质与电吸附剂电极的各种相互作用，主要包括：

① 离子交换吸附，即电极表面吸附的异电荷离子被同种电荷的离子取代；

② 离子对（ion pairing）吸附，即溶液中界面活性离子吸附在带有相反电荷的电极表面空位上；

③ π电子极化吸附，即电极表面或者吸附质分子具有芳香族基团时，与带强正电荷的离子或者位点相互吸引而发生吸附；

④ 静电吸附作用，即在电场作用下，溶液中与电极表面带相反电荷的离子在电极表面有序排列，形成双电层（Stern 双电层理论）。

在电场作用下，溶液中离子在活性炭电极材料上的吸附作用通常并不是单纯的静电吸附作用，而是由几种吸附作用共同完成。而电场作用对炭电极表面离子吸附的影响主要包括以下几个方面：

① 影响炭电极表面双电层的形成和静电吸附容量；

② 控制炭电极表面官能团的解离程度；

③ 炭电极电势的改变可以使表面官能团发生氧化还原反应。

三、 用作液流电池的电极材料

液流电池原名氧化还原液流电池或氧化还原液流储能系统（redox flow cell 或 redox flow systems），与通常蓄电池的活性物质被包容在固态电极之内不同，液流电池的正、负极活性物质主要存在于电解液中，正、负极的电解液储存在电池体外各自独立的储液罐内，通过送液泵流经液流电池，电池内的正、负极电解液由离子交换膜隔开。在电池充、放电过程中，电解液中的活性物质离子在电极表面发生价态的变化。典型的液流电池是全钒液流电池，由于功率单元与储能单元可单独设计，储液罐没有尺寸限制，使之成本随储能容量的增加而降低，因而在大规模蓄电方面有独特的优势，在太阳能、风能等可再生能源发电领域具有应用前景。

全钒液流电池可采用活性炭纤维毡作为电极材料，充放电过程中，正极电解液（V^{5+}/V^{4+}）流经正极侧的活性炭纤维毡，在其电催化作用下发生 V^{5+} 与 V^{4+} 之间的氧化还原反应；正负极电解液（V^{3+}/V^{2+}）流经负极侧的活性炭纤维毡，在其电催化作用下发生 V^{3+} 与 V^{2+} 之间的氧化还原反应。

四、 用作燃料电池电催化剂载体

燃料电池是将燃料（氢、甲醇、硼氢化钠等）和氧反应的化学能直接转变成电能的发电装置，只要将燃料和氧（空气）不断地供给它，燃料电池就能连续地发出电来。由于不受卡诺循环的限制，燃料电池具有较高的发电效率，因而具有广阔的应用前景。

燃料电池的燃料电极和氧电极中都需要有电催化剂，一般为高分散的 Pt、Au 等贵金属催化剂，导电性高的活性炭可作为这些电催化剂的良好载体。

五、 用作锂离子电池负极材料

锂离子电池的应用愈来愈广泛。电池充放电循环时，锂离子在正极和负极间摇摆，故被称为摇椅电池。锂离子电池典型的正极材料是具有层状结构的金属氧化物，如钴酸锂、锰酸锂、磷酸铁锂等；锂离子电池典型的负极材料是层状石墨化炭材料。充放电过程中，锂离子嵌入活性物质（正负电极材料）原子层间的间隙空间或者从其中脱出。

高石墨化程度的活性炭可用作锂离子电池负极材料，实现锂离子在其中的可逆嵌入和脱出。

第四节
其他方面应用

一、 作为催化剂的应用

活性炭作为催化剂的应用，在有关章节都有涉及。活性炭纤维（ACF）出色的耐热性、耐酸碱性使之可以作为催化剂的有效成分。

ACF 的基本结构单元是石墨带状层面，石墨层面中的 π 电子具有一定的催化活性，边缘及表面缺陷处的碳原子所具有的不成对电子也可在催化中发挥作用，表面含氧官能团也呈现出固体酸、碱的催化作用。ACF 的表面自由基还能促进脱 HCl、烷烃脱氢等反应，ACF 也可直接用作催化剂。高温处理的沥青基 ACF 在乙烷的热解过程中，在较常规法低 $100\sim200\ ℃$ 温度条件下即可获得高选择性产物乙烯，该纤维在室温下即能催化氧化 H_2S。

活性炭纤维还可用来制备载体催化剂。活性炭纤维导热性能好，掺入催化剂中，能有效地提高催化剂的传热能力，有效防止放热剧烈反应引起的烧失。用它制备的负载型催化剂，可用于化工、冶金、选矿以及汽车尾气的治理等。负载某种金属如 Cu 的活性炭纤维，可在一定条件下将 NO_x 还原为 N_2，将 CO 在室温下就能转化为 CO_2 等。负载金属氢氧化物如 α-FeOOH 和 β-FeOOH 的活性炭纤维也是良好的催化剂，可将 NO 还原为 N_2。单纯的沥青基活性炭纤维不能吸附己烷中的正丁硫醇，但负载钴盐后，可用于脱除硫醇。

二、 作为离子交换剂应用

活性炭离子交换性质一直备受关注，和其他许多离子交换材料相比，活性炭显出许多优点。活性炭即使没有任何附加处理也表现某些离子交换性质。但是，为了提高这些性质，以及为了在所要求方向发展它们，通常对炭表面进行化学改性。这种处理在于加入不同杂原子到表面，同时化学结合这些原子到炭晶格。最常用是氧、氮、磷或硫原子，它们通常以有机功能团形式结合到炭的结构内部。具有含氧表面功能的炭特别重要。其应用包括：从废水中去除痕量的重金属（有毒的）和在饮用水调节时净化无机盐溶液，在化学工业中回收少量有价值金属，以及在分析技术中预先浓缩微混合物。

活性炭优于合成或天然离子交换剂（后者抗浓强碱溶液性能很差），活性炭离子交换剂还适合于从这种溶液去除碱土或稀土以及 Fe、Co、Mn 和其他金属。炭离子交换剂另一用途是制备特殊用途十分高纯度的化合物。在分析化学中，氧化炭还用作为阳离子交换剂，它们能使被分析的物质预先浓缩从而大大增加分析敏感度。它应用在微电子技术和核技术制造和定量控制高纯物质、生产光学和发光材料、测定水中或土壤中微量元素和许多其他无机工艺分支。引入杂原子（除氧）到炭表面使可能衍生多种性质的离子交换剂（阴离子和阳离子）。含氮活性炭结合到它们表面上，表现出阴离子交换性质。

至今，应用活性炭作为离子交换剂尚未充分研究。炭离子交换剂对无机和合成材料很有价值，并且由于它们的特性，在某些领域会更加有用。

三、 作为吸波隐身材料应用

随着雷达、微波通信技术的迅速发展，特别是近年来由于抗电磁波干扰、隐身技术、微波暗室等方面的要求，对高频电磁波吸收材料的研究日益为人们所重视。目前，解决电磁辐射污染和目标隐身的有效方法是使用吸波材料。开发高吸收、宽频带、低密度的新型电磁屏蔽和吸收材料成为世界各国关注研究领域。

活性炭吸波能力强，但吸波频宽比较窄，不少学者研究将活性炭和其他材料复合制成宽频带型吸波材料。刘洪波用溶胶凝胶法使 SiO_2 与活性炭复合，制备优良性能的吸波材料。安玉良等所制备活性炭负载纳米钴锌铁氧体复合材料具有较高的电损耗和磁损耗，表明这种复合材料具有较好的吸波性能，具有巨大应用潜力。

为适应现代战争的需要，隐身材料的研究已受到世界各军事大国的高度重视，纳米吸波材料就是新涌现的一类高科技、高性能的纳米功能材料。人体释放的红外线大致在 $4\sim16\mu m$ 的中红外频道，很容易被灵敏的中红外探测器发现，而纳米微粒具有很强的吸收中红外频道的能力可以用于隐身防护衣。美国已研制出一种称作"超黑粉"的纳米吸波材料，其对雷达波的吸收率高达 99%，在低温下还有很好的韧性。

参 考 文 献

[1] 郭坤敏 . 111 型活性炭催化剂 . 为朝鲜留学生授课讲义，防化研究院，1976.

[2] Jankowska H，Swiatkowski A，Choma J. Active Carbon. New York：Ellis Horwood，1991.

[3] 郭坤敏等 . 履约条件下化学防护装备技术进展评述 . 防化学报，2000，3，69-71.

[4] 郭坤敏等 . 军用活性炭和浸剂活性炭通用规范 . GJB 1468—92，2007.

[5] 张湘平，刘杰波 . 吸收法和吸附法油气回收技术的联合应用 . 石油化工环境保护，2006，29（3）：57-61.

[6] 郭坤敏 . A New ，Highly Effective Desulfurizer. Adsorption News，International Adsorption Society，Inc. 1998.

[7] 马兰，郭坤敏，袁存乔 ，刘进 . 一种无铬常温高效脱除 H_2S、SO_2 净化吸着剂的制备方法 . 发明专利，ZL 02 1 16740，2007.

[8] 郭坤敏等 . 氢气流中净化磷化氢、砷化氢的浸渍活性炭及其制备方法 . 发明专利，ZL 93 1 01650.9 .

[9] 郭坤敏等 . 在氢气流中净化磷化氢和砷化氢的新型催化剂和净化罐的研究 . 化学通报，1994，3：29-31.

[10] 乔惠贤等 . 大风量废气治理 . 环境工程，2004，22（1）：36-38.

[11] 尹维东 . 有机废气净化处理系统推广应用回顾与展望 . 防化研究，2006，3：73-78.

[12] Louis Kovach J. Review of Containment Vent Filter Technology. 20th DOE/NRC Nuclear Air Cleaning Conference，Boston，1988，8：22-25，21-97 .

[13] 林秋菊，郭坤敏 . 生物活性炭在水处理中的应用 . 全国活性炭学术会议论文集，烟台，1996.

[14] 吉建斌 . 活性炭用于高浓有机废水治理的方法和效果 . 活性炭，2001，3：38-42.

[15] 郭坤敏 . 赴独联体考察活性炭纤维毡的报告 . 防化研究院馆藏资料，1992.

[16] Ermolenko I N，Lyubliner I P，Gulko N V. Chemically Modified Carbon Fibers and Their Applications，VCH Publishers，1990.

[17] 王毅，郭坤敏译 . 海上防火灭火与安全设备（中译本）. 交通部中国远洋运输总公司出版，北京，1987.

[18] 郭坤敏等 . 液相硫醚逸出模式及在活性炭床层上蒸汽动态吸附特性研究 . 防化研究，1988，增刊：51-57.

[19] 郭坤敏等 . Environmental Assessment Chemical Accident ——A model on Pollution of Liquid Phase Transfer to Gas Phase and Adsorption Cleaning，Second International Conference on Loss Prevention 《Safety，Health ＆ Environment》. in the Oil，Chemical and Process Industries，1995.

[20] 刘洪波. 溶胶凝胶法制备 SiO_2 活性炭复合材料及其吸波性能研究. 湖南大学学报, 2012, 39 (11): 74-77.

[21] 安玉良. 活性炭负载镍锌铁氧体的制备及电磁性能研究. 功能材料, 2014, 45 (增刊): 28-30.

[22] 郭坤敏, 朱春野. 纳米材料及其在防化领域的应用前景. 防化研究, 2002, 1: 88-94.

[23] 李世涛等. 纳米复合吸波材料的研究进展. 宇航学报, 2006, 27 (2): 317-332.

第八章

活性炭性能的研究方法

第一节
气体和蒸气吸附的测量方法

许多吸附质可用于吸附的测量，如 N_2、Ar、Kr、CO_2 等气体，以及低沸点脂肪族烃的蒸气（直链和环）、乙醇、苯、四氯化碳、水等。对于极性吸附质，除活性炭的毛细管结构外，其表面化学组成（例如，在吸附水蒸气的情况，含氧表面基团的存在）也影响吸附。因此，对于毛细管结构的表征，最常用的是非极性吸附质，如 N_2、Ar 或苯。吸附量则通过直接测定吸附质数量的变化或者从吸附剂的变化测得。目前，基于测定吸附和解吸等温线的不同原理，已出现不同类型的吸附设备。

一、 静态法——吸附等温线的测定

吸附量（a_s）是被吸附气体的压力（p）或浓度（c）及吸附过程的温度（t）的函数：

$$a_s = \varphi(p, t) \quad 或 \quad a_s = \varphi(c, t) \tag{8-1}$$

恒温时，

$$a_s = \varphi'(p) \qquad 或 a_s = \varphi'(c) \tag{8-2}$$

表示达到平衡状态后的这种函数关系的曲线称为吸附等温线。

可采用重量法真空吸附仪以苯为吸附质测定活性炭的吸附等温线。其测定原理是：在抽成真空的容器中，使处于恒温条件下的活性炭样品与一定压力的吸附质（苯蒸气）相接触，借助石英弹簧称量试样吸附苯的重量，其中，有关弹簧的伸长用测高计测量，经典的压力测量用麦氏水银真空计（低压）和 U 形压力计测量，我们新研制的重量法真空吸附仪（图 8-1）其压力测量采用高精度电容式压力计，可准确、方便测量 $10^{-1} \sim 10^5$ Pa 各吸附质气体的压力，该仪器对直接研究有机蒸气的吸附有重要意义。逐渐增加吸附质（苯蒸气）的压力，就得到一组恒温条件下的蒸气压力和活性炭吸附量的数据——吸附等温线。该重量法真空吸附仪由抽气装置、吸附质加样装置、真空室、压力测量装置、吸附量测量装置、温度控制装置所组成。它采用超高真空阀门、超高真空微调阀以及金属－玻璃封接技术，将上述阀门安装在玻璃管道中；设计具有超高真空性能的玻璃可拆连接头，以构成包括液氮冷肼的运转系统。

图 8-1　重量法真空吸附仪

用吸附等温线可计算比表面积、微孔结构常数、微孔和中孔容积。现以 1110 型活性炭为例说明其原理。

1. 比表面积的测取

比表面积通常用 BET 方程式（8-3）求取。使用中可采用一种简化的方法，即在 $p/p_0=0.05\sim0.35$，BET 方程成直线的一段范围内取一点（称 B 点或拐点）作切线，得其截距和斜率。当 BET 方程常数 $k_b\gg1$ 时，$q_m=1/$斜率。以等温线接近直线一段与 q 轴交点的斜率便可求得 q_m 值，简化法与多点法相比，误差在 10% 以内。

$$\frac{p}{q(p_0-p)}=\frac{1}{k_bq_m}+\frac{k_b-1}{k_bq_m}\times\frac{p}{p_0} \tag{8-3}$$

对于活性炭，孔径较小，其吸附不属于 BET 多分子层吸附，可用单分子层吸附的 Langmuir 方程式（8-4）计算，数据处理也表明，用 Langmuir 方程，在 $\dfrac{p}{p_s}<0.9$ 时，线性关系很好。

$$\frac{p}{a_s}=\frac{p}{a_m}+\frac{1}{\lambda a_m} \tag{8-4}$$

式中　a_s——静态饱和吸附量，mmol/g；

$\quad\quad p$——吸附质（苯）的平衡压力，mmHg；

$\quad\quad \lambda$——常数；

$\quad\quad a_m$——单层容量，mmol/g。

将 1110 型活性炭的 $\dfrac{p}{a_s}$-p 关联，得一直线，如图 8-2。

由斜率求得：$a_m=4.20$mmol/g。

吸附剂的比表面 S 与单层容量 a_m 的关系如下：

$$S=a_mNS_m\times10^{-20} \tag{8-5}$$

式中　N——Avogadro 常数；

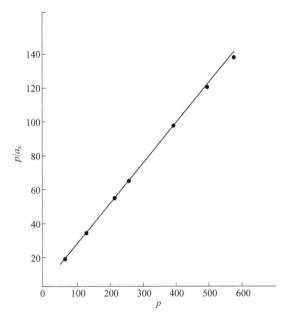

图 8-2 1110 型活性炭 p/a_s 和 p 的关系图

S_m ——吸附质（苯）分子的截面积，40Å^2（$1\text{Å}^2 = 10^{-20}\text{m}^2$）

所以 $S = 2.409 \times 10^2 a_m$（$\text{m}^2/\text{g}$） $\qquad\qquad$ (8-6)

对上述的 1110 型活性炭，$S = 2.409 \times 4.20 \times 10^2 = 1010\ \text{m}^2/\text{g}$。

2. 由杜比宁（Дубинин）方程获得孔结构常数

Дубинин 和 Радушкевичий 已推导出对于第一构型的活性炭对任一蒸气的吸附等温方程式：

$$a = \frac{W_0}{V} e^{-B\frac{T^2}{\beta^2}} \left(\lg \frac{p_s}{p} \right)^2 \qquad\qquad (8-7)$$

由 1110 型活性炭的 $\lg a - \left(\lg \dfrac{p_s}{p} \right)^2$ 实验数据关联，得出截距 $C = 0.62$。

所以 极限吸附体积：

$$W_0 = V \text{antilg} C = 0.089 \text{antilg} 0.62 = 0.37 \text{cm}^3/\text{g}$$

由斜率 $D = 0.050$，

所以 特性常数：$B = 2.30 D\beta^2/T^2 = 1.3 \times 10^{-6}\text{K}^{-2}$

3. 微孔和中孔容积的确定

微孔容积（V_{mi}）和中孔容积（V_t）用下法确定：

$$V_{mi}(\text{cm}^3/\text{g}) = a_0 V^* \qquad\qquad (8-8)$$

式中 a_0 ——滞后环起点的吸附量，mmol/g；

$\quad V^*$ ——吸附质（苯）液态的毫摩尔体积，cm^3/mmol。

$$V_t = V_s - V_{mi} \qquad\qquad (8-9)$$

式中，V_s 为蒸气的最大吸附体积（液态），$V_s = a_s' V^*$（a_s' 为 $\dfrac{p}{p_s} = 1$ 的吸附量，mmol/g），

由 $a - \dfrac{p}{p_s}$ 关联，得 $\dfrac{p}{p_s} = 0.175$ 和 $\dfrac{p}{p_s} = 1$ 时的吸附量分别为 3.90mmol/g 和 4.60mmol/g，

所以，

$$V_{mi} = 3.90 \times 0.089 = 0.35 \text{cm}^3/\text{g}$$
$$V_t = 4.60 \times 0.089 - 0.35 = 0.06 \text{cm}^3/\text{g}$$

近年，吸附测量设备的自动化已和它的计算机化相结合，对于完成测量所需时间已明显地缩短且可以直接获得孔结构特性数据。传统方法是测定77K下的N_2吸附等温线，对于包含超微孔的多孔材料，不仅测量时间很长而且难于吸附平衡，0℃下的CO_2饱和蒸气压非常高，测试不需高真空设备和低压传感器，测定的吸附等温线可以用现代的分子模拟和密度函数法（DFT）或Monte carlo模型来分析微孔结构，如：NOVA和AUTOSORB等吸附仪。

二、 动态法——动态吸附容量

1. 动力管法

① 动力管（测定管）试验主要用于工厂控制产品质量和实验室初步评价试验样品。方法是将含有恒定浓度的试剂（或代表毒剂的有机化合物）的空气流连续通过装在测定管［如圆截面积为（3.15±0.15）cm^2］中的一定高度的炭（浸渍炭）层，经一定的时间后，炭（浸渍炭）层的出口处，就会有试剂透过，从通气到透过某一浓度试剂（毒剂）的时间，称为炭（浸渍炭）层的透过（防护）时间。透过浓度通常由允许或安全浓度来确定，并且常用指示液、色谱等仪器的方法指示。

② 试验条件（根据不同需求而改变），以GJB 1468—92《军用活性炭和浸渍活性炭通用规范》引用为例。

a. 试验温度（20±3）℃。

b. 空气流中相对湿度（50±2）%。

c. 通过炭层的气流比速（0.25±0.005）L/（min·cm^2）；

d. 炭层高度2.0cm。

e. 炭样的水分不超过1%（增湿试验时炭吸水量为空气相对湿度等于75%时的平衡值）。

f. 气流中试剂蒸气的浓度（据不同需求而改变）

苯：（18±1）mg/L

氯乙烷：（5±0.5）mg/L

四氯化碳：（250±10）mg/L

沙林：（4±0.4）mg/L

氢氰酸：（10±1）mg/L

光气：（20±2）mg/L

氯化氰：（4±0.4）mg/L

其中，苯和氯乙烷分别用以代表易吸附的有机毒剂蒸气和低沸点的有机毒剂蒸气；氯化氰和氢氰酸用以代表用化学吸着和催化吸除的毒剂。

③ 气流中毒剂浓度的测试方法　进气浓度采用下列方法：

a. 根据舟形瓶重量损失来计算浓度——用于苯；

b. 用吸收液吸收后，经化学滴定方法来测定——用气氯化氰；

c. 用吸附方法来测定毒剂浓度——用于氯乙烷。

透过浓度一般据不同毒剂采取不同的化学指示剂，所得的是累积浓度值。所用透过浓度指示液为：苯（亚硝酸钠-硫酸法）；氯乙烷（硝酸银法）；氢氰酸（盐酸联苯胺-醋酸铜法）；

氯化氰（氮苯-碘-淀粉法）。

④ 防毒时间的经验方程式　按上述试验条件测定几种比速下不同高度的浸渍炭层的防毒时间，绘制层厚-防毒时间曲线，在多数情况下遵从Шилов方程式：$t = \dfrac{a_k}{c_0 \nu}(L - h)$ 为一直线，但是氯化氰的（特别是增湿条件下）层厚-防毒时间曲线，在层厚较低时具有明显的弯曲。这些直线方程（氯化氰是直线部分）如表8-1所示。

表8-1　1110-1型浸渍炭对苯、氯乙烷、氢氰酸和氯化氰的防毒时间经验方程式

名　称	比速/[L/(min·cm²)]	经验方程式/min
苯	0.25	$t = 30.3(L - 0.2)$
	0.50	$t = 15.7(L - 0.3)$
	1.00	$t = 1.68(L - 0.4)$
氯乙烷	0.25	$t = 21.3(L - 0.5)$
	0.50	$t = 11.3(L - 0.5)$
	1.00	$t = 5.96(L - 0.8)$
氢氰酸	0.25	$t = 37.6(L - 0.5)$
	0.50	$t = 11.0(L - 0.9)$
	1.00	$t = 8.58(L - 1.5)$
氯化氰	0.25	$t = 64.7(L - 1.0)$
	0.50	$t = 32.3(L - 2.5)$
	1.00	$t = 15.1(L - 3.7)$
氯化氰	0.25	$t = 66.0(L - 1.3)$
	0.50	$t = 33.5(L - 2.6)$
	1.00	$t = 16.2(L - 3.9)$

2. 动态吸附测定仪法

对于外扩散为控制机理的吸着过程，Klotz认为：

$$t = \frac{a_k}{c_0 \nu}\left[L - \frac{1}{a}Re^{0.41}Sc^{067}\ln\left(\frac{c_0}{c_b}\right) \right] \tag{8-10}$$

即无效层厚度 h 可以进行计算，并且，我们研究表明：对于苯和氯乙烷计算值与实验值很接近，如表8-2所示。因此，在一定的浓度、比速和层厚条件下，确定防毒时间（t），需实验测定的只有动态饱和吸附量（a_k），于是，我们可用测定 a_k 来代替苯和氯乙烷的测定管检验。

表8-2　炭层无效厚度计算值与实验值的比较

炭型	蒸气名称	比速ν, /[L/(min·cm²)]	无效厚度 h/cm		$t_{实验} - t_{计算}$
			计算值	实验值	
1110-1型活性炭	苯	0.25	0.12	0.20	+0.08
		0.50	0.16	0.30	+0.14
		1.00	0.21	0.40	+0.19
	氯乙烷	0.25	0.35	0.45	+0.10
		0.50	0.53	0.55	0
		1.00	0.71	0.80	+0.09

炭型	蒸气名称	比速 ν,/ [L/ (min·cm²)]	无效厚度 h/cm		$t_{实验}-t_{计算}$
			计算值	实验值	
仿 AГ-2У型活性炭	苯	0.25	0.29	0.45	+0.16
		0.50	0.39	0.55	+0.16
		1.00	0.52	0.70	+0.18
	氯乙烷	0.25	0.92	0.90	0
		0.50	1.22	1.55	+0.33
		1.00	1.62	2.05	+0.43

苯的 a_k 我们采用特制动态吸附测定仪测定。其工作原理是：在动态、常压、恒温的条件下，将一定浓度（p/p_s）的苯蒸气通过吊挂在石英弹簧下的试样，吸附量借助石英弹簧伸长由垂高计求得：

$$a_k = \frac{l_1 \times 1000}{lM} \tag{8-11}$$

式中　a_k——动态饱和吸附量，mmol/g；

　　　l_1——试样的吸附伸长，cm；

　　　l——相应于试样重量的弹簧伸长，cm；

　　　$\dfrac{p}{p_s}$——平衡浓度，$\dfrac{p}{p_s} = \dfrac{V_1}{V_1 + V_2 - \dfrac{V_2 p_s}{p_A}}$。

在固体吸附剂上测定气相吸附的动态方法通常不需要太复杂设备（不需抽真空）。在动态条件下，在恒定速率和温度下将载气和吸附质（例如有机物质蒸气）混合物通过含有已知数量吸附剂的柱子，在气流中，吸附质的浓度通常以不同比例混合纯载气（例如空气）和用吸附质蒸气饱和的载气来控制。在动态方法中，我们应特别关注吸附气相色谱，我们的有关研究论文表明，这种吸附试验方法可在宽广压力和温度范围进行，色谱分析不仅可以测定吸附等温线，而且也使我们可以得到吸附和解吸附过程的动力与参数。色谱方法的某些限制起因于扩散过程。当孔半径不太小时，由色谱方法和静态方法所测定吸附等温线之间很好一致，如本书上述有关章节所述，我们分别用重量法真空吸附仪和迎头色谱法进行7种活性炭对苯、氯乙烷、氯化氰蒸气的吸附等温线测试研究，表明了这一点。

第二节
吸附热的测取

吸附过程产生的放热热效应是吸附质进入毛细孔道的重要特征之一。吸附能力的强弱与吸附作用力的性质和吸附键的种类等因素有关。吸附热可以衡量吸附剂对吸附分子吸附能力的大小，化学吸附的吸附热比物理吸附热大，在化学吸附中吸附键强，所以相应地吸附热大。吸附热也可以表征吸附现象的物理量和化学本质以及吸附剂和催化剂的活性。吸附热分为积分吸附热和微分吸附热。如 N 为吸附的吸附质量，H_1 和 H_d 分别表示积分吸附热和微分吸附热，则二者的关系为：

$$H_1 = \frac{1}{N}\int_0^N H_d \mathrm{d}N \tag{8-12}$$

或 $$H_d = \left(\frac{\mathrm{d}H_1}{\mathrm{d}N}\right)_T \tag{8-13}$$

因此，积分吸附热是在不同覆盖度下微分吸附热的平均值。

测定或计算吸附剂吸附放出的热量（吸附热）可以用下列几种方法，根据一组吸附等温线（吸附等量热），吸附等量曲线，甚至表面扩散系数的计算；按照 BET 方程常数 k_b 进行粗略的计算，也可以由色谱法取得的应答值求取。

一、 按 BET 方程常数 k_b 粗略计算

如前所述，BET 方程是多层物理吸附方程：

$$\frac{p}{q(p_0-p)} = \frac{1}{k_b q_m} + \frac{k_b-1}{k_b q_m} \times \frac{p}{p_0} \tag{8-3}$$

当 q_m 为完全单分子层吸附的吸附容量时，常数 k_b 与吸附质的吸附热、冷凝热之间有一非常近似的关系式，k_b 可从 BET 等温方程作直线得到的斜率和截距求出。

二、 从一组吸附等温线求取吸附热

常用 Clausius-Clapeyron 方程，以实验求取吸附热与温度和压力的关系：

$$H_d = RT^2 \left(\frac{\mathrm{d}\ln p}{\mathrm{d}T}\right)_\theta \tag{8-14}$$

积分得：

$$\ln p = -\frac{H}{RT} + C \tag{8-15}$$

式中，C 为积分常数。

用参考物质和测量物质在相同的温度下，取吸附平衡压力的方法求吸附热（图 8-3）。当

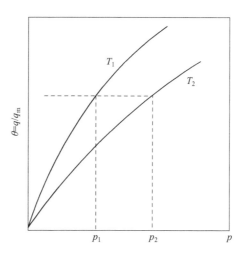

图 8-3 不同温度（$T_2 > T_1$）的吸附等温线

气体吸附质的吸附热对应于另一气体在相同温度下的正常冷凝热时，则此两物质在相同温度下的 Clausius-Clapeyron 方程为：

$$\frac{H_1}{H_2} = \left(\frac{\mathrm{d}\ln p_1^0}{\mathrm{d}\ln p_2}\right)_{T_1 = T_2}$$ (8-16)

式中　H_1——通常的冷凝热；

　　　　H_2——吸附热；

　　　　p_2——冷凝气体的正常蒸气压；

　　　　p_1^0——吸附气体组分的平衡压力。

三、 从等吸附量曲线求取等吸附量热

温度 T 一定下，吸附量 q 和压力 p 的关系为吸附等温方程，这是吸附平衡中常用的吸附平衡方程，其次，在压力 p 一定下，吸附量 q 和温度 T 的关系用吸附等压方程或吸附等压线（isobar）表示。

在吸附量 q 一定，气体压力 p 和温度 T 的函数关系为等吸附量方程（isostere），如 $\ln p$-$1/T$ 曲线（q 定值），图 8-4。

对于大多数吸附质-吸附剂体系，等吸附量曲线均为直线，其斜率为等吸附量热（isosteric heat）ΔH：

$$\Delta H = R \left. \frac{\partial \ln p}{\partial (1/T)} \right|_q$$ (8-17)

故 $\Delta H = f(q)$，等吸附量热 ΔH 和吸附量（或载荷）成函数的关系。由图 8-5 可见，随着吸附量的增加，等吸附量热迅速下降。

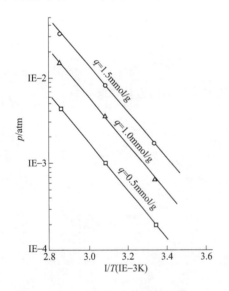

图 8-4　C_7H_8 / XAD-4 体系的吸附等量线——等吸附量热的测算

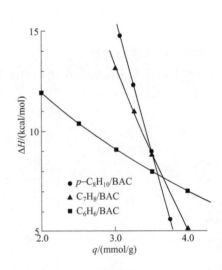

图 8-5　等吸附量热和活性炭 BAC 吸附量的关系

四、 从表面扩散系数测取吸附热

吸附质分子在多孔介质表面的扩散为表面扩散，以蛙跃模型说明分子在均匀表面随机

活性炭吸附技术及其在环境工程中的应用

无序的移动形成蛙跃弹性碰撞。当分子具有的能量接近或等于固体表面能量时，分子沿表面蛙跃移动，设每一活性点的活性是相同的，蛙跃的概率（即从一个活性点越过能垒至另一点的概率），则为表面遮盖率的函数，遮盖率或吸附量越大，表面扩散系数 D_s 相应增加。因之，D_s 和吸附相浓度和温度有关（图 8-6），均一表面扩散的蛙跃模型提出表面扩散 D_s 为：

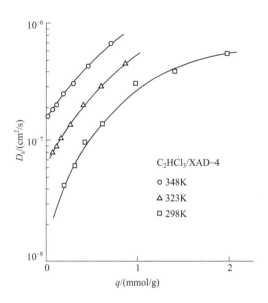

图 8-6　D_s 和吸附相温度关系

$$D_s = \frac{1}{1-\theta} D_0 \exp\left(-\frac{E}{RT}\right) \tag{8-18}$$

式中　θ——表面遮盖率；

　　　E——活化能；

　　　R——气体常数；

　　　D_0——表面遮盖率为零时的表面扩散系数。

Gilliand 提出，吸附分子在不同吸附能势相邻活性点蛙跃移动时：

$$D_s = D_0 \exp(-a\Delta H/RT) \tag{8-19}$$

式中　ΔH——吸附热；

　　　a——常数。

因此，从表面扩散系数 D_s 也可求得吸附热 ΔH，使用时须说明在何条件下得到吸附热。

五、 色谱法测定吸附热

色谱法是利用流动体系下脉冲进料得到相应的流出曲线和色谱峰，从该吸附质在某种吸附剂上测出的保留时间 t_R 和保留体积 V_R 算取吸附热。当吸附质气体和载气通过色谱柱时，其保留时间 t_R（观察）受到色谱柱的阻力和柱温的影响。假如测试时柱温为 t_c，压力为 p 时，需先校正至 25℃ 和 1atm。当色谱柱的入口压力为 p_1，柱的出口压力为 p_0 时，则校正后的保留时间 t_R^0（校正）为：

$$t_R^0(校正) = t_R(观察) \frac{3T_c(p_1/p_0)^2 - 1}{2 \times 298(p_1/p_0)^3 - 1} \tag{8-20}$$

校正的保留时间和吸附热 ΔH 在不同温度下的关系式为：

$$\lg t_R^0 = C - \frac{\Delta H}{2.303R}\left(\frac{1}{T}\right) \tag{8-21}$$

式中，C 为表征测试仪器色谱柱的大小尺寸、操作条件、气体流速和吸附熵等参量特性的常数。使用同一仪器和相同的操作条件，根据式（8-21）测出不同的校正保留时间，就可得出吸附热。

<h1 style="text-align:center">第三节
孔隙容积测定</h1>

一、 真密度和颗粒密度

1. 真密度的测定

真密度是指不计孔隙体积的单位体积多孔材料的质量，以 g/cm^3 表示。可采用比重瓶的方法测定真密度，以苯作为测定用的液体。真密度按下式计算：

$$d = \frac{0.879m}{A - (B - m)} \tag{8-22}$$

式中 m ——试样的质量，g；

A ——装有苯的比重瓶的质量，g；

B ——装有称得的试样和苯的比重瓶的质量，g；

0.879——在 20℃时苯的密度，g/cm^3。

2. 颗粒密度的测定

包括孔隙体积在内的单位体积固体物料的质量称为颗粒密度（也称视密度或表观密度），以 g/cm^3 表示。

测定颗粒密度用汞方法，它是基于在大气压力下汞不进入直径小于 $1.5 \times 10^4 nm$ 的孔隙，且吸附颗粒形状对测定结果没有多少影响，用于测定颗粒（汞）密度的设备是简单易行的。颗粒密度按下式进行计算：

$$\delta = \frac{13.54m}{A - (B - m)} \tag{8-23}$$

式中 m ——试样的质量，g；

A ——带有水银的装置的质量，g；

B ——带有试样和水银的装置的质量，g；

13.54——在 20℃时水银的密度，g/cm^3。

二、 总孔隙度和大孔容积

总孔体积 V_Σ 是表征活性炭等吸附剂的重要参数，它是在吸附剂中三种形式孔体积的总和：

$$V_\Sigma = V_{mi} + V_{me} + V_{ma} \tag{8-24}$$

式中　　V_{mi}——微孔体积；

　　　　V_{me}——过渡孔体积；

　　　　V_{ma}——大孔体积。微孔和过渡孔体积由吸附测定（即气体或蒸气吸附和解吸等温线测定）。但是大孔体积的测定需要总孔体积：

$$V_{ma} = V_\Sigma - (V_{mi} + V_{me}) \tag{8-25}$$

总孔体积可由吸附剂颗粒密度和真密度求得。测定这些密度通常被使用汞和苯，总孔体积等于颗粒密度和真密度的倒数之差：

$$V_\Sigma = \frac{1}{\delta} - \frac{1}{d} \tag{8-26}$$

式中　　V_Σ——试样的总孔隙度，cm^3/g；

　　　　δ——试样的颗粒密度，g/cm^3；

　　　　d——试样的真密度，g/cm^3。

例如，根据 1110 型活性炭（1110 型浸渍活性炭）的真密度和颗粒密度就可以足够精确地计算其总孔隙度。

实验测得 1110 型活性炭 $\delta = 0.730 g/cm^3$，$d = 2.11 g/cm^3$，则：

$$V_\Sigma = \frac{1}{0.730} - \frac{1}{2.11} = 0.90 cm^3/g$$

因此，可计算其大孔容积 $V_{ma} = 0.90 - 0.06 - 0.35 = 0.49\ cm^3/g$。

总孔隙度也可以用总吸水量（水容量）方法进行测定，水容量法广泛使用于工业生产中。

1110 型活性炭、浸渍炭和前苏联 AГ-2y 型活性炭及 K-5y 型浸渍炭样品测定的性能如表 8-3。

表 8-3　1110 型活性炭、浸渍炭和前苏联 AГ-2y 型活性炭及 K-5y 型浸渍炭样品的性能

炭　型	真密度 d /(g/cm³)	颗粒密度 δ /(g/cm³)	装填密度 Δ /(g/cm³)	结构常数 W_0 /(cm³/g)	结构常数 $B \times 10^6$ /K⁻²	比表面积 S /(m²/g)	大孔容积 V_{ma} /(cm³/g)	中孔容积 V_t /(cm³/g)	微孔容积 V_{mi} /(cm³/g)	总孔容积 V_Σ /(cm³/g)	动态饱和吸附值 a_k /(mg/cm³) 苯	氯乙烷	氯化氰	氯化氰[①]	氢氰酸
1110 型活性炭	2.11	0.748	0.482	0.367	1.3	1010	0.433	0.08	0.351	0.863	138.5	27.9			
1110 型浸渍炭		1.010	0.660	0.286	1.2	787	0.236	0.08	0.275	0.593			142.0	149.0	70.0
AГ-2y 型活性炭	2.13	0.771	0.509	0.390	1.7	1280	0.335	0.10	0.391	0.829	154.0	24.0			
K-5y 型浸渍炭	2.26	0.901	0.594	0.355	1.4	1110	0.232	0.09	0.343	0.667			52.4	48.4	39.8

① 相对湿度 $\varphi = 75\%$。

三、 压汞法——孔和孔体积按孔大小分布

吸附方法对于多孔结构的检测适用性在有效孔半径 1.5～200nm 范围，因为当吸附质压

力接近饱和蒸气压时会发生蒸气冷凝。压汞法通过施加外压使汞进入孔隙内部，可以测量活性炭（浸渍活性炭）较大的孔和孔体积按孔大小分布等。愈小的毛细孔需要愈大的压力，这由 Washburn 方程定量描述：

$$r = \frac{2\sigma\cos\theta}{p} \tag{8-27}$$

式中　r——有效孔径（假定毛细孔为圆柱形）；

　　　σ——表面张力，在汞吸附剂相边界层（对于炭，通常取 0.480N/m）；

　　　θ——吸附剂对汞的湿润角，对于炭吸附剂常取 2.478 弧度；

　　　p——压力。

现在孔隙率测量通常采用商用装置，测定结果一般以充填孔的汞体积 V（cm³/g）对有效孔径 r 或孔径对数作图，或以 $\Delta V/\Delta\lg r$ 对 $\lg r$ 的关系给出，或以 $\Delta V/\Delta\lg r$ 对 $\lg r$ 图给出孔按其有效半径微分分布。上述可以测定的孔半径范围近似等于 3～7500nm，依此方法，我们获得中孔和大孔的特性，它补充从吸附测量得到的数据。

1. 方法原理

水银对固体表面是不浸润的，因此，要使水银进入多孔体的孔隙中必须使用外压，要使汞进入半径为 r 的孔，所需使用的外压（p）按下式计算：

$$p = -\frac{2\sigma\cos\theta}{r} \tag{8-28}$$

式中　σ——水银的表面张力；

　　　θ——汞和固体表面的润湿角。

式（8-28）表示了毛细管孔径和压力的关系，它是压汞法的基本数学公式。式（8-28）中，压力 p 为大气压加上相当于试样上面一段水银柱的高度的压力（一般取最初的高度，其改变忽略不计）。

对于活性炭

$$r = \frac{75000}{p} \tag{8-29}$$

式中　r——最小孔半径，Å；

　　　p——所加的压力，atm。

根据此式，只要对炭提供一定大小的外压，便能算出把水银压入至最小孔的半径。

2. 数据处理

由水银面的高度，可知水银在毛细管中下降的高度，根据预先校定的膨胀计的高度与体积函数关系的曲线，即可换算出在某一压力下水银压进炭孔的体积，也就是某一压力下孔隙的体积 V（cm³）。

由式（8-29），计算同一压力下水银压入的最小孔隙半径 r，便得到一对 V-r 的数据；由不同压力下的一套 V-r 数据，便能绘出 V-$\lg r$ 关系曲线。以我们测定 1110-2 型活性炭数据，再由图解微分法可得到 $\dfrac{\mathrm{d}V}{\mathrm{d}\lg r}$ 的值，将 $\dfrac{\mathrm{d}V}{\mathrm{d}\lg r}$ 对 $\lg r$ 作图，就能得到孔隙体积按孔径大小分布的微分曲线，其数据见表 8-4 和表 8-5。

由分布曲线图可以得出：出现高峰的地方表示该有效半径范围的孔隙容积占得最多；根据计算分布曲线下的面积，可以求出不同孔隙半径范围内所占容积大小的分布情况。

活性炭吸附技术及其在环境工程中的应用

表 8-4　1110-2 型活性炭 $\dfrac{dV}{d\lg r}$-$\lg r$ 数据

$\lg r/\text{Å}$	$\dfrac{dV}{d\lg r}$ / [cm³/ (g·Å)]				$\delta^{①}\dfrac{dV}{d\lg r}$ / [cm³/ (cm³·Å)]
编号	07	02	06	平均值	
2.20	0.053	0.082	0.071	0.069	0.051
2.30	0.042	0.038	0.053	0.044	0.033
2.40	0.036	0.025	0.039	0.033	0.025
2.50	0.028	0.026	0.032	0.029	0.022
2.60	0.028	0.026	0.027	0.027	0.020
2.70	0.022	0.029	0.028	0.026	0.019
2.80	0.024	0.027	0.027	0.026	0.019
2.90	0.021	0.026	0.025	0.024	0.018
3.00	0.032	0.033	0.034	0.033	0.025
3.10	0.053	0.054	0.057	0.055	0.041
3.20	0.084	0.087	0.081	0.084	0.063
3.30	0.134	0.122	0.131	0.129	0.096
3.40	0.172	0.166	0.187	0.175	0.131
3.50	0.205	0.201	0.220	0.209	0.156
3.60	0.237	0.247	0.259	0.241	0.180
3.70	0.260	0.282	0.261	0.268	0.200
3.80	0.326	0.329	0.315	0.323	0.241
3.90	0.400	0.406	0.438	0.415	0.309
4.00	0.487	0.490	0.512	0.496	0.370
4.10	0.555	0.562	0.556	0.556	0.414
4.20	0.570	0.534	0.530	0.545	0.406
4.30	0.440	0.478	0.422	0.447	0.333
4.40	0.244	0.246	0.227	0.239	0.178
4.50	0.142	0.130	0.092	0.121	0.090
4.60	0.075	0.073	0.032	0.060	0.045

① δ 测定为 0.74g/cm³。

表 8-5　1110-2 型活性炭催化剂 $\dfrac{dV}{d\lg r}$-$\lg r$ 数据

$\lg r/Å$	$\dfrac{dV}{d\lg r}$ / [cm³/ (g·Å)]				$\delta^{①}\dfrac{dV}{d\lg r}$ / [cm³/ (cm³·Å)]
编号	16	17	18	平均值	
2.20	0.041	0.028	0.041	0.031	0.039
2.30	0.039	0.030	0.037	0.035	0.037
2.40	0.039	0.040	0.035	0.038	0.045
2.50	0.039	0.050	0.040	0.043	0.046
2.60	0.055	0.055	0.044	0.051	0.054
2.70	0.060	0.060	0.056	0.059	0.063
2.80	0.010	0.067	0.074	0.070	0.075
2.90	0.078	0.075	0.079	0.077	0.082
3.00	0.079	0.077	0.074	0.077	0.082
3.10	0.083	0.080	0.071	0.078	0.083
3.20	0.085	0.089	0.082	0.085	0.091
3.30	0.099	0.092	0.095	0.095	0.101
3.40	0.110	0.108	0.106	0.108	0.115
3.50	0.117	0.126	0.138	0.127	0.135
3.60	0.149	0.148	0.166	0.154	0.164
3.70	0.170	0.184	0.197	0.184	0.196
3.80	0.221	0.236	0.222	0.226	0.241
3.90	0.264	0.288	0.265	0.272	0.290
4.00	0.307	0.326	0.343	0.0325	0.346
4.10	0.311	0.348	0.384	0.348	0.371
4.20	0.301	0.330	0.321	0.317	0.338
4.30	0.185	0.228	0.207	0.207	0.221
4.40	0.128	0.119	0.136	0.128	0.136
4.50	0.046	0.049	0.028	0.041	0.044

① δ 测定为 1.07g/cm³。

压汞法可以测定的孔半径范围近似等于 $3\sim7500$nm，依此方法，我们可以获得中孔和大孔的特性，它补充从吸附测量得到的数据。

近年，已有多型号的带数据采集处理的压汞仪（水银孔隙仪）出现。

第四节
衍射和显微技术

一、 X 射线衍射

小角 X 射线散射（在 $10^{-4}\sim10^{-1}$ 弧度范围）出现在具有不均匀尺寸电子密度的介质，它在 $1\sim100$nm 范围变化。对等活性炭吸附剂，在固相内部的孔，可能构成这种散射中心。在 20 世纪 50 年代，发展了用于描述 X 射线强度分析的下列方程：

$$I_{\varphi}=I_{\mathrm{e}}Nn^{2}\exp-\frac{4\pi^{2}R\varphi^{2}}{3\lambda^{2}} \tag{8-30}$$

通过测定具有不同活化度蔗糖基活性炭，已表明可用式（8-31）来测得微孔体积 V_{mi}：

$$V_{\mathrm{mi}}=(NV)\approx\frac{I_{\varphi=0}}{R^{3}} \tag{8-31}$$

X 射线小角衍射的方法，除了应用至活性炭孔结构之外（特别有关微孔，及较小直径的中孔），也提供其他重要信息。例如，通过比较有关不同种类孔体积吸附数据和 X 射线研究结果，我们可以估计闭孔的比例（X 射线小角衍射方法提供与炭颗粒表面接触的开孔体积和闭孔体积的总和）。

X 射线小角衍射方法，正开发作为研究由于活化过程热处理、酸处理等引起炭多孔结构变化的工具。

二、 电子显微技术和透射电镜技术

电子显微镜是检验固体多孔结构的直接方法（包括活性炭和其他炭素材料）。该方法的主要优点，是可能直接测定孔的形状和尺寸（特别是中孔），并可以去评估其他方法的有用性和准确性。在许多情况下，应用电子显微镜优于其他方法，不仅仅可获得关于中孔形状和尺寸的资料，而且还得到孔体积分布按半径微分曲线（通常和吸附试验或汞孔率计所获得结果相一致）。但是，电子显微镜也有一些缺点。其中最重要的是：①对于宽分布孔尺寸的吸附剂获得的结果可靠性差；②试验样品需精心制备，比较复杂。然而，电子显微镜仍常作为吸附以及压汞法的辅助方法。作为新发展的透射电镜技术，它能直接对物相形貌进行观察，以及进而反映物质内部结构和表面结构等信息。我们用 H-500 透射电镜观察了活性炭的微细孔结构并获得电镜照片，用 IBAS 系列全自动交互式图像分析仪在照片上随机测量大于 1000 个孔的大小，以孔径为横坐标、孔数的概率百分数为纵坐标，做出孔分布的直方图，结果表明活性炭为非均一微孔结构而不是均一微孔结构。

第五节
多孔材料的孔结构测试的分形分析

一、分形分析

近年来，各国学者不断尝试用新理论新方法来描述多孔材料的孔结构，其中应用分形理论来研究孔结构得到广泛关注，先后发展出基于汞压法、气体吸附法、毛细管法、小角度 X 射线散射、数字图像处理等实验检测手段的分形分析方法。其中，通过对多孔材料的二维数字图像进行处理分析得到分形维数的方法，应用最为广泛。在多孔结构的剖面面积、孔隙度、孔通道等参数的分形描述方面，开展了大量卓有成效的研究工作。但数字图像处理的分形分析方法，仍有大量问题亟待解决，存在的问题主要是分析结果的准确性和分形维数的物理意义尚不明确。

二、核磁共振测孔技术

基本原理是：利用某些原子核具有自旋磁矩的特性，在施加稳定和交变磁场的条件下来操控这些原子核使之产生响应，通过测量这些微小响应信号用于分析辨别该原子核所处的物理和化学环境信息。该法也称磁共振技术，它测量孔隙结构有两种技术途径，一种是磁共振弛豫时间法，另一种是磁共振冷冻干燥法。核磁共振弛豫时间测孔法是通过测量饱和在固体孔隙结构中液体的分布（一般为水）来间接表征孔隙分布，即采用饱和在固体孔隙结构中水分子氢核的弛豫时间分布，推断多孔固体的孔隙分布。核磁共振冷冻干燥测孔法，测量时首先将某种液体饱和填充于待测的多孔固体材料中，先降温使其在固体材料孔隙中完全凝固，后测量温升和熔化液体量，由此表征结构孔分布。

参 考 文 献

[1]　郭坤敏. 111 型活性炭催化剂. 为朝鲜留学生授课讲义，防化研究院，1976.

[2]　谢自立，郭坤敏. 重量法真空吸附仪. 中国发明专利，ZL 93 1 05554.7，2000.

[3]　马兰，赵红阳. CO_2 吸附法分析多孔炭材料的微孔结构. 2004 年全国活性炭学术研讨会论文集，2004：277-278.

[4]　袁存乔等. 活性炭吸附等温线的研究（Ⅰ）色谱法测定活性炭的吸附等温线. 全国活性炭学术讨论会，1981. 重庆.

[5]　郭坤敏等. 硫醇在活性炭固定床上的动态分析. 化学工程，1988（2）：34-39.

[6]　袁存乔等. 非均一微孔型活性炭对有机蒸气吸附等温线的表征. 防化学报，1988（2）：28-34.

[7]　叶振华. 化工吸附分离过程. 北京：中国石化出版社，1992.

[8]　 Noll, Kenneth E. Adsorption Technology for Air and Water Pollution Control. Lewis Pub, 1992.

[9]　Jankowska H, Swiatkowski A, Choma J. Active Carbon. New York：Ellis Horwood，1991.

[10]　郭坤敏，袁存乔. Журнал Физической Химии，1992，66：1039-1042.

[11]　朱纪磊等. 多孔结构分形分析及其在材料性能预报中的应用. 稀有金属材料与工程，2009，38（12）：2106-2110.

[12]　沈业青等. 孔结构测试技术及其在硬化水泥浆体孔结构表征中的应用，硅酸盐通报，2009，28（6）：1192-1196.

第九章

活性炭纤维制备及其应用

第一节
概述

20 世纪 60 年代初期，在高性能碳纤维研究基础上，萌芽出活性炭纤维。1962 年美国专利首次出现以黏胶纤维为原料，通过炭化和活化工艺成功制备了活性炭纤维（activated carbon fiber，ACF）。70 年代以来，随着世界经济和科学技术的发展，一种新型吸附材料——活性炭纤维逐渐发展起来。ACF 是继粉状活性炭（powder activated carbon，PAC）和颗粒活性炭（granular activated carbon，GAC）之后的第三代活性炭吸附材料。其后，聚丙烯腈基、酚醛基、沥青基 ACF 相继实现工业化生产。日本、美国、俄罗斯、英国，特别日本是研究和使用 ACF 的大国。

ACF 分两种，第一种是超细的活性炭微粒加入增稠剂后和纤维混纺成单丝，或用热熔法将活性炭黏附于有机纤维或玻璃纤维上制得；第二种是以人造丝或合成纤维（另有沥青）为原料经炭化和活化制得，以第二种较为常见。ACF 与传统的颗粒状活性炭相比，具有碳含量高、比表面积大、微孔发达、孔径分布窄等特点。同时，ACF 具有吸附速率快和易于操作的优点，能加工成不同的结构形式。ACF 已在环境保护、废气废水净化、溶剂回收、放射性物质及微生物的吸附、生物酶固定、防毒器材、贵金属回收等方面得到广泛应用。

一、发展历程

ACF 从 20 世纪 60 年代发展至今，已经形成种类繁多、制备工艺多样、应用广泛的一系列材料。ACF 发展沿革大致如表 9-1 所示。

表 9-1   ACF 发展沿革

年份	发展沿革
1962	Abbottw. F. 研制成功黏胶基 ACF；进藤用特种聚丙烯腈为原料，制得聚丙烯腈基 ACF
1966	VCC 开发黏胶丝 ACF 织物

年份	发展沿革
1967	Johnson 改进聚丙烯腈 ACF 预氧化过程
1970	美国研制成功酚醛基 ACF
1972	美国 Aronsgn 和 Macnairr. N. 由酚醛前驱体制得 ACF
1975	东洋纺织公司制成高性能黏胶基 ACF 和再生 ACF；日本工业技术院北海道工业研究所及东京工业研究所在日本化学年会上发表聚丙烯腈基 ACF（PAN-ACF）的研究报告
1976	日本碳素公司开发出酚醛基 ACF；东邦贝丝纶公司开发出聚丙烯腈基 ACF
1977	波纹状 ACF 制品在东洋纺织公司开发成功并被用于溶剂回收装置
1979	酚醛基 ACF 在 Kuraray 公司开发成功并生产
1983	沥青基 ACF 在日本的龙吉卡和碳素两家公司开发成功并生产
1990	岛田将庆主编的《活性炭纤维》一书出版
2000 后	ACF 开发用于光催化材料、电吸附材料等功能材料

国内有许多科研单位及大专院校进行 ACF 的开发与研究，在 ACF 的制备、性能表征、活化机理及工程应用方面取得了大量成果。20 世纪 70 年代初，英国化学防护处（CDE）发布 ACF 试验信息，北京防化研究院也开展 ACF 制备和薄层吸毒探索性研究。中山大学从 70 年代开始对 ACF 进行理论和应用研究，现已研制成功木浆黏胶基、棉黏胶基、甘蔗渣黏胶基以及聚丙烯腈基 ACF 等品种。上海纺织科学院于 1980 年研制了酚醛基 ACF。中国科学院山西煤化所分别研制了聚丙烯腈基、黏胶基、聚乙烯醇基 ACF。目前我国能生产 ACF 的单位主要有辽宁环球活性炭纤维开发公司、新民县天河活性炭纤维厂、开原县金山活性炭纤维厂、江苏苏通碳纤维有限公司等。鞍山市活性炭纤维厂是国内第一个实现连续化生产毡和布形态聚丙烯腈基、黏胶基 ACF 的专业厂家。鞍山东亚炭纤维公司引进了规模达年产 45t 的 ACF 生产装置，南通活性炭纤维有限责任公司全连续式生产设备的规模可达年产 80t。苏通碳纤维公司生产有 ACF 纸、ACF 布和 ACF 毡。其生产的 ACF 纸是将活性炭、ACF 和纸复合制成的滤材，兼有活性炭的吸附功能和对微粒过滤的性能，并可适应缠绕或折叠等方式的机械加工，主要适用于水净化和空气净化。

二、 性能特点

与活性炭相比，ACF 具有如下的优良性能：

① 孔径分布窄，有效吸附微孔多，且直接暴露在纤维表面，增加了吸附概率；

② 吸附脱附速度快，对气体的吸附一般在数秒或数分钟内达到吸附平衡，对液体的吸附也仅需几分钟或几十分钟就达到平衡；

③ 耐热、耐酸、耐碱，导电性和化学稳定性好；

④ 比表面积大，吸附容量大，对低浓度吸附质的吸附能力特别优良，即使对 10^{-6} 数量级仍保持很高的吸附量；

⑤ 体积密度小、扩散阻力小、动力消耗少，可以吸附黏度较大的液体物质；

⑥ 兼有纤维的各种特性，能制成纱、线、布、纸、毡等形状，为工程应用提供了一定

的灵活性;

⑦ 具有很好的柔韧性和较高的强度,经反复再生也不易粉化,对吸附回收有机物和净化后的物质不会造成二次污染;

⑧ 纯度高、杂质少,可用于食品、卫生医疗工业,具有独特的氧化还原性,可用于贵重金属回收;

⑨ 再生容易,使用寿命长。

三、 结构特征

活性炭纤维的直径为 $10 \sim 30\ \mu m$,与活性炭含有大孔、中孔和微孔不同(如图 9-1 所示),它主要含有大量的微孔。微孔的孔径分布狭窄而均匀,大多在 $0.5 \sim 1.5nm$ 之间,微孔体积占总孔体积的 90% 左右,从而造就了较大的比表面积,多数为 $1000 \sim 3000m^2/g$。同时,微孔直接开口于纤维表面,使得吸附质到达吸附位的扩散路径比活性炭短,因此造成 ACF 吸附脱附速率较活性炭要快。

ACF 主要由碳原子组成,碳原子主要以类似石墨微晶片层乱层堆叠的形式存在,微晶片层在三维空间的有序性较差,平均微晶尺寸非常小。除了碳元素外,ACF 还有少量氢和氧等元素。采用特殊的纤维原料或特殊制备工艺,还可在 ACF 表面引进 N、S 等杂原子及各种金属化合物。ACF 的表面碳和氧元素结合可以形成一系列表面含氧官能团,酸式含氧基团主要形式有:羟酚基、醌基、酮基、羧基、内酯基等,碱式含氧基团有一些氧萘型或类吡喃型结构等。这些官能团具有较高的表面能,因此使得 ACF 具有较强的吸附性能。

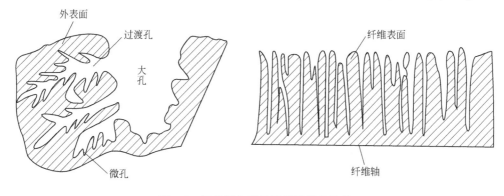

图 9-1 活性炭与活性炭纤维微观结构

四、 分类

ACF 可按照不同的标准来进行分类,主要分类见表 9-2 所示。

表 9-2 ACF 常见分类

分类标准	类别
按产品原料分	黏胶基 ACF 酚醛基 ACF 聚丙烯腈基 ACF 沥青基 ACF 聚乙烯醇基 ACF 天然植物纤维基 ACF

分类标准	类别
按照产品的外形分	ACF 丝束 ACF 纸 ACF 布 ACF 毡 ACF 块
按照产品的孔径分	超微孔，孔径<0.7nm 亚微孔，孔径 0.7~2nm 中孔型，孔径 2~50nm 大孔型，孔径>50nm
按照产品的比表面积分	低比表面积，<800m²/g 中比表面积，800~1500m²/g 高比表面积，>1500m²/g

其中，黏胶基 ACF（rayon based activated carbon fiber）、聚丙烯腈基 ACF（PAN based activated carbon fiber）、沥青基 ACF（pitch based activated carbon fiber）和酚醛树脂基 ACF（phenolic resin based activated carbon fiber）最为常见。各种原料制成的 ACF 的化学组成如表 9-3 所示。

表 9-3　不同种类 ACF 的化学组成

ACF 种类	C/%	H/%	N/%	O/%
黏胶基	92.0~94.5	0.6~0.8	—	2.9~3.5
PAN 基	88.0~91.0	0.7~0.9	2.5~5.5	2.5~8.8
沥青基	约 93.1	约 5.0	约 0.9	约 1.0
酚醛基	91.0~95.0	0.6~0.8	—	2.0~3.0

第二节
活性炭纤维的制备

一、ACF 制备工艺基本流程

制备活性炭纤维的原料一般包括聚丙烯腈、酚醛、黏胶丝、沥青、聚醋酸乙烯（PVA）和聚酰亚胺（它具有分子结构紧密、力学性能好的特点）等。制备时首先对原料纤维进行预处理，再通过添加金属化合物或其他物质进行炭化活化处理。另外可以通过优选炭化和活化过程中的添加剂，以达到如下目的：①增加活化过程的速率；②降低活化温度；③增加纤维强度和弹性模量；④增加纤维吸附容量。

在活性炭纤维的制备方面，英国人曾发明一种竖立式结构，沿壁面用电加热器加热，炭化活化一次完成，但这种间歇式生产方法的缺点是得到的产品均匀性不高。而俄罗斯和日本的 ACF 大规模连续生产装置可以得到更均匀的热处理过程和更高的产量，其优点在于密封和加热的方式，可以形成均匀的温度场，见图 9-2 所示。

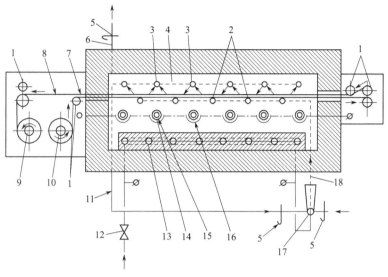

图 9-2　俄罗斯的活化装置及流程图

1—滚筒系统；2—带孔的分配管；3—带孔的收集管；4—活化纤维材料工作室；
5—阀门调节装置；6—气体出口；7—原始的含碳纤维材料；
8—活化的纤维材料；9—驱动轴；10—主动轴（送料）；
11—循环气体管道；12—阀门；13—蛇形加热器；
14—电加热器；15—保护罩；16—防火装置；
17—注射泵；18—活化剂喷管入口

1. 预氧化处理

作为 ACF 前驱体的有机纤维有黏胶基、酚醛基、聚丙烯腈基、沥青基、聚乙烯醇基和木质基等，不同前驱体预处理的目的和方法不一样。如沥青基和聚丙烯腈基纤维丝在进行炭化活化处理之前要经过预氧化处理，其原因是沥青和聚丙烯腈是热塑性的，如不先进行预处理，在较高温度下纤维丝会发生熔融变形。预氧化处理能够使纤维丝中的分子形成耐热的梯形结构，使原料纤维的热稳定性提高。黏胶基纤维预处理的目的是提高原料纤维的热稳定性和控制活化反应特性，以达到改善 ACF 的结构、性能和提高产品收率的目的。

2. 炭化

炭化是含碳物质在惰性气体或真空氛围下的热解过程。炭化是生产 ACF 的重要环节，采用热分解反应来排除原料纤维的非碳元素，使得非碳元素以 H_2O、CO 或 CO_2 的形式排除，剩余的碳元素会重新排列形成无定形炭或类石墨结构，最终生成炭纤维。升温速率、炭化温度、炭化时间、炭化气氛和纤维拉伸力等都影响炭化质量。炭化过程包括炭质材料的热分解、非碳元素的逸出，并最终形成稳定的炭纤维材料。

3. 活化

活化是 ACF 生成发达的微孔结构的重要工艺过程，活化条件和程度影响产品的结构和性能。影响活化的主要因素有：活化剂种类和浓度、活化温度、活化时间等。活化是利用气体（或其他活化剂）进行炭的氧化反应，从而使炭化物表面受到侵蚀，使炭化物的细孔更加发达。炭纤维由无定形炭和类石墨微晶两部分组成，无定形炭和石墨微晶存在结构缺陷，具有较强的活化反应性。其中无定形炭易于反应，而类石墨微晶较为稳定。活化时，无定形炭迅速反应形成一个反应界面，然后类石墨微晶开始反应，在微晶中形成微孔。含无定型炭多的地方，容易形成较多和较大的微孔，含无定形炭较少的地方，不形成微孔或形成较小的微孔。这些空隙也成了进一步活化时活化剂向纤维结构内部扩散的通道。并且进一步活化时，这些空隙继续反应形成较大的孔。在炭纤维与活化剂反应的过程中，除了上述造孔、扩孔作用外，还存在开孔作用，即炭化纤维原有封闭的空隙结构，由于活化反应而成为开启的孔。

活性炭纤维的孔结构很大程度取决于赋活过程中的控制步骤。当化学反应为速率控制步骤（即活化剂的扩散是快步骤）时，反应将发生在碳晶粒的内部，这导致微孔和过渡孔的形成；当扩散是限制性步骤时，化学反应发生在炭材料的非晶区，结果导致表面烧蚀并生成大孔。可分为 5 个区域：①在动力学区反应（过程速率取决于化学反应速率）；②在第一传质区中（过程的速率取决于气体向炭粒孔内的扩散）；③在内扩散区域中（过程的速率由化学反应和动力学确定；在内扩散区的中心，活化气体的浓度接近于零）；④在第二传质区（过程速率取决于活化气体从基体到炭纤维表面的迁移）；⑤在外扩散区（过程速率取决于活化气体分子从主体流到反应物表面的迁移速率）。

活性炭纤维孔结构特征可由图 9-3 表征。

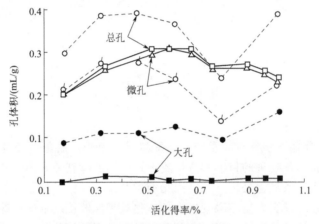

图 9-3　活化过程孔体积变化
○，□，△——活性炭纤维；●，■——颗粒活性炭（椰壳炭）

炭纤维的活化法分为化学活化法和物理活化法两种。

（1）化学活化法

化学活化法是使原材料浸渍于化学活化剂溶液中一定的时间，沥去溶液后，在惰性气氛中加热使纤维热解。热解产物冷却并洗涤后，即得到 ACF。在化学活化的过程中，在活化剂的作用下，原材料中的 H 和 O 被部分或完全地脱除，纤维炭化、炭骨架重排并芳构化，同时也创造了大量的孔结构。在化学活化法中，炭化和活化作用同时进行，一步完成。常用的活化剂有 H_3PO_4、$ZnCl_2$、K_2CO_3、KOH 等。此外，其他具脱水活性的试剂如 HNO_3、H_2SO_4、K_2S 及铁、钴、镍、铜盐等也可用作活化剂。化学活化法可以大幅提高 ACF 产品的收率，但是生产过程中需要反复冲洗，并且得到的产品脆性较大。

其中，氢氧化钾活化法制备 ACF 的反应原理如下：

活性炭吸附技术及其在环境工程中的应用

$$2KOH \longrightarrow K_2O + H_2O \tag{9-1}$$

$$C + H_2O \longrightarrow H_2 + CO \tag{9-2}$$

$$K_2O + H_2 \longrightarrow 2K + H_2O \tag{9-3}$$

$$K_2O + C \longrightarrow 2K + CO \tag{9-4}$$

$$K_2CO_3 + 2C \longrightarrow 2K + 3CO \tag{9-5}$$

总的反应如下：

$$4KOH + C \longrightarrow K_2CO_3 + K_2O + 2H_2 \tag{9-6}$$

反应过程大致是：活化剂分子与活泼的无定形碳原子、不饱和碳原子或结晶缺陷部分进行热化学反应，导致碳原子被氧化而生成气体副产物逸出，残留下孔洞。此氧化过程不仅是一个造孔的过程，同时，炭纤维中的高聚物微晶的晶棱被氧化刻蚀形成各种含氧官能团，这些官能团使 ACF 具有某些特殊吸附性能。随着活化反应的纵深发展，孔越来越深，活化气体分子向孔内扩散，与碳原子反应后的气态副产物在浓度差作用下向孔外扩散，周而复始，使孔越来越大、越来越深。

（2）物理活化法

物理活化是使用氧化性气体刻蚀炭纤维的表面，以获得高比表面积 ACF 的过程。活化气体一般为水蒸气、空气、二氧化碳等。活化过程中，炭与氧化剂反应，生成的 CO、CO_2 从炭表面逸出。由于炭纤维的部分气化，因而在其内部形成了孔。炭化产物的结构是一个由微晶组成的体系，由脂肪链将一个个石墨微晶连接起来，形成了一个含有空隙的高聚物。相邻微晶之间的空隙，构成了炭纤维的初级孔结构。炭纤维的孔易被分解产物所填充，并被无定形炭堵塞。这些无定形炭首先发生氧化，使封闭的孔被打开，形成新的孔。进一步的活化使结晶炭也发生氧化，并导致孔扩大。但是，过度的氧化会导致孔壁的烧蚀而使孔体积降低，吸附性能和机械强度也相应下降。因此，选择合适的活化温度非常重要。活化温度因活化方式和活化剂的种类而异。水蒸气活化温度一般为 $800 \sim 950\,℃$，二氧化碳活化温度在 $900\,℃$ 以上，空气作为活化剂时由于碳与氧气反应过于剧烈，活化温度一般控制在 $500 \sim 600\,℃$。

活化剂在活化过程中起重要作用，常用的活化剂有 H_2O、CO_2、空气、O_2（用 N_2 稀释）或它们的混合气体。常用活化剂的活化能力顺序为：$H_2O > CO_2 >$ 空气或 O_2，而且用水蒸气更加简便可行。因此，工业使用的活化剂主要是水蒸气。

① 水蒸气活化　水蒸气是生产中应用最广的活化剂，相比于 CO_2 而言，水蒸气廉价，而且更容易与炭反应，一般是 CO_2 活化速度的 8 倍。以下是水蒸气与纤维的几个主要的热化学反应方程式。

$$C + H_2O \longrightarrow H_2 + CO - 130kJ \tag{9-7}$$

$$CO + 2H_2O \longrightarrow 2H_2 + CO_2 - 97kJ \tag{9-8}$$

$$C + CO_2 \longrightarrow 2CO - 163kJ \tag{9-9}$$

这些反应为吸热反应，过程容易控制，一般可通过控制温度控制反应的进行。

② CO_2 活化　CO_2 作为活化剂，其主要反应式如下：

$$C_x + CO_2 \longrightarrow C_{x-1} + 2CO - 170.50kJ \tag{9-10}$$

从反应方程看,此反应属于吸热反应,反应过程中的反应温度易于控制。由于CO_2与碳的反应能力较弱,一般在900℃左右开始,这比水蒸气活化开始温度高大约200℃左右。

③ 空气活化 空气虽然是廉价的活化剂,但它与碳的反应是放热反应,反应温度不易控制。它与碳的主要反应如下:

$$C + O_2 \longrightarrow CO_2 + 348kJ \qquad (9-11)$$

$$2C + O_2 \longrightarrow 2CO + 226kJ \qquad (9-12)$$

$$C + CO_2 \longrightarrow 2CO - 122kJ \qquad (9-13)$$

从反应方程式可知式(9-11)和式(9-12)为放热反应,式(9-13)为吸热反应。在空气活化的过程中,反应比较剧烈不易控制温度,因此工业上很少采用。

二、 黏胶基 ACF 的制备

由黏胶纤维制备黏胶基 ACF,其工艺流程如图 9-4 所示。将黏胶纤维剪裁成条状,经热蒸馏水洗一段时间后,取出烘干,至恒重后放在一定浓度的有机浸渍剂中浸渍一段时间;取出干燥后再在一定浓度的无机盐浸渍剂中浸渍一段时间,取出后于烘箱中干燥至恒重。将干燥完全的纤维置于管式炭化炉中进行炭化,先制备得到黏胶炭纤维。选取含碳量高,且具有较大强度的炭纤维置于活化装置中,程序升温进行活化反应,最终制备得到黏胶基 ACF。

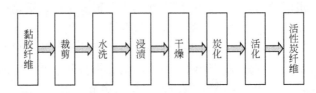

图 9-4 制备 ACF 工艺流程

1. 炭化装置

黏胶基炭纤维的炭化装置如图 9-5 所示。其制备过程为:浸渍后的黏胶纤维以一定的牵伸率置于牵伸装置上,将牵伸装置置于管式炭化炉中,以 N_2 作为载气,从室温程序升温至炭化温度后,炭化一定时间,制备得到黏胶基炭纤维。

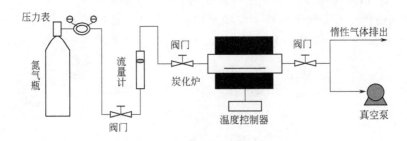

图 9-5 黏胶纤维炭化装置示意图

2. 活化装置

黏胶炭纤维制备 ACF 的装置见图 9-6,具体制备过程如下:将炭纤维置于活化室中的恒温区，采用程序升温，升温至活化温度，通过水泵进水进行水蒸气活化工艺，同时在整个升温过程中采用循环冷凝水处理热解过程中产生的废气。活化完成后自然降温得到ACF产品。

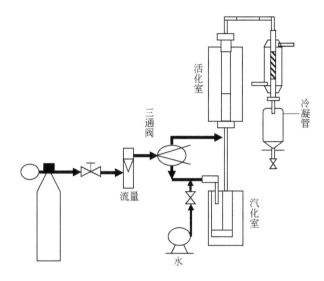

图 9-6　黏胶碳纤维活化装置示意图[11]

三、　酚醛基 ACF 的制备

化学活化法制备酚醛基 ACF 的具体工艺流程如下。将酚醛纤维在 80℃下干燥 12h，然后放入管式炭化反应炉中，在氮气保护下以一定升温速率升温至目标温度（500～1000℃），进行 60min 的炭化处理，待炉温降至常温后取出炭化物，即得到酚醛基炭纤维。将酚醛基炭纤维以一定的重量比与 KOH 混合并在其水溶液中浸渍，烘干后放入活化炉中，在氮气保护下以一定升温速率升温到不同温度（500～900℃），活化 60min。尔后冷却至室温，用蒸馏水浸泡和反复洗涤至中性，烘干。炭化活化过程的工艺流程如图 9-7 所示。

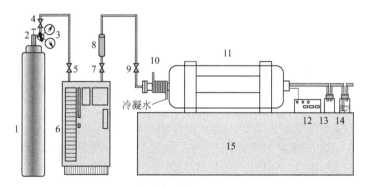

图 9-7　炭化及化学活化工艺流程示意图
1—氮气钢瓶；2—减压阀；3—压力表；
4，5，7，9—阀门；6—氮气净化器；8—转子流量计；10—冷却装置；
11—炭化炉（活化炉）；12—温控仪；13，14—尾气瓶；15—工作台

物理活化与化学活化的工艺流程之间存在着显著的区别：物理活化以水蒸气、二氧化碳等作为活化剂，而化学活化所采用的活化剂则是 KOH、$ZnCl_2$、H_3PO_4 等化学反应活性较

强的试剂。因此，化学活化对于原料的预处理可以在反应之前一次完成；而物理活化则要求水蒸气等活化剂以气体形式与碳质前驱体进行反应，所以在反应过程中需持续不断地通入活化剂气体。

四、 聚丙烯腈基 ACF 的制备

由于聚丙烯腈纤维分子的氰基为强极性基团，分子间存在偶极－偶极力，具有较高的熔点，因此对于聚丙烯腈纤维来说在制备 ACF 之前要进行预氧化处理。

1. 预氧化

预氧化的目的是通过预氧化使聚丙烯腈的线形分子链转化为环状或耐热的梯形结构，以使其在高温碳化时不熔不燃，保持纤维状态。通过预氧化过程中分子链形状的改变使其碳化收率显著提高，以降低 ACF 的生产成本。预氧化过程十分复杂，人们对许多预氧化反应的机理还不是十分清楚。目前，可将预氧化反应分为两大类型：一是由于聚丙烯腈（PAN）大分子链内的环化和分子间的交联生成耐热的网状梯形结构；二是伴随上述反应进行热裂解反应逸出许多小分子。预氧化工艺条件的制定原则就是促进梯形结构的生成，抑制热解的小分子产生，以提高碳化收率。

在预氧化过程中，聚丙烯腈基体发生了复杂的物理和化学反应，聚丙烯腈线形分子链上不饱和氰基的加成环化反应是其主反应。线形聚丙烯腈分子发生内环化和分子间交联等，转变成耐热梯形化合物。线形聚丙烯腈大分子链经环化脱氢或脱氢环化以及氧化转化为耐热的梯形结构。氧化聚丙烯腈纤维（OPANF）中结合的氧含量的多少对 ACF 的吸附容量有很大的影响。研究表明，纤维的氧含量为纤维饱和含氧量的 50％～90％时效果最好，最好为80％以上。从这种 OPANF 得到的 ACF 的吸附性能比较好。所以预氧化程度直接与 ACF 的性能息息相关，是一项重要的特性和控制指标。

在预氧化阶段，原丝会产生物理收缩（4％～16％）和化学收缩（14％～35％）。若任其自由收缩，则所制备的预氧化纤维就会出现发脆、强度降低。为了尽可能消除预氧化过程中收缩所产生的不良影响，保持主链结构对纤维轴的择优取向，通常是用不锈钢夹把原料固定起来，从而对原料施加一定的张力，减少原料的收缩，从而控制其收缩率。

2. 炭化、 活化

炭化、活化是生产 ACF 的重要工序，也是决定其孔隙结构、吸附性能的关键所在，它们一般是合并进行的。碳化是纤维或预氧化纤维在高纯氮气、氩气或氦气等惰性气氛中升温，进行固相热解反应。对于 OPANF 来说是梯形结构大分子进一步脱氮交联，将碳元素以外的成分从已环化稳定化的大分子中裂解脱除，碳原子进一步富集，使残留的碳原子形成网络状的大分子碳层，并且重排生成类石墨微晶碳结构的过程。炭化、活化装置大致分为连续生产装置和间歇式生产装置两大类型，而从炉体结构特征又可分为立式炉和卧式炉。

但要注意的是，聚丙烯腈基纤维（PAN）在预氧化和炭化处理时会排出大量的剧毒、速杀性气体氢氰酸（每制备 1kgPAN 炭纤维，大约会释放 207.9g 的氰化氢，以及氨、一氧化碳等废气），必须净化处理。北京防化研究院应用催化燃烧技术已分别对北京成大炭素纤维有限公司和吉林炭素集团的聚丙烯腈基纤维裂解气（氢氰酸）成功进行净化处理，达到国家排放标准。

五、 沥青基 ACF 的制备

沥青基 ACF（pitch-based activated carbon fibers，PACF）的突出优点是原料便宜，含

碳率高，活化制品比表面积较大。因此，所得到的 PACF 在价格上更具有竞争性。沥青基 ACF 与上述几种 ACF 制备工艺类似，也都是经过预处理、炭化和活化工艺，具体活化方法可以采用铵盐浸渍、水蒸气活化法以及水蒸气和氨气混合活化法等。在不同的活化温度下，得到孔的结构和比表面积也有所不同。图 9-8 和图 9-9 分别为 900℃和 950℃活化得到的 ACF 扫描电镜照片，可以看出 950℃活化得到的 ACF 表面分布着大量的大孔，而 900℃活化得到的 ACF 表面只有很少的微孔，相应的其比表面积也较 950℃得到的 ACF 高得多。

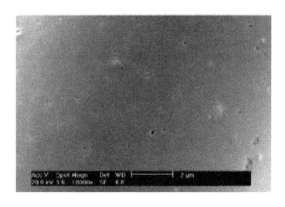

图 9-8　活化温度为 900℃时沥青基 ACF 扫描电镜照片

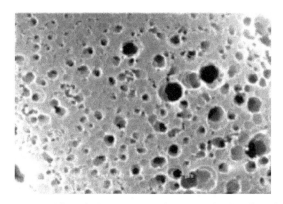

图 9-9　活化温度为 950℃时沥青基 ACF 扫描电镜照片

由于活性炭纤维较脆，断裂伸长率仅有 1%～3%，受力易折断，填充密度低，故需加工成织物或活性炭纤维毡使用。可浸渍 10%（质量分数）的磷酸铵溶液后再进行炭化、活化、冷却以及成型等工艺制得成品。这种织物对流体阻力小、装填方便、紧凑，可作为透气式防毒服内层吸附织物，也可用在空气净化、污水处理等环保领域。活性炭纤维制品的形态如表 9-4。

表 9-4　活性炭纤维制品的形态

形态	特点	用途
芯	价格低，强度 4.9～49kPa	栅网
短纤维	价格低	纸

形态	特点	用途
线	强度 12.75~19.61N/d	布
毡	透气性好	过滤器
布	透气性好，加工性好，强度 147.1N/cm	过滤器、服装
绒	吸附层薄，透气性好，强度 0.294~0.981N/cm	溶剂回收过滤器
纸	容易制成各种形状，价格低	过滤器、脱臭

第三节
活性炭纤维的改性

一、 特殊涂层增强抗磨性能

通过特殊的涂层保护能够克服活性炭纤维的不良抗磨性能。这类涂层的增强效应是为了防止炭尘粒进入需吸附净化的环境介质（气体、工业溶液、生物液体）之中，因此涂层必须同时具有机械稳定性和对需要净化的气体、液体的透过性。常见的涂层材料有聚丙烯酸、乙烯纤维素、聚乙烯（醇）、聚醋酸乙烯酯和聚四氟乙烯之类的高分子量化合物的溶液。涂层的具体生成方法是：把 ACF 浸没在适宜的溶液之中，并确定合适的 ACF/溶液比例，随后蒸发掉溶剂。一般来说，这种处理方法可导致 ACF 孔体积的减少。为了避免这一后果，在涂层操作之前可先以低分子量物质注入孔中（低分子量物质必须部分地或完全地与用于配制高分子物质溶液的溶剂相容）。在 ACF 表面上形成涂层后，通过热处理方法再把低分子量物质从孔中去除。

二、 氟化处理增加表面疏水性

活性炭纤维的缺陷之一就是表面具有较低疏水性，从而妨碍再生处理。为了增加 ACF 的表面疏水性，可以采用氟化处理的方式。氟化处理常用气态氟化物，如聚四氟乙烯、氟化氢等。氟化作用可导致疏水性表面层的形成。氟化物能够进入 ACF 更深层次结构之中，因而降低了吸附容量和有效孔径。由于表面氟化物在 270~380℃时开始分解（在 480~560℃时可观察到最大分解速率），因此，氟化改性 ACF 的工作和再生的条件必须低于这一温度区域。通过还原（如卤化氢）和随后的高温热处理方法，可去除亲水性（含氧）的功能团，炭吸附剂表面上氧络合物的热分解需要高的热处理温度（1200~1500℃）。这样增加了炭结构的有序化，其结果是降低有效孔径和增加吸着孔体积。

三、 表面改性实例

对活性炭纤维表面的氧化处理可能增加对特定物质的吸着活性，例如，ACF 表面上存在氧络合物时，对苯的吸附显著增加。在高温热处理条件下，以氢还原 ACF 可增加对水溶液中的苯酚的吸附；氧化处理则增加了对空气中苯酚的吸附。

活性炭纤维的表面氧化处理可促进从较高温度的气态介质中对硫的吸附。硫键合到炭吸附剂上的量等于炭表面上化学吸附的氧量。吸附态硫形成互变异构结构和硫代羰基、硫代内酯。在有硫粉存在时，把活性炭加热至 110～350℃ 进行热处理，或者在含硫气体中进行高温（约 600℃）热处理，即可将硫导入活性炭材料。

当对 ACF 进行各种表面改性以形成新的功能团时，可增加对特定物质的吸附选择，例如，磺酸和磷酸基团可增强 ACF 从液态或气态介质中对极性化合物的吸附，氰基或硫基功能团可增强 ACF 对金属蒸气卤素基团的吸附，或增强 ACF 从烟尘中对金属及其盐的吸附，铵基团可增强对酸性气体和卤化物的吸附。

把金属氧化物导入活性炭纤维能够增强其吸附容量。为了确保金属在基体上的适宜键合，炭纤维必须进行预改性处理以生成螯合基团。例如，为了获得对双氧铀具有高活性的含钛炭吸附剂，活性炭材料必须用氯气和水蒸气在 200～500℃ 时进行预处理，然后在 100～200℃ 时以氯化钛处理，即可使吸附剂表面上形成牢固键合的 —O—$TiCl_3$ 基团。通过表面掺杂某些其他金属氧化物的方法，可显著增加对 H_2S 和 CO_2 吸附容量，即使在高于 150℃ 温度下也具有吸附活性。

当 H_2S 和 CS_2 同时存在于气态介质中时，通过把铁盐和碘导入活性炭结构中的方法，可显著地增加对 H_2S 吸附选择性。另外，以硝酸铜对纤维表面改性处理，对化学吸附磷和 CO_2 是极为有效的。

在以金属化合物浸渍活性炭纤维时，添加剂在表面上的数量、分布状况，以及它们的化学结构是非常重要的。已经证实，在以铁盐改性处理活性炭纤维（目的在于增加对 NO 的吸附）时，吸附剂表面上形成了各种形式的水合铁氧化物。α-FeOOH 和 β-FeOOH 显示出对 NO 的最佳吸附活性。在一定条件下观察到的吸附容量的降低，可解释为在吸附孔入口处，非活性铁化合物的形成和大尺度水合铁离子的沉积。当某些气态混合物的吸附是通过形成配合物的方式进行时，对这种能够形成配合物的金属的吸附容量主要受水含量的影响。例如，使用具有过渡族金属盐形成的含羧基碳离子交换剂（如铜离子）之类的炭吸附剂对铵和胺的化学吸附，在吸附剂润湿的情况下其吸附量显著增加。以银改性处理的活性炭纤维，能同时保证饮用水的净化和消毒。

用酸、碱和无机盐的溶液进行吸着改性处理，可显著地改善活性炭纤维的吸附性。以吡啶羧酸浸渍处理的活性炭纤维，能够用来从气相介质中吸附沾染的卤化氰。在碱性溶液中浸渍处理炭材料可增加对酸性蒸气的吸附效率。当碱性处理并同时伴有聚合物溶液（甲基丙烯酸甲酯或 N-乙烯基吡咯烷）的后续处理时，可观察到对氯化亚甲蓝和氯仿吸附容量的显著增加。通过适当地选择用于处理活性炭纤维的浸渍盐溶液，以及随后热处理步骤，对于各种类型的化合物来说，炭纤维的选择性和吸附活性可在很大程度上加以控制。例如，在使用 Cu、Ni、Co 等的氯化物时，炭纤维吸附剂对铵、胺以及 O_3 的吸附容量可增加数倍，在 200～300℃ 条件下对改性 ACF 加以热处理时，可获得对乙烯有高吸附速率的材料。在双金属氯化物（Al Cu Cl_4）的甲苯溶液中浸渍抗水型活性炭材料，可显示出对 CO 的吸附性。

当活性炭纤维用于溶液中时，有时必须对其加以额外过滤处理，以消除源于吸附剂磨蚀而累积的炭尘粒。若吸附剂颗粒具有磁性，则可通过磁铁捕集。通过把强磁性离子基团引入ACF 结构中的方法，可赋予其磁性性质。

通过上面的例子可以看出，对活性炭纤维改性处理种类繁多。只要通过合适的改性处理，ACF 对某种特定物质基本都能获得较好的吸附性能。

第四节
活性炭纤维的应用

活性炭纤维（ACF）及其系列产品的装置，由于材料耐热性能好，拥有丰富且发达的微孔，比表面积大，吸附容量大，吸附速度快，再生容易快速，脱附彻底，经多次吸脱附后仍保持原有的吸附性能，不存在二次污染，不会产生类似颗粒活性炭或蜂窝活性炭吸附装置因热积蓄而易产生燃烧爆炸的危险，操作方便、安全，因而在不同领域中有着广泛的应用。

一、空气净化

ACF 对各种有机和无机气体具有较大的吸附量和较快的吸附速度，如 KF-1500ACF 对 NO、SO_2、NH_3、NO_2 的吸附量分别是 105mg/g、500mg/g、115mg/g、75mg/g，而含氮的聚丙烯腈基 ACF，对硫系和氮系化合物具有特殊的吸附能力，因此被广泛应用于室内空气净化器、工业上的袋式除尘器、汽车尾气净化、垃圾焚烧场烟气净化等领域。

1. 普通 ACF 的应用

蔡来胜研究了 ACF 在空气净化器中的应用，通过试验研究发现，ACF 对 O_3 以及 CO_2 有很好的去除效果。在 30min 内，能将封闭室内 CO_2 的浓度降到低于室外空气中的 CO_2 浓度的 0.03％。张绍坤等利用 ACF 比表面积大、对含氯有机物吸附性能好的特点，采用 ACF 毡为核心吸附材料，制造了一种垃圾焚烧处置系统的烟气净化装置，可有效去除烟气中的二噁英类物质，促进了烟气的达标排放。

胡晓宏对空气净化器中分别采用活性炭与 ACF 进行了对比研究，发现采用 ACF 比活性炭颗粒对甲醛的净化效果更好。同时，以活性炭为吸附材料的净化器在使用一定时间后因吸附饱和而净化效果大大下降，但是采用 ACF 的材料，可以通过对其两端施加适当的电压，促使吸附质脱附而再生，因此使用寿命可大幅延长。因此，在空气净化器中采用 ACF 作为吸附材料有着较大的优势。

2. 改性 ACF 的应用

由于 ACF 对吸附质的吸附作用与其表面特性密切相关，因此，可以采取氧化还原法、表面负载法、浸渍法、热处理法、等离子体法和微波辐照法等方法对 ACF 表面化学结构进行改性，从而提高 ACF 的吸附性能。宋晓峰等采用浸渍硝酸铁溶液法对 PAN-ACF 进行改性，从而迅速地提高其对 NO 的吸附转化率。

另外，具有表面碱性官能团的 ACF 可显著提高其对二氧化硫的吸附能力，这些碱性官能团包括吡咯酮和类吡咯酮以及一些含氮官能团。具有含氮官能团的 ACF 可通过后处理方式得到，如用氨气在高温下处理，还有采用化学气相沉积法将吡啶沉积到 ACF 上，以制得

活性炭吸附技术及其在环境工程中的应用

含氮的 ACF，会提高对二氧化硫的吸附能力。

3. 纳米二氧化钛/活性炭纤维复合材料的应用

ACF 和活性炭（AC）一样虽然对很多空气污染物有较好的吸附性能，但是也可能在某种条件下出现吸附解吸，从而引起二次污染的问题。因此，为了提高空气净化能力，有研究将 ACF 和 AC 表面上负载纳米 TiO_2，制备复合催化剂提高催化活性和稳定性，达到协同净化的效果。

刘亚兰和李坚以 ACF 为载体，用浸渍法使 TiO_2 负载于 ACF 上，再经过 450℃高温真空煅烧，获得具有较高光催化活性和强吸附性的 TiO_2/ACF 复合材料，用紫外光催化降解空气中有机污染物。以甲醛为目标污染物，可在 25min 内将游离甲醛从 $6.58mg/m^3$ 迅速降低至 $0.99mg/m^3$。

莫德清和廖雷利用氮等离子体改性 ACF，并将其表面负载 TiO_2，以考察它对室内甲苯的净化能力，研究发现经过改性和负载 TiO_2 后的 ACF 的净化能力要高于普通的 ACF。但是，需要指出的是，不同的改性条件和负载参数对净化能力也有较大的影响，因此通过实验研究以确定最佳的改性条件和负载参数，可以最大限度地提高净化能力。

挥发性有机化合物（VOCs）作为重要的污染物已经引起了全球性的普遍关注，其中有苯、甲苯、丙酮、氯化物等，而 TiO_2/ACF 复合材料对 VOCs 有较好的吸附净化能力。将 TiO_2 与 ACF 复合，ACF 作为吸附中心可对低浓度 VOCs 污染进行有效富集、浓缩，为 TiO_2 提供高浓度反应环境，加快 TiO_2 的光催化降解速率。ACF 能捕获中间产物，防止其逃逸，一旦扩散到 TiO_2/ACF 表面，就能发生光催化降解从而提高矿化率。此外，TiO_2 负载前后对 ACF 的吸附能力没有显著影响，能够保持其孔隙结构和表面化学结构；同时，TiO_2 作为降解中心可形成 ACF 内外吸附质的浓度差，实现其原位再生，延长其达到吸附饱和的时间，增加其平衡吸附量。因此，采用 TiO_2/ACF 复合材料净化 VOCs 将具有广阔的前景。

4. 活性炭纤维与化学吸附剂的复合应用

活性炭纤维吸附材料对于一些有害气体能够起到很好的吸附净化作用，但是对于密闭空间中的有害气体如二氧化碳、氨等的吸附效果较差。同时，活性炭和活性炭纤维对于室内有害气体的物理吸附稳定性比较差，在温度压力等条件变化时容易脱附而造成二次污染。为了解决这一问题，侯立安课题组研制成功一种新型的吸附材料，主要是采用将一定配比的化学物质吸附剂喷涂于活性炭纤维毡上，从而有效地解决了部分空气污染物净化效率不高和二次污染的难题。其中吸附剂（浸渍剂）是由脂肪酸锌盐、纳石灰、聚乙烯醇、羧甲基纤维素纳组成，同时还有氨、黏合剂、水等。具体工艺流程为：首先将吸附剂（浸渍剂）中的化学物质按一定的配比混合搅拌成糊状液体，注入喷涂机的容器内，然后将活性炭纤维网平置在喷涂机的传送带上；当启动喷涂机以后，活性炭纤维网匀速向前运动，吸附剂通过喷嘴均匀地喷涂到纤维网上；将喷好吸附剂的纤维网放入烘箱内加温到 70～80℃烘燥，烘燥后再进行第二次喷涂，直到纤维网上有 $0.6～0.8kg/m^2$ 的吸附剂（浸渍剂）为止。由于该吸附剂（材料）能自行吸附空气中的 CO_2，为此从烘箱内取出后立即用塑料薄膜密封包装好。新研制的吸附净化材料及活性炭净化材料对有害气体的净化实验结果如表 9-5。

表 9-5 不同净化材料对有害气体的净化率

净化材料名称	30min 后净化率/%				
	CO_2	H_2S	NH_3	NO_2	平均
新研制的吸附材料	95.9	100.0	82.2	88.6	91.7
活性炭空气净化材料	7.5	95.4	59.1	70.0	58.0

从表 9-5 中可以看出，传统的活性炭对二氧化碳几乎不能起到吸附净化作用。而新研制的吸附材料对于多种有害气体的净化能起到很好的效果，平均达到了 91.7%，明显高于传统的活性炭净化材料。目前这种吸附材料已实现了工业化制备，并运用于国防工程之中，取得了很好的效果。

侯立安课题组研究发现，坑道中的大部分有害气体通过净化装置以后基本都能得到消除，唯独二硫化碳浓度较高，于是又研发了二硫化碳的净化材料。其制备过程与前文的吸附材料制备过程类似，具体为先将净化材料的原料按配方混合搅拌均匀后放入喷涂容器内，将活性炭基网平置在喷涂机架上，用不锈钢喷嘴将已混合均匀的糊状液体原料喷涂在纤维网上，然后放在烘箱内加温烘干，烘干后再进行第二次喷涂和烘干，循环往复，一般喷涂 4 次，直至每平方米活性炭基网上有 80～100g 硫酸铜为止。然后可以根据使用要求，预先将净化材料裁剪成合适的尺寸，包装封存。制备得到的吸附材料对二硫化碳的静态消除率为 72.1%，动态消除率可达 95.8%。

二、有机溶剂回收

目前，工业上使用的溶剂回收技术，颗粒活性炭吸附占据了大部分份额。但是，相比于颗粒活性炭吸附，ACF 吸附具有更大的优势（如表 9-6 所示）。

表 9-6 ACF 与颗粒活性炭用于回收溶剂的比较

种类	颗粒活性炭	ACF
吸附历程	需经大孔、中孔和微孔的扩散才到达炭的活性表面，扩散慢吸附快	微孔位于纤维表面，扩散快、吸附快
比表面积	约为 1000～1500m²/g，或更低	约为 1500～2000m²/g，或更高
残留溶剂	扩散路径长，留存残余容量	逸出路径短，残留容量基本上为零
装配更换	粉碎的活性炭会堵塞通道，更换时粉尘较大	将 ACF 毡垫装配更换非常方便

例如，水松纸的生产工艺中要使用大量的乙醇和少量的乙酸乙酯、二乙醇乙醚等溶剂，用于溶解高分子树脂。据估计，全国各大水松纸生产厂家每年消耗乙醇等溶剂多达上万吨，每年要向大气中排放大量的乙醇等有害物质，严重污染了大气。而采用 ACF 可以有效地回收有机溶剂，具体过程为：有机尾气经过初步过滤、冷却后进入活性炭吸附装置，待吸附饱和后用水蒸气进行脱附再生。吸附在 ACF 上的乙醇气体被蒸气吹脱出来后与蒸气形成气态混合物，通过换热器中与回收的冷凝液进行充分换热后，再经冷凝器进一步冷凝，冷凝得到的乙醇和水的混合液流入储槽中，然后用磁力泵打到精馏塔中进行精馏。塔顶的气体经过冷凝器冷凝后在气液分离器中进行气液分离，液体一部分回流到精馏塔中进行循环，一部分经

过冷却器冷却后流入有机溶剂储罐（这时候乙醇的纯度为 95％）回用于生产。

其他有机溶剂的回收原理也基本与之类似，例如，有机废气经离心风机从 ACF 吸附器底部进入，ACF 吸附器内部有数个 ACF 吸附芯单元。有机废气吸附在 ACF 吸附芯单元的微孔上，净化后的空气从吸附芯上部的排气管排入大气中。吸附器吸附一定时间后，通过阀门切换进行蒸气脱附再生。蒸气从吸附器上部进入 ACF 吸附芯单元，吸附在 ACF 上的有机废气随着蒸汽通过冷凝器进入自动分层槽分离，得到的有机溶剂可以再利用。

三、 饮用水净化

随着环境污染的日趋严重，常规的水处理工艺已难以彻底除去水中的污染物，因此，许多水厂在原有工艺的基础上，增加了深度处理工艺。ACF 具有一定的强度和良好的形态，不易粉碎，在水处理中压力损失小，填充层不会轻易发生堵塞，再生相对容易，有望取代普通活性炭成为饮用水处理的主要吸附材料。

用粒状活性炭吸附自来水中的三氯乙烯（TCE），因易粉化而导致二次污染。ACF 对水净化有特殊功能，对水质浑浊有明显的澄清作用，可以除去水中的异臭、异味；对水中含高铁、高锰等无机物净化效果明显；对氰、氯、氟、酚等有机化合物去除率可达 90％以上。日本千叶县禾白井水厂，近年来开展 ACF 去除水中臭味的小试与中试，效果很好。东京大学利用改性 ACF（中孔率高）对地表水源进行处理，对"三致物质"去除率达 80％，TOC 去除率大于 50％，吸附饱和的 ACF 可以利用碱性物质再生。另外 ACF 对饮用水中的总铝、六价铬都有一定的吸附能力。

由于 ACF 的优异性能，其在净水器中的应用也越来越广泛。用 ACF 作为吸附材料制造净水器，不仅净化效率高，而且不产生黑色粉末、处理量大、装置紧凑、所占空间小、效益高。但是，普通的 ACF 在净水过程中，其表面易于繁殖微生物，增加了细菌等微生物污染的可能性，随着细菌的繁殖，很容易造成饮用水的二次污染。为了使 ACF 既能发挥优良的吸附功能，又具有显著的抗菌作用，将抗菌剂（例如银或硝酸银）负载于纤维之上，开发具有杀菌功能 ACF 是解决问题的途径之一。对于不同纤维材料所制得的载银 ACF 比较发现，一般来说，抗菌性能较好的是载银剑麻基 ACF（SACF），其次是载银沥青基 ACF（PACF），黏胶基 ACF（VACF）相对差一些。

四、 废水处理

ACF 微孔丰富，占总孔的 90％，比表面积大。而且，ACF 中的孔大都是有效孔，而粒状活性炭的孔径不均匀，有相当一部分孔为无效孔。因此，ACF 对水溶液中的无机化合物、有机化合物、染料及贵重金属离子的吸附量比粒状活性炭高 5 倍左右，对微生物及细菌也有良好的吸附能力，例如对大肠杆菌的吸附率可达 94％～99％，因此在工业上常用于废水处理。

1. 有机废水

ACF 以优异的吸附、脱附性能已在有机废水处理中广泛应用。郭利妍等通过静态和动态试验对 ACF 吸附废水中的苯酚进行了研究，结果表明，ACF 对苯酚的动态吸附容量为 256mg/g；随着 ACF 用量的增加，处理水稳定时间延长；苯酚浓度越高，穿透时间越短；过柱流速越大，穿透时间越短；吸附饱和后的 ACF 再生后，吸附容量几乎不变。使用 ACF 对氯霉素生产所排放的硝基废水进行吸附处理，研究结果表明，ACF 对硝基废水的吸附容量大，吸附速度快，其表观平衡吸附为 214mg/g，是颗粒活性炭的 3～4 倍，在动态吸附实验中流速控制在 2.5mL/min 时，对几百毫克每升的硝基废水一次过柱就可达国家一级排放标准。

2. 印染废水

用剑麻基 ACF 可有效去除水中的各种有机染料，如亚甲基蓝、结晶紫等，去除率甚至高达 100%；沥青基 ACF 可有效地吸附酸性染料，如酸性蓝 74、酸性橙 10 等，也用于直接染料如直接蓝 19、直接黄 50 及碱性染料的碱性棕 1、碱性青紫 3 等的吸附。根据李永贵和葛明桥的实验研究，ACF 对亚甲基蓝的吸附值高达 374.7mg/g，是活性炭吸附能力的 5～6 倍。

3. 炼油废水

对于炼油废水进行吸脱附实验的结果表明，ACF 对浊度的净化效率为 100%，挥发酚为 100%，COD_{Cr} 为 88.2%，油为 98.4%，并对 SiO_2、CO_2、碱度、总硬度、总磷酸盐等有一定的净化作用。

4. 重金属废水

ACF 对金属离子有较好的吸附作用，吸附过程中能将高价的金属离子还原为低价的金属离子或单体。如将水溶液中的 Au^{3+}、Ag^+、Pt^{4+}、Hg^{2+}、Fe^{3+} 分别还原为 Au、Ag、Pt^{2+} 或 Pt、Hg^+、Fe^{2+}。对含镉废水的研究表明，ACF 吸附镉 42min 后就达吸附平衡；当 pH>8 时吸附率稳定在 90% 左右；吸附饱和后的 ACF 可用 0.03mol/LHCl 溶液再生。对含 Ag 废水的研究表明，ACF 对 Ag 有较好的还原吸附性能，吸附量为 163.2mg/g，而且活化作用使纤维表面的含氧官能团利于 Ag 的成核成键，有利于 Ag 的去除。

5. 污水处理厂出水

ACF 也可以用于处理污水处理厂的出水，实验研究发现，ACF 的吸附速率较快，达到吸附平衡所用时间较短，对水中 COD 吸附容量达 124.6mg/g，浊度的去除率 83%，但对氨氮、pH 值无明显吸附效果。

五、 贵金属回收

ACF 对金属离子具有较好的吸附还原性能，可从含贵金属的废品和废水中分离回收贵金属如金、银、铂等。不仅防止环境污染，而且回收有益资源，具有良好的经济效益。例如，在碱性条件下，ACF 对 Pt（Ⅳ）有很好的还原吸附性能，吸附容量达 500mg/g。在剑麻基 ACF 对 Ag^+ 吸附的研究中发现，剑麻基 ACF 对 Ag^+ 有较好的还原吸附性能（吸附容量为 83.5mg/g），经磷酸活化和热处理，可使其吸附容量增大近一倍，达 163.2mg/g。

六、 作为催化剂及催化剂载体

ACF 的基本结构单元是石墨带状层面，石墨层面中的 π 电子具有一定的催化活性，边缘及表面缺陷处的碳原子所具有的不成对电子也可在催化中发挥作用，表面含氧官能团也呈现出固体酸、碱的催化作用。ACF 的表面自由基还能促进脱 HCl、烷烃脱氢等反应，ACF 也可直接用作催化剂。高温处理的沥青基 ACF 在乙烷的热解过程中，在较常规法低 100～200℃温度条件下即可获得高选择性产物乙烯，该纤维在室温下即能催化氧化 H_2S。

活性炭纤维还可作为载体用来制备催化剂载体。活性炭纤维导热性能好，掺入催化剂，能有效地提高催化剂的传热能力，有效防止剧烈放热反应引起的烧蚀。用它制备的负载型催化剂，可用于化工、冶金、选矿以及汽车尾气的治理等。负载某种金属如 Cu 的活性炭纤维，可在一定条件下将 NO_x 还原为 N_2，将 CO 在室温下就能转化为 CO_2 等。负载金属氢氧化物如 α-FeOOH 和 β-FeOOH 的活性炭纤维也是良好的催化剂，可将 NO 还原为 N_2。单纯的沥青基活性炭纤维不能吸附己烷中的正丁硫醇，但负载钴盐后，可用于脱除硫醇。

文献介绍用硝酸溶液对 ACF 进行预处理，然后浸渍在氯铂酸溶液中，再经硼氢化钠还原，洗涤干燥后得到 ACF 载铂催化剂（Pt/ACF）。Pt/ACF 对甲醛具有良好的催化氧化性能，对甲醛的去除率可达 96.5%。

李艳丽等合成了高活性的四磺酸基铁酞菁（FePcS），通过酰氯化反应将 FePcS 负载到乙二胺改性的 ACF 上，制备新型催化 ACF（ACF-FePcS）。然后以 H_2O_2 为氧化剂，在室温 25℃，反应 4h 后，ACF-FePcS 对 4-硝基苯酚（4-NP）的去除率达 90% 以上，表明 ACF-FePcS 具有"富集-原位催化降解"的特点，在去除有机污染物方面具有较好的应用前景。

另外，ACF 也可做成毡布的形式，在其上负载钯、铂等金属催化剂，用于汽车尾气管，不仅具有净化尾气的功能，还可以起到消音的效果。

七、 防护材料

ACF 比表面积大，吸、脱速度快，吸附容量大，成型性好，易于制成各种形态的织物，更易于与其他织物的复合，是理想的含炭吸附型防护服吸附材料，因此被广泛应用于防护服中。与其他材料制成的防护服相比，用 ACF 做成的防护服透气性较好，空气和水蒸气能够自由地从纤维层间的缝隙流向外界环境，使穿着者能够穿戴较长时间，舒适性好。

20 世纪 80 年代，日本研制出纤维状活性炭静电植绒织物材料，由此做成的防护服质轻、柔软、吸附性能好，但是由于造价昂贵，未能大规模推广。而后又开发并装备部队的"战斗用防毒衣"有三层结构，即使表面破损，也能通过中间的纤维状活性炭布阻止神经性毒剂及生物战剂的侵入。美国对 ACF 防护服的开发也较为重视。2000 年，美国伊利诺伊大学教授埃科洛米发明了一种吸附性能优良的碳纤维，对防御神经毒气较为有效，能吸附经空气传播的细菌和神经毒气、炭疽菌等，非常适用于防护材料。

我国对 ACF 防护服的开发也是不遗余力。以聚丙烯腈基炭纤维为原料，制备出的 ACF 复合织物，经对比试验各项性能均满足核生化防护服技术指标的要求，其对丙硫醚"气-气"防毒时间和对戊硫醚"液-气"防毒时间均大于 200min，大大高于喷炭绒布的 52min、115min（统计平均值），防毒性能和生理舒适性能比 115 型炭布大幅提高。中国台湾地区也一直致力于新一代炭纤维防护材料的研发，逢甲大学研发出一种新型 ACF 布，对绿脓杆菌和大肠杆菌有 100% 的过滤率，对肺炎杆菌的减菌率也在 99.9%，而且可以重复清洗 100 次以上，寿命长达 3~5 年，非常适宜于做口罩。由于 ACF 具有较好的脱附性能，因此可将 ACF 口罩置入沸腾的蒸锅笼屉上 2~3min，取出晾干后就可再生。

八、 医学应用

活性炭纤维比颗粒活性炭更能与血液相容，对血液细胞的损害较小，可很好净化血液中的病毒。另外，可作为内服解毒剂，制造人工肝脏、人工肝脏辅助装置和肾脏等。载银的活性炭纤维在动态条件下对大肠杆菌杀灭率达 98%，对金黄色葡萄球菌、白色念珠菌、枯草杆菌等杀灭率达 100%。经磷酸活化的 ACF 抗菌杀菌能力更强，其产品有包扎带、绷带、敷布等，不仅止血，还能防止和控制细菌感染。各种聚合物增强碳纤维和碳纤维两者可以作为腱和韧带再造的矫形修补材料，以及骨置换和牙齿的修补材料，它有助于腱和韧带的定向生长，并在组织生长初期承担韧带的功能。

九、 电极材料

良好的电极材料应具备高比表面积、高导电性，较高的离子吸附-脱附性能及稳定的化学和电化学性质。而 ACF 除了具有高比表面积、良好的导电性之外，其强度高，成型性、韧性好，是一种理想的电极材料。而 ACF 导电，具有良好的吸附性能，对有机物具有很强的富集效果，当作为废液处理的电极时能够显著提高电解速度。徐咏蓝等采用 ACF 和铂丝网复合电极降解水中的水杨酸，12h 后，降解率可达到 80% 以上，而在相同时间内单独使用铂丝网电极时，降解率仅达 40% 左右。

电化学电容器（又称为超级电容器），可以作为中间储能设备，填补具有高能量密度的电池和具有高功率密度的传统电容器之间空白。而限制超级电容器发展的一个重要因素就是电极材料。ACF 由于具有的一系列特点可使其直接用作超级电容器的电极。例如，岳淑芳将黏胶基 ACF 毡用于双电层的电极材料，研究了高比表面积产生的双电层电容和表面氮原子准电容的作用，发现 ACF 毡具有高的比电容，在电流为 50mA/g 时达到 194F/g。由于纤维开放的孔结构和毡电极中没有黏结剂的加入，ACF 毡大电流性能突出。目前，ACF 已经被欧美发达国家用作电化学电容器的电极材料，并部分实现商业化。

另外，ACF 在民用方面也有广泛的应用，例如用于冰箱除臭、水果和蔬菜保鲜、除臭抗菌鞋垫、保健理疗裤、防毒口罩、香烟过滤嘴、鞋柜除臭片、垃圾桶除臭片、汽车除臭垫、防臭保温手套等。

参 考 文 献

[1] 郭坤敏，袁存乔. 活性炭纤维及其前景. 化工进展，1994，3：36-39.

[2] 李全明. ACF 的制备及性能研究. 长春：吉林大学，2010.

[3] 许日请，柳文应. 沥青基活性炭纤维研究. 全国活性炭学术会议文集，1981，重庆.

[4] 柴春玲. 粘胶基 ACF 的制备及应用. 大连：大连理工大学，2010.

[5] 郑经堂. 活性碳纤维 [J]. 新型炭材料，2000，15 (2).

[6] 李全明. ACF 的制备及性能研究 [D]. 长春：吉林大学，2010.

[7] 吴明铂，李中树，冯永训，徐金波，张建，顾学林，祝威，丁慧. ACF 在饮用水净化中的应用展望. 炭素，2008，3：8-14.

[8] 郭坤敏. 赴独联体考察活性炭纤维毡的报告. 防化研究院馆藏资料，1992.

[9] ГулъкоН. В. Элементосодержащии. Уголъные Волокнистые Материалы，Наука，1990.

[10] 关建建. 粘胶基 ACF 的制备与生产工艺研究. 大连：大连理工大学，2012.

[11] 李小波. 高性能粘胶基 ACF 的制备及应用. 大连：大连理工大学，2012.

[12] 秦军. 酚醛基 ACF 作为双电层容器电极材料的研究. 天津：天津大学，2007.

[13] 苏发兵，马兰，袁存乔，郭坤敏. 碳纤维生产工艺含氰废气治理. 环境污染与防治，1997，19 (6)：12-14.

[14] 乔志军，李家俊，赵乃勤，师春生. 沥青基 ACF 复合活化工艺的研究. 离子交换与吸附，2002，18 (2)：23-29.

[15] Kaneko K，Nakahigashi Y，Nagata K. Carbon. 1988，26 (3)：327.

[16] 蔡来胜，刘春雁，刘刚. ACF 及其在空气净化机中的应用. 污染防治技术，2003，16 (3)：36-39.

[17] 张绍坤，刘景楠，王旭辉. 一种危险废物焚烧处置系统烟气净化装置. 实用新型专利，2011.06，CN201862364U.

[18] 胡晓宏. 可再生 ACF 用于净化室内甲醛的研究. 制冷与空调, 2011, 10: 288-291.

[19] 宋晓峰, 王建刚, 王策. 浸渍法改性 ACF 吸附一氧化氮的研究. 合成纤维工业, 2005, 28 (2): 30-32.

[20] 李开喜, 凌立成, 刘朗, 张碧江. SO_2 在含氮沥青基 ACF 上的脱除 I. 含氮沥青基 ACF 的脱硫能力研究. 新型碳材料, 1998, 13 (2): 37-42.

[21] 张建臣, 郭坤敏. 复合光催化剂对苯和丁烷的气相光催化降解机理研究. 催化学报, 2006, 27 (10): 853-856.

[22] 张建臣, 郭坤敏. 空气净化用复合光催化材料的制备方法. 国家发明专利, ZL 02 1 16739, 2006.

[23] 刘亚兰, 李坚. ACF 负载纳米 TiO_2 降解室内空气中有机污染物 [C]. 第二届中国林业学术大会——S11 木材及生物质资源高效增值利用与木材安全论文集, 2009.

[24] 莫德清, 廖雷. 氮等离子体改性 ACF 负载 TOi_2 净化室内甲苯. 桂林理工大学学报, 2010, 30 (2): 272-277.

[25] 吴盼, 张美云, 刘峰. ACF 在空气过滤领域的应用现状. 湖北造纸, 2013, 1: 6-9.

[26] 侯立安, 吴鸿辉, 王佑君. 密闭空间有害气体的吸附工艺研究. 环境工程, 2009, 27 (6): 63-65.

[27] 孙茂发, 蒋凡军. 溶剂回收生产中存在以 ACF 取代活性炭的趋势. 覆铜板资讯, 2009, 4: 37-39.

[28] 张建军. ACF 有机废气回收装置使用案例分析. 中国包装报, 2010, 11.

[29] 李泽清, 江荣生. 有机溶剂回收装置. 实用新型专利, 2010.07.21, CN201529416U.

[30] 黄强, 潘鼎, 黄永秋. ACF 在治理水和大气污染中的应用. 化工新型材料, 2002, 30 (8): 32-34.

[31] 王得印. 三叶形载银沥青基 ACF 的制备与性能. 长沙: 国防科学技术大学, 2006.

[32] 陈水挟, 刘进荣, 曾汉民. 几类载银 ACF 抗菌活性的比较. 新型炭材料, 2002, 17 (1): 26-29.

[33] 郭利妍, 沈军, 王海荣, 王旭东, 王志盈. ACF 吸附废水中酚的研究. 工业用水与废水, 2008, 38 (3): 70-73.

[34] 徐中其, 陆晓华, 江涛. 氯霉素生产所排放硝基废水的吸附处理研究. 工业水处理, 2001, 21 (4): 14-16.

[35] 邓兵杰, 曾向东, 李惠民. ACF 及其在水处理中的应用. 化工与环保, 2006, 4: 47-49.

[36] 李永贵, 葛明桥. ACF 处理印染废水的研究. 纺织学报, 2012, 24 (5): 68-70.

[37] 徐志达, 曾汉民, 冯仰桥. 活性炭纤维处理炼油废水展望. 工业水处理. 1998, 18 (2): 1-3.

[38] 吴艳林. ACF 处理含镉废水的研究. 辽宁城乡环境科技, 2002, 22 (5): 15-17.

[39] 黄强, 潘鼎, 黄永秋. ACF 在治理水和大气污染中的应用. 化工新型材料, 2002, 30 (8): 32-34.

[40] 任改平, 王秀平. 粘胶基 ACF 深度净化城市污水处理厂出水的实验研究. 环境保护科学, 2010, 36 (4): 17-18.

[41] 朱舜, 姚玉元, 林启松, 俞晨玲, 吕汪洋, 陈文兴. ACF 负载金属铂的制备及催化氧化甲醛. 纺织学报, 2014, 35 (2): 1-5.

[42] 李艳丽, 吕汪洋, 郭桥生, 马春霞, 姚玉元, 陈文兴. ACF 负载铁酞菁催化降解 4-硝基苯酚. 功能材料, 2010, 42: 246-249.

[43] 唐万林, 吕晖. ACF 在含碳吸附型防护服中的应用. 防护装备技术研究, 2013, 6: 17-19.

[44] I. N. Ermolenko, I. P. Lyubliner, N. V. Gulko, Chemically Modified Carbon Fibers and Their Applications, VCH Publishers, 1990

[45] 徐咏蓝, 李春喜, 吕荣湖, 王子镐. ACF 电极法降解水中有机物的研究. 工业水处理, 2002, 22 (8): 7-9.

[46] 岳淑芳, 马兰, 徐斌, 初茉. ACF 毡直接用作超级电容器电极. 电池, 2011, 41 (2): 62-65.

[47] 高丽丽. 超级电容器用聚丙烯腈基 ACF 的直接活化制备及性能研究. 长春: 吉林大学, 2014.06.

[48] 朴香兰, 樊蓉, 朱慎林. ACF 在化工分离中的应用及研究进展. 现代化工, 2000, 6: 20-23.